D1673984

DE GESCHIEDENIS VAN
HET HEELAL IN 21 STERREN
(EN 3 BEDRIEGERS)

De geschiedenis van het heelal in 21 sterren (en 3 bedriegers)

GILES SPARROW

FONTAINE UITGEVERS

MIX
Papier van
verantwoorde herkomst
FSC® C004472

Oorspronkelijke titel: *The History of the Universe in 21 Stars (and 3 Impostors)*
Oorspronkelijke uitgever: Welbeck

© 2022 Giles Sparrow

Voor de Nederlandstalige uitgave:
© 2022 Fontaine Uitgevers, Amsterdam
www.fontaineuitgevers.nl

Vertaling: Rob de Ridder
Opmaak: Aard Bakker
Omslagontwerp: Select Interface

ISBN 978 94 6404 197 2
NUR 400

Opgedragen aan Katja,
voor haar steun in vreemde tijden

INHOUD

INLEIDING

Twinkel, twinkel kleine ster...

Dit boek gaat over sterren, als je dat al niet dacht.

Ze zeggen dat je in een heldere nacht, als je ver weg bent van de moderne ellende van lichtvervuiling, geniet van een kaarsrechte horizon en je je worteltjes netjes hebt opgegeten, je er misschien wel 4500 ziet. De sterrenhemel staat vol met die dingen en bij die gelegenheden waarin je in een echt heldere nacht ergens bent waar het écht donker is, kunnen het er wel zoveel zijn dat je niet meer weet waar je het moet zoeken, ook al ken je de helderste sterrenbeelden maar al te goed (wat eigenlijk min of meer mijn baan is).

Pak een beetje redelijke verrekijker en het aantal sterren aan jouw uitspansel springt direct naar meer dan honderdduizend. Met een kleine telescoop kom je algauw op ruim 2,5 miljoen – voldoende om zelfs de fanatiekste sterrenkijker verscheidene levens bezig te houden. Maar zelfs dit is nog maar het topje van de kosmische ijsberg – de nauwkeurigste schattingen suggereren dat het sterrenstelsel de Melkweg (die gigantische schijf van hemellichamen die wij thuis noemen) alles bij elkaar wel 400 miljard sterren bevat, en dat er ieder jaar zes tot zeven nieuwe sterren in ontstaan. En dan moet je waarschijnlijk voor het totaal aantal sterren het kwadraat van 400 miljard nemen aangezien er minstens zoveel sterrenstelsels in het heelal zijn als sterren in de Melkweg. Dit alles duidt erop dat sterren niet zomaar een extraatje zijn, dat die leuke lichtjes aan de nachtelijke hemel er niet ter versiering staan. Nee, we leven in feite van hun goodwill – zij zijn zo'n beetje de enige dingen in het heelal die in staat zijn warmte en licht te produceren om het aardoppervlak te verwarmen als bescherming tegen de ijzige onverschillige kou van de ruimte. Bovendien zouden kleinere werelden zelf niet bestaan zonder de drijvende kracht van de zwaartekracht voor stervorming. Warmte en licht uit de ruimte, samen met geologische energie uit de planeten zelf, zijn de enige energiebronnen die we kennen die de kracht leveren aan de bende biochemische reacties die we leven noemen.

Maar onze intieme relatie met de sterren gaat verder dan dat ze ons voeden – zoals Carl Sagan het zo gedenkwaardig heeft uitgedrukt: 'We zijn van sterrenstof gemaakt.' Het boek dat je nu leest bestaat uit atomen die vermoedelijk al een paar keer door deze grote kosmische recyclers zijn gegaan, net als de lucht die je inademt, de stoel waarop je zit en iedere molecuul in je lijf (afgezien van de waterstof, die je rechtstreeks van de oerknal zelf hebt geërfd).

Sterren, met andere woorden, zijn alles. En het moet dus wel een halvegare zijn die de geschiedenis van naar schatting 160.000.000.000. 000.000.000.000 sterren wil gaan vertellen aan de hand van niet meer dan 21. Er zijn echter gelukkig een paar dingen die de balans in mijn voordeel laten doorslaan.

Ten eerste gehoorzamen sterren aan de wetten van de natuurkunde, net zo zeker als dit boek als je het op je tenen laat vallen. Hoewel iedere ster een uniek onderzoeksobject is, gaan ze allemaal door dezelfde fases in de cyclus van leven en dood, stralen ze dankzij dezelfde basisprincipes en zijn ze onder te brengen in verschillende categorieën – en dit alles betekent dat wat waar is voor de ene ster, ook min of meer waar is voor miljarden andere.

Ten tweede wordt het verhaal, dat al eeuwenlang door generaties sterrenkijkers beetje bij beetje wordt ontrafeld, nu aanmerkelijk sneller verteld dan toen ik als jonge en gretige student in de sterrenkunde

begon. Ruimtetelescopen en reusachtige door computers gecontro-
leerde telescopen op aarde hebben voor revolutie in de astronomie gezorgd. Vanaf de jaren negentig hebben we de naweeën van de oerknal
in kaart weten te brengen, zijn we de processen die geboorte en sterven van sterren veroorzaken, gaan begrijpen, hebben we duizenden
buitenaardse werelden ontdekt, en hebben we een heel nieuwe manier
gevonden om de verre kosmos te bestuderen aan de hand van zwaartekracht in plaats van licht.* Ik ben ten gevolge van dit alles uitermate
dankbaar dat ik voor dit boek kan putten uit een enorme hoeveelheid
kennis, theorie en weloverwogen speculatie.

O, en ten derde, ik heb een beetje valsgespeeld. Mijn handjevol
sterren zijn gekruid met een aantal verschillende andere objecten: bedriegers die ergens in hun geschiedenis zijn aangezien voor sterren.
Nu zijn ze hier om te helpen ons verhaal te schilderen op het grootst
mogelijke doek: het heden, het verleden en de toekomst van het heelal
zelf.

* * *

De sterren die we op de volgende bladzijden gaan bezoeken, zijn om
uiteenlopende redenen uitgekozen. Sommige, zoals 61 Cygni en Sirius
B, hebben een unieke rol gespeeld in de ontdekking van ons plaatsje
in het universum. Andere, zoals Aldebaran en Eta Aquilae, zijn goede
vertegenwoordigers van grote families van hemellichamen en helpen
bij het vertellen van het grotere verhaal. Maar in de meeste gevallen is
het een mix van die twee dingen.

Bovenal heb ik echter geprobeerd ervoor te zorgen dat zo veel mogelijk van deze objecten binnen bereik komen. Om de meeste ervan te
kunnen zien heb je niet meer nodig dan een heldere, donkere hemel
en misschien een app op je mobiel om je de weg te wijzen (waar je ook
de illustraties in dit boek voor kunt gebruiken). Een handjevol andere
sterren kan worden waargenomen met een gewone verrekijker of een

---

*   O ja, dan hebben we ook nog ontdekt dat iets ervoor zorgt dat de ruimte met almaar toenemende
snelheid uitdijt, maar dat zien we straks wel.

kleine telescoop. Slechts enkele blijven, door hun aard, beperkt tot de wereld van de serieuzere amateur of de professionele astronoom.

Astronomie is de oudste van alle wetenschappen en de aantrekkelijkste, en wel om een goede reden: haar toegankelijkheid. Elk van ons kan vanavond naar buiten gaan en lichtstralen opvangen van een verre ster, die na een lange reis, die misschien duizenden jaren geleden is begonnen, nu ons oog raken achter ons netvlies en een glinstering naar onze oogzenuw sturen. De enorme schaal van de ruimte en ons naar verhouding onbenullige plekje daarin kunnen intimiderend zijn, maar ook het verlangen oproepen vragen te gaan stellen en meer te willen weten: *Ik vraag me af wat jij bent.* In deze merkwaardige tijden van isolement – zoals tijdens de covidpandemie – kan staren naar de sterren ook de troost bieden van een gemeenschappelijke ervaring – in het omhoogkijken naar dezelfde sterren vinden we iets om te delen met anderen, ver en dichtbij. Dus ga naar buiten als je kunt en kijk hoeveel van de 21 sterren (en de drie bedriegers) je zelf kunt waarnemen.

Giles Sparrow, mei 2020

1. POLARIS

De basiskennis leren van de luiste ster aan de sterrenhemel

Laten we beginnen met een makkie.

Polaris of de Poolster is waarschijnlijk de bekendste ster aan het uitspansel, ook al is hij niet de helderste. Hij heeft ook als voordeel dat je, als je je op het noordelijk halfrond bevindt tenminste, in staat zou moeten zijn hem elke nacht van het jaar te vinden. Als je daarentegen ten zuiden van de evenaar bent, dan is dit de enige ster in dit boek waarmee je zeker geen geluk zult hebben – maar houd nog even vol en we komen zo bij je terug...

Er zijn verschillende manieren om de Poolster te vinden. Wil je lui zijn, dan kun je een kompasapp op je mobiel openen en zoeken naar een behoorlijk heldere ster op een lijn tussen het noorden en het zenit (het punt in de hemel recht boven je hoofd).

Maar als je mobiel niet opgeladen is of als je dingen graag op een ouderwetse manier doet, dan kun je de traditionele route nemen: maak gebruik van een heldere en bekendere groep sterren om er te komen. Het patroon van zeven sterren dat bekend is als de Steelpan staat altijd aan de sterrenhemel boven bijna het hele noordelijk halfrond – in herfst en winter schommelt het laag boven de noordelijke horizon en in de zomer staat het hoog boven ons hoofd. De Steelpan is geen officieel sterrenbeeld, maar is het helderste deel van het veel grotere sterrenbeeld Ursa Major, de Grote Beer.

Drie van deze zeven sterren vormen een gebogen steel, terwijl de vier andere een schuin hangende rechthoek vormen (een steelpan, volgens mensen elders in de wereld een ploegschaar, of een grote soeplepel). De sterren die het verst van de steel staan – Merak onderaan en Dubhe bovenaan, als je tenminste 'op de juiste wijze' naar boven kijkt – worden wel de 'aanwijzers' genoemd. Volg langs een denkbeeldige lijn ongeveer vijf keer de afstand Merak-Dubhe langs Dubhe en je komt bij een iets minder felle ster: dat is de Poolster.

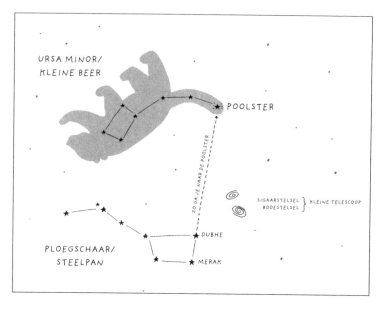

Heb je dit eenmaal een paar keer gedaan, dan gaat het daarna automatisch en heb je algauw die aanwijzers niet meer nodig om het sterrenbeeld te vinden waar de Poolster deel van uitmaakt, Ursa Minor of Kleine Beer. Zoals je wel kunt raden lijkt dit wel een kleinere en minder heldere versie van de Steelpan, met een 'steel' van drie sterren die naar een pan van vier sterren wijst. De Poolster is de laatste ster van de steel en tevens de helderste ster van de Kleine Beer. Officieel heet hij trouwens Alpha Ursae Minoris op grond van een systeem (verzonnen door de Duitse astronoom Johann Bayer voor zijn sterrenatlas *Urano-*

metria uit 1603), dat de helderste sterren van een sterrenbeeld letters uit het Griekse alfabet in volgorde toebedeelt.

De Poolster valt op onder de sterren omdat hij op een vast punt aan de sterrenhemel staat – het is de enige ster die nauwelijks beweegt. Dat komt doordat hij bijna recht boven de noordpool van de aarde staat. Als je vanuit de ruimte naar de aarde zou kunnen kijken en een lijn trekken die door beide polen gaat, dan zou die wijzen naar een punt heel dicht bij de Poolster, de zogenaamde noordelijke hemelpool.

De hemelpool staat stil omdat de meeste *bewegingen* van de sterren en andere objecten, inclusief de zon en de planeten, niets te maken hebben met deze hemellichamen zelf – ze hangen bijna helemaal af van de draaiing van de aarde zelf en de baan van onze planeet door de ruimte. De aarde draait om zijn as (en heeft 23 uur en 56 minuten nodig voor een complete rotatie), maar gezien van waar jij staat lijkt het wel alsof de sterrenhemel in tegengestelde richting draait.* Blijf een paar minuten naar de nachtelijke hemel kijken en je zult zien dat de sterren langzaam van oost naar west bewegen, terwijl jouw locatie op aarde onverbiddelijk oostwaarts gaat.

Foto's van de sterrenhemel die met een lange sluitertijd zijn gemaakt, laten dit schitterend zien: de sporen van de sterren lopen als heldere kromme lijnen langs de sterrenhemel. De meeste sterren komen van onder de oostelijke horizon, bereiken hun hoogste punt als ze een noord-zuidlijn langs de sterrenhemel passeren die de meridiaan genoemd wordt, om onder te gaan in het westen. Maar sterren die zich heel dicht bij de hemelpool bevinden, zijn 'circumpolair', dat wil zeggen dat ze niet opkomen of ondergaan, maar een cirkelvormige route langs de hemel volgen. Voor sterrenkijkers op het noordelijk halfrond markeert de Poolster de roos van deze concentrische ringen, maar op beide halfronden doet zich hetzelfde effect voor.

Hoe hoog precies de Poolster aan de hemel staat en welke sterren en sterrenstelsels circumpolair zijn, hangt af van de geografische breedte. Dat is jouw positie op het aardoppervlak, gemeten in graden

---

* Intussen gaat de zon ongeveer vier minuten lang de andere kant op, en daardoor hebben we een dag van 24 uur.

ten noorden of ten zuiden van de evenaar. Zou je op de Noordpool zelf staan (90° NB, noorderbreedte), dan zou de hemelpool zich recht boven je hoofd bevinden en zouden alle sterren aan de hemel circumpolair zijn, dat wil zeggen cirkelvormige banen volgen parallel aan de horizon, zonder op te komen of onder te gaan. Zou je echter zuidwaarts gaan, dan zakken de Poolster en de hemelpool geleidelijk naar de noordelijke horizon en wordt de cirkel van circumpolaire sterren steeds kleiner.*

Oké, dit lijkt de juiste plaats om over de hoeken in de sterrenhemel te praten. Die worden op precies dezelfde manier berekend als hoeken op aarde. Van de meetkunde op school zul je je nog wel herinneren dat het hele uitspansel om je heen 360 graden** is en een rechte hoek 90 graden

---

*   Handige tip: op welk halfrond je ook bent, jouw hemelpool bevindt zich boven de horizon in een hoek die gelijk is aan jouw breedtegraad.

** Het systeem gaat terug tot ongeveer vierduizend jaar geleden naar de Mesopotamiërs, die alles graag zagen in meervouden van 60 omdat dat getal 'multifactorieel' is: je kunt het op een heleboel manieren opdelen in factoren en dan komt er nog steeds een heel getal uit. In de dagen voor de rekenmachine Casio FX-80 was dit een belangrijk getal en kon je er makkelijk mee uit je hoofd rekenen (of tenminste op een kleitablet).

(zoals bijvoorbeeld de hoek tussen de horizon en het zenit recht boven je hoofd). Iedere graad is verdeeld in 60 boogminuten en iedere boogminuut in 60 boogseconden (dus je kunt bijvoorbeeld een hoek hebben van 5° 32' 15" – of wel 5 graden, 32 minuten en 15 seconden.

Strek nu je arm voor je uit zo snel als je kunt en spreid je vingers – dat is dan *ongeveer* tien graden (ruwweg de breedte van de 'pan' van de Steelpan). Maak een vuist, dat is *ongeveer* vijf graden (min of meer de afstand tussen Dubhe en Merak). Steek je duim op, dat is dan *ruwweg* één graad breed. De zon en de vollemaan hebben een diameter van ongeveer een halve graad en de grens van de detailscherpte (waardoor je details kunt onderscheiden) is bij mensen die goed kunnen zien ongeveer een boogminuut.

De Poolster staat ongeveer een halve graad van de noordelijke hemelpool zelf en beschrijft ten gevolge daarvan een heel klein cirkeltje rond de hemelpool. Als je beseft dat het wel erg toevallig is dat een ster die honderden biljoenen kilometers ver is, precies daar staat, moeten we wel heel gelukkig zijn dat het zo'n helder baken is dat op die centrale as aan de sterrenhemel staat.

OP ZOEK NAAR DE ZUIDELIJKE POOLSTER

De sterrenhemel rond de zuidelijke hemelpool verschilt nogal van zijn noordelijke tegenhanger en zit vol zwakke sterren in behoorlijk obscure sterrenbeelden, die zijn verzonnen door de Franse astronoom Nicolas-Louis de Lacaille, die in het midden van de achttiende eeuw enige tijd op Kaap de Goede Hoop verbleef. De zuidelijke hemelpool zelf ligt in het sterrenbeeld Octans, ook bekend als Octant, een niet meer gebruikt navigatie-instrument. Een zwakke ster genaamd Sigma Octantis staat zo op het oog het dichtst bij de pool, maar er nog altijd een graad vandaan. Gelukkig zijn er andere manieren om de zuidelijke hemelpool te vinden.

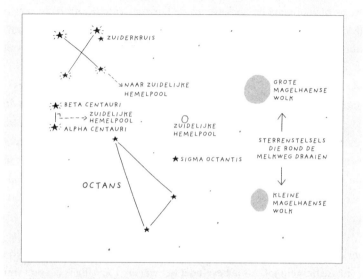

Volg het Zuiderkruis: De klassieke techniek om de zuidelijke poolster te vinden is om eerst de befaamde compacte groep van de Crux Australis te vinden, het Zuiderkruis (maar pas op voor namaak: er zijn een paar op een kruis lijkende patronen om de onoplettende kijker in de war te brengen). Trek een denkbeeldige lijn langs de as van het kruis van Gacrux bovenaan naar de helderste ster Acrux onderaan en verleng die lengte ongeveer vierenhalf keer (dan mis je de pool met een paar graden, maar ben je in ieder geval in de buurt).

Trek een driehoek van heldere sterren: Zoek de sterren Canopus (de op een na helderste ster in de hemel, in sterrenbeeld Carina) en Achernar (de heldere ster aan het einde van het sterrenbeeld Eridanus, genoemd naar de mythische rivier de Eridanos). Stel je nu een gelijkzijdige driehoek voor met deze sterren als twee van de hoeken, die zich ver in de zuidelijke hemel uitstrekt. De zuidelijke hemelpool ligt op de plaats van de 'ontbrekende' hoek.

In de laatste eeuwen v.C. transformeerden Griekse sterrenkundigen het systeem van hoekmetingen in de hemel tot een theoretisch model van het universum, waarin de aarde omringd werd door een reeks concentrische, in elkaar passende bollen die de zon, maan, sterren en planeten droegen.

Het idee van deze bollen was in de vierde eeuw v.C. ontstaan bij de grote hellenistische denker Plato. Hij was altijd al een liefhebber geweest van lastige vragen en dacht er nu diep over na of de schijnbaar onvoorspelbare bewegingen van zon, maan en planeten niet verklaard zouden kunnen worden uit een set interacterende cycli, die elk een ronddraaiende beweging met uniforme snelheid betrof (voor Grieken maakte het idee van circulariteit en uniformiteit niet alleen het rekenen eenvoudiger, maar ook paste dit bij hun ideeën over natuurlijke perfectie).

Plato's idee was zo aantrekkelijk dat zijn leerlingen de daaropvolgende eeuwen besteedden aan pogingen om dit te laten werken, door steeds meer kristallen bollen toe te voegen en het stelsel steeds verder te verfijnen tot ze uiteindelijk uit zouden komen op een model, dat de bewegingen van de planeten correct voorspelde. De sterren waren tenminste simpel – die hadden alleen maar een enkele bol nodig, die vastzat aan de hemelpolen en die één maal per dag een rondje maakte.

In de tweede eeuw n.C. formuleerde Ptolemaeus van Alexandrië, een Grieks-Egyptische veelweter die we in de loop van dit verhaal nog vaker zullen tegenkomen, zijn eigen visie op dit Heath-Robinson-heelal* in het geweldige astronomische leerboek dat bekend is als de *Almagest*.** Het is een klassieke bestseller die bijna 1500 jaar het laatste woord was over de astronomie, totdat een stelletje onbeschaamde renaissancegeleerden eerst de plaats van de aarde in het middelpunt van het heelal in twijfel gingen trekken, en daarna het heilige principe van de uniforme ronddraaiende beweging.

In de eerste jaren van de zeventiende eeuw kwamen, dankzij het

---

* Naar de tekenaar van superingewikkelde machines om eenvoudige dingen uit te voeren.
** Een titel die er later door Arabische astronomen aan is gegeven en 'De Grootste' betekent. Niet slecht, volgens de recensies, en zeker pakkender dan de oorspronkelijke titel *Syntaxis mathematica*.

werk van de Duitse astroloog Johannes Kepler,* elliptische paden of 'banen' rond de zon helemaal in. Nu al die objecten zich op verschillende afstanden van de zon konden voortbewegen, was er geen plaats meer voor de planetaire bollen, maar het concept was zo handig dat astronomen het idee wel bleven gebruiken voor de buitenste bol met 'vaste sterren' die de aarde omgaf. Tot op de dag van vandaag biedt deze hemelbol een coördinatenstelsel waaraan al het andere kan worden afgemeten.

* * *

De simpelste manier om je een hemelbol voor te stellen is als een uitbreiding van het bekende coördinatensysteem van de aarde, geprojecteerd op een denkbeeldige koepel die het hele uitspansel omvat. In werkelijkheid varieert de afstand tot sterren, planeten en andere hemellichamen onvoorstelbaar veel, maar vanuit ons punt van waarneming op aarde is het enige wat ons bezighoudt hun richting, zodat we de zaken kunnen vereenvoudigen door ons voor te stellen dat ze langs die koepel bewegen. Hemelpolen (boven de geografische noord- en zuidpool) markeren de draaipunten, terwijl halverwege deze twee de hemelevenaar loopt die de hemelbol in tweeën deelt, net als de aardevenaar de aarde, in een noordelijk en een zuidelijk halfrond.

Sterrenkijkers op aarde krijgen afhankelijk van tijd en plaats verschillende delen van de hemelbol te zien. Het behoeft geen betoog dat de helft van de bol op enig moment aan het zicht wordt onttrokken door het ding waar je op staat, maar als je naar de juiste hemelpool kijkt, dan kun je circumpolaire sterren zien ronddraaien rondom een vast punt in de sterrenhemel, terwijl je, als je de andere kant op kijkt, sterren kunt zien opkomen aan de oostelijke horizon, de meridiaan oversteken om in het westen onder te gaan. De hemelevenaar loopt van het oosten recht naar het westen en kruist de meridiaan in een hoek die sa-

---

*   Vóór de achttiende eeuw waren astronomie en astrologie grotendeels inwisselbaar, aangezien bijna iedereen die onderzocht wat de sterren precies uitvoerden, dat deden om voorspellingen te kunnen doen – Galileo was een opmerkelijke uitzondering.

menhangt met de breedte van waar we ons bevinden.* Onder de hemel-evenaar zien astronomen sterren in het tegengestelde hemelhalfrond.

De oriëntatie van de sterrenhemel en die van de sterren die je op een bepaald tijdstip in de nacht ziet, veranderen ook in de loop van het jaar, aangezien ons systeem om de tijd bij te houden gebaseerd is op de zon in plaats van de andere sterren. Terwijl de aarde in ieder jaar één keer om de zon draait, verandert de zon heel langzaam van richting ten opzichte van de sterren verder weg; hij beweegt zich zuidwaarts door de band sterrenbeelden die we zodiak of dierenriem noemen, zodat alles wat er dichtbij is, erdoor wordt overstraald. Sterren en planeten komen eerst van hun ontmoeting met de zon tevoorschijn aan de ooste-lijke ochtendhemel, gaan in de maanden daarna langzaam westwaarts terwijl ze steeds verder van de zon komen, voordat ze uiteindelijk in de zonsondergang verdwijnen als ze weer in de buurt van de zon komen.

De baan van de zon langs het uitspansel wordt de ecliptica ge-noemd – hoewel het in werkelijkheid het vlak is van de baan van de aar-de zelf rond de zon. Doordat de aardpolen scheef liggen, ligt de eclip-tica scheef ten opzichte van de hemelevenaar en wel in een hoek van 23,5° ten opzichte van dit vlak, de 'helling'. Daardoor komt het dat de zon zich de helft van het jaar in het noordelijk hemelhalfrond bevindt en de andere helft in het zuidelijk hemelhalfrond, waardoor het andere halfrond op aarde langere dagen heeft; de punten waar dag en nacht precies even lang zijn, heten de equinoxen.

Maar de nukken van de baan van de aarde betekenen dat de Poolster niet altijd de poolster is geweest en dat in de toekomst ook niet meer zal zijn. De planetaire helling, die de polen een hoek van 23,5° laat ma-ken met de ecliptica, verandert langzaam van richting door de zwaar-tekracht van zon en maan, die aan de 20 kilometer brede uitstulping rond de evenaar trekken.** Ten gevolge hiervan beschrijven de noord- en de zuidpool een trage cirkel, de zogenaamde axiale precessie, die

---

* De maximale breedte van de evenaar in jouw plaatselijke hemel is domweg 90° min je eigen breedte.
** Net als Asterix' vriend Obelix is de aarde niet dik, maar heeft hij vetrolletjes om zijn middel. Dat komt door de snelle draaiing van onze planeet, waardoor de evenaar letterlijk probeert weg te vlie-gen, de ruimte in.

25.772 jaar duurt, en in dezelfde tijd wandelen de hemelpolen ook door het uitspansel. De Poolster bevindt zich toevallig in de vuurlinie van de noordelijke hemelpool, maar 4000 jaar geleden bevond Kochab, de op een na helderste ster van de Kleine Beer, zich er dichterbij. Over zo'n 12.000 jaar zal een heel heldere ster, Wega in het sterrenbeeld Lier, binnen vier graden van de pool komen te staan. Astronomen op het zuidelijk halfrond hoeven nog maar 5000 jaar te wachten voordat hun hemelpool betrekkelijk snel na elkaar dicht bij drie heldere sterren komt.

* * *

En hoe zit het dan met de Poolster zelf? Is hij niet meer dan een saaie ster die toevallig op de juiste plaats staat op het juiste moment? Gelukkig is dat niet het geval – en in feite is de noordelijke poolster een geweldig voorbeeld van enkele verschillende soorten hemellichamen die we in latere hoofdstukken beter zullen leren kennen. Zo is de Poolster bijvoorbeeld een veranderlijke ster; hij schijnt niet met constante helderheid, maar pulseert een beetje, dat wil zeggen dat de helderheid toe- en afneemt in een cyclus van ongeveer vier dagen.

De helderheid van sterren wordt gemeten met behulp van een systeem dat magnitude heet, een logaritmische schaal van getallen, met hoe groter de helderheid, hoe lager het getal. Vroeger werden de helderste sterren ingedeeld bij de eerste magnitude en de zwakste bij de zesde.* Kijk je er zo naar, dan behoort de Poolster midden in de derde magnitude, maar gelukkig kunnen we tegenwoordig wat nauwkeuriger zijn dan dat.

In 1856 verzon de jonge astronoom Norman Pogson, die een carrière in het fabriceren van vitrages had laten schieten om zich aan de wetenschap te wijden, dat er een honderdvoudig verschil was in helderheid tussen een typische ster van de eerste magnitude en een van de zesde. Hij formaliseerde dat systeem met de exacte factor 2,512 tus-

---

* We hebben dit systeem geërfd van Ptolemaeus, dus geef hem er maar de schuld van, of misschien de oude Griek Hipparchus (tweede eeuw n.C.), aan wie de uitvinding vaak wordt toegekend (ook al is alles wat hij over het onderwerp te zeggen heeft gehad, voor het nageslacht verloren gegaan).

sen iedere opvolgende magnitude (omdat $2,512^5 = 100$), en kalibreerde de hele schaal door de Poolster een magnitude toe te kennen van precies 2,0.[*1] Dit betekende dat de helderste sterren aan de sterrenhemel, zoals Sirius en Canopus, plotseling een *negatieve* magnitude bleken te hebben, aangezien ze veel en veel helderder waren dan de Poolster.

Op deze moderne magnitudeschaal (die *schijnbare* magnitude heet aangezien daarmee slechts de helderheid wordt vastgesteld gezien vanaf de aarde), schommelt de Poolster tussen magnitude 1,86 en 2,13, met een gemiddelde van 1,98. Zoals bij veel sterren worden die veranderingen veroorzaakt door pulsatie, maar terwijl de meeste pulserende sterren rood zijn, is de Poolster geel. Het is dan ook een voorbeeld van een type hemellichaam dat een Cepheïde wordt genoemd, waarover we nog veel meer zullen lezen als we op bezoek gaan bij Eta Aquilae.

Iets anders wat de moeite waard is om te worden opgemerkt, is dat de Poolster, zoals zoveel heldere sterren, niet alleen is. Terwijl bijna al het licht dat we zien, afkomstig is van de hoofdster (officieel Polaris Aa) heeft hij twee kleinere begeleiders in de ruimte, elk van hen iets heter en met iets meer helderheid dan onze zon. Een van deze begeleiders, Polaris B, werd in 1779 ontdekt en kan met een redelijke telescoop worden waargenomen, terwijl de andere (Polaris Ab) te dicht bij Polaris Aa staat om gezien te kunnen worden met iets dat geen ruimtetelescoop Hubble is.[2] Van deze afstand hebben Polaris B en Polaris Ab een magnitude van respectievelijk 8,7 en 9,2, en dat is minder dan met het blote oog te zien is.

De laatste afstandsmetingen van de Poolster (gedaan met een techniek genaamd parallax, die de kern vormt van het volgende hoofdstuk) suggereren dat de ster zich zo'n 447 lichtjaar van de aarde bevindt – zo ver weg dat de fotonen, lichtdeeltjes, die op jouw netvlies vallen als je naar de Poolster kijkt, hun reis naar de Aarde begonnen toen koningin Elizabeth I op de Engelse troon zat.[3] Of Willem van Oranje stadhouder was. Hoewel professionele astronomen er een beetje hun neus voor ophalen, is het lichtjaar een goede manier om grote astronomische af-

---

* Later, toen bleek dat de helderheid van de noordelijke poolster wat beverig was, gingen de astronomen voor hun kalibratiepunt over op de betrouwbaarder Wega met magnitude 0,03.

standen mee aan te duiden en wij houden ons er in dit boek gewoon aan. In meer alledaagse termen is een lichtjaar ongeveer 9,46 biljoen (miljoen maal miljoen) kilometer – de afstand die licht, het snelste deeltje in het heelal, per gemiddeld jaar aflegt.

Aangezien we weten hoe helder de sterren er vanaf de aarde uitzien, kunnen we berekenen hoe helder een ster *echt* is. Polaris Aa blijkt gemiddeld 2500 keer zo helder als de zon,* waarmee hij in een klasse van sterren valt die we superreuzen noemen.

De noordelijke poolster verbergt echter toch nog een raadsel voor ons. Omdat hij al zo lang en zo nauwlettend wordt geobserveerd, kunnen astronomen kijken in verslagen tot Ptolemaeus zelf aan toe en nagaan hoe de ster in de loop van de tijd is veranderd. En dan lijkt het dat de relatieve helderheid van de Poolster aanmerkelijk is toegenomen en dat hij de afgelopen paar duizend jaar misschien wel tweeënhalf keer zo helder is geworden (een hele magnitude). Recentere en nauwkeuriger metingen laten intussen ook zien dat de pulsaties van de Poolster kleiner zijn geworden naarmate de helderheid toenam (in de jaren negentig waren ze bijna weg, maar sindsdien zijn ze weer toegenomen).⁴

Dergelijke veranderingen zouden heel ongewoon zijn; afgezien van regelmatige pulsaties worden sterren niet verondersteld dit soort grote verschuivingen in helderheid te vertonen binnen wat in astronomische termen een relatief korte periode is. Aannemend dat de veranderingen echt zijn, zien we de Poolster misschien toevallig op het punt een belangrijke drempel over te steken in zijn evolutie, zoals een ommekeer in de inwendige processen van de energieopwekking, die van invloed zijn op de totale energieoutput van de ster. We zullen naar meer van dergelijke sleutelmomenten in een sterrenleven kijken als we in een later hoofdstuk bij de befaamde pulserende ster Mira aankomen.

'Ik ben zo constant als de noordelijke ster, van wiens waarlijk vaste en blijvende kwaliteit geen andere is aan het uitspansel,' laat Shakespeare Julius Caesar zeggen. Geheel onjuist, zo lijkt het.

---

* Klinkt indrukwekkend? Wacht tot we bij Eta Carinae zijn aanbeland...

2. **61 CYGNI**

Het meten van de afstand tot een vliegende ster

Als de aarde echt om de zon draait, waarom voelen we dat dan niet? Die vraag hield al vanaf de tijd van het oude Griekenland talloze geleerden en filosofen bezig en werd steeds prangender toen de op sterven liggende Poolse priester Nicolaas Copernicus in 1543 zijn theorie over het heelal had ontvouwd.

Dit is niet de plek om gedetailleerd verslag te doen van de copernicaanse revolutie, maar een van de op gezond verstand gebaseerde bezwaren in de Renaissance tegen het idee van een heliocentrisch model (dat wil zeggen met de zon in het midden) van het heelal (in plaats van het geocentrisch model, met de aarde in het midden) was een alleszins redelijke vraag: waarom heeft onze veranderende plaats van waarneming geen invloed op de stand van de sterren in de loop van het jaar? Het antwoord is dat die dat wel heeft – maar slechts een klein beetje. Het definitieve bewijs werd pas heel laat geleverd, lang nadat het copernicaanse debat was beslecht door het formidabele team Galileo Galilei en Johannes Kepler,* maar het zoeken naar de verschuiving was

---

* Galileo heeft zoals bekend manen waargenomen rond Jupiter, fases op Venus en andere dingen, die de ptolemaeïsche visie ondergroeven. Ongeveer tegelijkertijd besefte Kepler dat als de banen van de planeten ellipsen waren in plaats van perfecte cirkels zoals Copernicus had gedacht, het heliocentrisch stelsel gebruikt kon worden om praktische voorspellingen te doen.

toch nog bijna twee eeuwen lang voor astronomen een belangrijk project. De oplossing werd beschouwd als een deur waardoor de schaal van het heelal zelf zou kunnen worden onthuld, en een onopvallende ster genaamd 61 Cygni zou de sleutel blijken te zijn.

Vergeleken met romantisch klinkende namen als Polaris, Rigel en Aldebaran is 61 Cygni nogal saai. Dat komt omdat hij, ook al is hij een met het blote oog zichtbare ster met magnitude 5,2, makkelijk over het hoofd wordt gezien en zelfs niet in de sterrencatalogus werd opgenomen totdat de eerste *Astronomer Royal*, John Flamsteed, de zaak aan het einde van de zeventiende eeuw systematisch ging aanpakken vanuit het modieuze, nieuwe Koninklijk Observatorium in Greenwich. Hij was zo verstandig in te zien dat niemand een hele stapel nieuwe sterrennamen en aanduidingen opnieuw zou willen leren en koos er dan ook voor om 'de gaten te dichten' die waren opengelaten toen de grote sterrencartograaf Johann Bayer door de Griekse letters heen was of gewoon geen zin had om achter de zwakste sterretjes aan te gaan. Flamsteed catalogiseerde methodisch die 'achtergelaten' sterren aan de hand van hun 'rechte klimming' (de coördinaat waarmee de positie van een ster wordt aangeduid ten opzichte van de hemelevenaar) door hun positie in ieder sterrenbeeld van west naar oost na te gaan. Hiervoor moest hij rechte lijnen trekken en de sterrenbeelden verdelen in gebieden aan de sterrenhemel in plaats van in subjectieve patronen, maar hieruit ontstond een coherent systeem dat vandaag de dag nog wordt gebruikt.

Zoals je al kunt afleiden uit het naar verhouding hoge getal ligt 61 Cygni in een sterrenbeeld – Cygnus, Zwaan – dat vol zit met met het blote oog zichtbare sterren. Dit grote en opvallende patroon lijkt ruwweg op een vogel met een lange nek die zuidwaarts door de Melkweg vliegt, met de heldere ster Deneb die de staartveren in het noorden aangeeft en Albireo (een prachtige oranje-en-blauwe dubbelster) zijn snavel in het zuiden. Het is een bekend sterrenbeeld in het noorden in zomer en herfst, wanneer het bijna recht boven ons passeert, terwijl astronomen op het zuidelijk halfrond het op de avonden tussen augustus en oktober zien boven de noordelijke horizon.

61 Cygni staat net achter de uitgestrekte westelijke vleugel van de Zwaan. Je kunt hem het makkelijkst vinden door langs de lijn te kijken van Sadr, de centrale ster midden in de kruisvorm van Cygnus, in de richting van Epsilon Cygni iets naar het zuidoosten. Achter deze lijn weggestopt ligt een kleine rechthoekige driehoek bestaande uit Zeta, Nu en Tau Cygni. 61 Cygni ligt net voorbij halverwege de lijn die Nu met Tau verbindt.

Onze ster heeft een magnitude van 4,8 en je zou hem dus met het blote oog moeten kunnen zien aan de donkere sterrenhemel, als je ogen eenmaal aan het duister gewend zijn, maar in het licht van de stad zie je hem met een verrekijker makkelijker. Heeft die een vergroting van 10 of meer en kun je je handen goed stilhouden, dan kun je nu ook het eerste geheim van de ster zien: het is een dubbelster die bestaat uit twee oranjekleurige sterren, de ene met magnitude 5,2 een beetje lichtkrachtiger dan de andere met magnitude 6,1.

De dubbele aard van 61 Cygni werd in september 1753 voor de eerste keer waargenomen door astronoom James Bradley en in de daaropvolgende decennia werden de sterren af en toe bezocht door astronomen die de aard van dergelijke paren van dicht bij elkaar staande sterren te weten wilden komen. Toch duurde het nog tot 1792 voordat iets merkwaardigs werd opgemerkt door de Italiaan Giuseppe Piazzi, een katholieke priester en astronoom wiens kort daarvoor opgerichte Palermo Observatorium beschikte over de modernste apparatuur om posities van sterren te meten: de positie van de tweelingsterren was verschoven en lag nu een klein beetje maar onmiskenbaar ten noordoosten van de locatie die Bradley had opgegeven.[5]

Op dat moment maakte Piazzi wel een notitie van deze ongebruikelijke verschuiving door de hemel (een verschijnsel dat astronomen 'eigenbeweging'* noemen), maar hij wist deze pas te bevestigen in 1804, toen hij Cygnus opnieuw bezocht tijdens het samenstellen van een gedetailleerde sterrencatalogus. In de tussenliggende jaren was Piazzi bekend geworden door zijn ontdekking van Ceres, de grootste

---

* Als tegenstelling tot de schijnbare beweging die wordt veroorzaakt door de rotatie en de baan van de aarde rond de zon.

asteroïde en het eerst gevonden hemellichaam dat een baan beschrijft tussen Mars en Jupiter. Nu bevestigde zorgvuldig checken dat 61 Cygni zich langs de sterrenhemel beweegt met een verrassend grote snelheid van 4,1 boogseconde per jaar (wat gelijk is aan de breedte van de gemiddelde vollemaan per 464 jaar). Nadat de catalogus in 1806 was gepubliceerd, kreeg 61 Cygni algauw de bijnaam 'Piazzi's Vliegende Ster'.

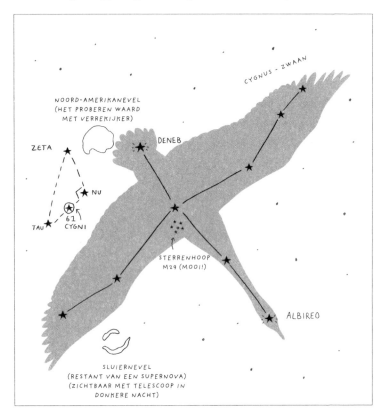

Op grond van de redelijke aanname dat sterren met gelijke snelheid door de ruimte reizen, kun je de eigenbeweging goed gebruiken voor het berekenen van de waarschijnlijke afstand van de ster tot de aarde – hoe dichterbij de ster, hoe groter de hoek van zijn beweging langs de hemel in een jaar. 61 Cygni bleek de grootste eigenbeweging te hebben die tot dan toe was waargenomen en werd daarom direct herkend als een van de sterren die het dichtst bij de aarde staan. Dat maakte van hem een uitstekend doelwit voor de aanhoudende pogingen ons verschuivende kosmische punt van waarneming te meten.

Het dure woord voor deze jaarlijkse verschuiving is parallax. Voor een korte demonstratie moet je voor je neus een vinger opsteken en er eerst met je ene oog naar knipogen en dan met het andere; wat je ziet is hoe de schijnbare positie van je vinger ten opzichte van objecten die zich verder weg op de achtergrond bevinden, verschuift. Stel je nu eens voor dat je vinger zich ergens achter Alpha Centauri bevindt, terwijl je ogen op de baan van de aarde zitten op 300 miljoen kilometer uit elkaar. De afstand tot zelfs de dichtstbijzijnde sterren is nog altijd 135.000 keer groter dan de 'basislijn' over de baan van de aarde, dus je kunt je vermoedelijk wel voorstellen hoe klein de hoekverschuiving in een dergelijke situatie zou zijn: minder dan een boogseconde of 1/3600ste van een graad.*

Deze minihoekjes verklaren waarom astronomen zoveel moeite hadden ze waar te nemen en hun vluchtige aard werd af en toe gebruikt als een stok om daarmee het copernicaanse stelsel te slaan, zelfs nadat de meeste verstandige mensen bekeerd waren. De voor de hand liggende oplossing was te aanvaarden dat de sterren veel verder weg stonden dan iemand ooit had gedacht, ongelooflijk ver buiten de baan van de allerverste planeten. Het bewijzen van het bestaan van parallax bleef echter een teer punt en een stokpaardje van veel getalenteerde astronomen.

Problemen waar deze parallaxjagers voor stonden, waren onder meer de relatief primitieve kwaliteit en de kleine vergroting van hun telescopen, de effecten van de atmosfeer waardoor de scherpte van hun beelden van sterren niet zo goed was, en zelfs het eenvoudige

---

* Astronomen gebruiken parallax als de basis van de afstandmeting waaraan zij de voorkeur geven: één parsec (een samentrekking van parallax en boogseconde) is de afstand (gelijk aan 3,26 lichtjaar) waarop een object een parallax vertoont van precies 1". Parsecs zijn handig voor de beroeps omdat het omgekeerd evenredige getal van een objectparallax in boogseconden (1/de parallax) je de afstand geeft in parsecs zonder moeilijke wiskunde: 1/2" parallax = twee parsecs afstand enzovoort. Maar lichtjaren zijn zo ingesleten in hoe de meesten van ons denken over het universum, dat we ons er in dit boek verder aan houden.

probleem van weten waar je telescoop eigenlijk precies naar wees.*

Voor de eerste pogingen om een oplossing te vinden moest even ingenieus onorthodox worden gedacht. James Bradley verzon een manier (lang voor zijn ontmoeting met 61 Cygni) om de parallax te testen van een behoorlijk heldere ster genaamd Eltanin of Gamma Draconis.[6] In zijn benadering mat hij de hoek tussen Eltanin en het zenit (het punt recht boven je hoofd) ongelooflijk nauwkeurig op precies het moment waarop de ster de noord-zuidlijn aan de hemel overstak, zodat hij zeker was van Eltanins positie.

Bradley koos Eltanin omdat die bijna recht boven Londen overkomt, waardoor een andere moeilijkheid – iets waarover we het nog niet hebben gehad – wordt geminimaliseerd: atmosferische refractie of lichtbreking. Alsof de zoektocht naar parallax al niet voldoende problemen kende, moesten astronomen ook nog eens rekening houden met het feit dat, naast het rimpelen en het in helderheid afnemen van sterrenlicht zelf, de aardatmosfeer ook nog eens lichtstralen nieuwe kanten op stuurt. We hebben allemaal weleens de refractie gezien die optreedt tussen lucht en water, bijvoorbeeld bij het grijpen naar het laatste theelepeltje in het afwaswater, maar het beïnvloedt ook sterrenlicht dat vanuit de ruimte de aardatmosfeer binnendringt.

Het refractie-effect hangt nauw samen met de hoogte van de ster ten opzichte van de horizon, de hoogte, omdat als we naar een ster turen die vlak boven de horizon staat, we door een veel dikkere laag atmosfeer kijken dan wanneer we recht naar boven staren. Er bestaat een mooie vergelijking om dit te laten zien, maar de aardatmosfeer is berucht veranderlijk dus voor nauwkeurige metingen is het beter om het effect zo veel mogelijk te vermijden door naar hemellichamen te kijken die recht boven ons staan.

Toen Bradley en zijn medewerker Samuel Molyneux in december 1725 begonnen met het meten van Eltanins positie, zagen ze algauw dat de ster bewoog. Maar van begin af aan waren hun resultaten raadselachtig – Eltanin bewoog zuidwaarts op een moment waarop paral-

---

* Dit was in de tijd voordat accurate telescoopstatieven en mechanismen bestonden om een telescoop te synchroniseren met de draaiing van de aarde.

lax hem al op het zuidelijkste puntje van de sterrenhemel moest hebben geplaatst. In maart vertraagde de beweging eindelijk en ging hij de andere kant op: noordwaarts tot in september en toen weer zuidwaarts. Twee jaar observeren bevestigde dat de keerpunten constant drie maanden uit de maat liepen: Eltanin veranderde van richting in maart en september in plaats van in juni en december, zoals voorspeld was.

Eerst vroeg Bradley zich nog af of ze niet een kleine jaarlijkse schommeling hadden gevonden in de richting van de aardpolen, waardoor het zou lijken alsof de sterren kleine cirkels of ovalen beschreven aan de hemel. Maar toen hij de aanwijzingen nader bestudeerde, realiseerde hij zich dat ze feitelijk een stukje bewijs hadden onthuld dat niets met de beweging van de aarde te maken had: een effect dat nu bekend is als aberratie van sterrenlicht. Dit is een verandering van de hoek waarin sterrenlicht de aarde nadert door onze beweging rond de zon. (Denk aan hoe regendruppels recht naar beneden vallen als je stilstaat, en stel je dan voor hoe hun hoek lijkt te veranderen als jij verschillende kanten op loopt, dan heb je het door.) Omdat de aardas in de ruimte in een constante richting wijst terwijl we ons jaarlijkse reisje rond de zon maken, verandert de hoek waarin sterrenlicht op de aarde valt, in de lente en herfst een beetje.[7]

De complexiteit van aberratie maakte de toch al zware taak van het meten van parallax nog zwaarder, maar astronomen zijn van het koppige soort en dus ging de zoektocht in de achttiende en negentiende eeuw door, af en toe gestimuleerd door triomfantelijke aankondigingen, muggenzifterijen en beschaamde intrekkingen. Piazzi zelf was slachtoffer van zo'n vergissing (bijna zeker dankzij refractie) toen hij in 1808 dacht dat hij de parallax van Sirius had gemeten op 4 boogseconden.[*8]

Het zou echter nog drie decennia duren voordat de technologie en bekwaam observeren eindelijk een onbetwistbare parallaxmeting opleverden. Uiteindelijk ging de wedstrijd nog tussen twee van de beste astronomen van de negentiende eeuw, Friedrich von Struve en Fried-

---

* Indien dat aantal correct zou zijn geweest, dan had Sirius nog geen 10 lichtmaanden van de aarde gestaan – ongeveer een factor 10 mis.

rich Wilhelm Bessel. Beiden profiteerden van het feit dat er inmiddels telescopen met volgmechanisme waren uitgevonden die compenseren voor de draaiing van de aarde, waardoor de sterren waar ze naar kijken niet meer zo snel uit het gezichtsveld van een oculair met een hoge vergroting verdwijnen. Ook volgden beiden de suggestie die William Herschel in de jaren 1780 deed,* namelijk dat de beste benadering was om te kijken naar veranderingen in de positie van de doelster ten opzichte van andere sterren die zich aan de sterrenhemel in de buurt bevinden, in plaats van de precieze locatie op de hemelbol te blijven volgen.

Struve richtte zich op Wega, een van de helderste sterren waarvan al veel bekend was, terwijl Bessel zich concentreerde op de veel obscuurder 61 Cygni. Het bleek dat Wega ongeveer twee keer zo ver weg staat als 61 Cygni en iets minder dan de helft van diens parallax heeft, waardoor Struves taak aanmerkelijk zwaarder was.

Struve gebruikte ook een traditioneel 'micrometeroculair', een ontwerp dat teruggaat tot de jaren 1640, waarin twee dunne parallelle draden geprojecteerd zijn in het gezichtsveld van de waarnemer. De afstand tussen de draden kan heel zorgvuldig gevarieerd worden door aan een afstellingsschroef te draaien en dan kun je met wat eenvoudige wiskunde de afstand tussen de draden vertalen in een hoekafstand. Met behulp van dit apparaat begon Struve eind 1835 de relatieve beweging van Wega te volgen. In 1837 had hij zeventien metingen, waarmee hij een voorlopige figuur kon publiceren van Wega's parallax van een achtste van een boogseconde – en dat ligt heel dicht bij de hedendaagse waarde. Was hij daar gestopt, dan had hij misschien de eerste prijs kunnen claimen, maar hij ging door en in 1840, toen hij zijn definitieve resultaat publiceerde, had hij zijn schatting verdubbeld en zat hij ver naast latere metingen.

Bessel gebruikte een heel andere opstelling, bekend als een heliometer. Dit was een refractietelescoop, waarvan de grote lens, het objectief, zorgvuldig in twee helften was gesneden. Die scheiding gaf

---

*   William Herschel is vooral bekend als ontdekker van Uranus, maar zoals we nog zullen zien gaat zijn invloed veel verder dan dat hij de ongewilde vader van duizend slechte grappen is.

een dubbel beeld in het oculair, en met stelknoppen kon een van de helften van de lens zorgvuldig worden bijgesteld, zodat als de beelden van twee sterren achter elkaar stonden, de heliometer de hoekafstand tussen hen gaf.

Vanaf augustus 1837 deed Bessel 98 parallaxmetingen van 61 Cygni binnen ruim dertien maanden. Hij verloor geen tijd, verwerkte snel zijn data en publiceerde zijn resultaten door middel van een brief die hij op 23 oktober 1838 stuurde aan Sir John Herschel, voorzitter van de Royal Astronomical Society in Londen.*⁹

Bessels berekeningen waren een waarlijke tour de force en direct overtuigend op een wijze die Struves nog beperkte data niet waren. Niet alleen schatte hij de parallax van het 61 Cygni-stelsel op 0,314" (overeenkomend met 10,3 lichtjaar), maar hij analyseerde ook de relatieve bewegingen van de twee sterren en toonde aan dat ze er minstens 540 jaar over deden om een baan rond elkaar te maken, de periode of omlooptijd. Deze cijfers zijn nog altijd behoorlijk goed: de parallax van het stelsel is verfijnd tot 0,286", de afstand tot 11,4 lichtjaar en de omlooptijd tot ongeveer 678 jaar.

John Herschel verwees naar Bessels metingen als het moment waarop de 'loodlijn in het universum van de sterren eindelijk op de bodem was gekomen'. Ze markeerden het begin van een nieuw tijdperk, waarin sterren getransformeerd werden van lichtstipjes in de hemel tot verre, maar meetbare hemellichamen waarvan de fysieke eigenschappen konden worden geanalyseerd en begrepen. Nu bijvoorbeeld hun afstand tot de aarde bekend was, kon de intrinsieke helderheid van de bijna-tweelingsterren van 61 Cygni worden berekend. De helderste ster bleek minder dan een zesde zo helder als de zon te zijn en de minst heldere een tiende, waarmee een einde kwam aan oudere speculaties dat

---

* In een merkwaardige samenloop van omstandigheden zat een derde astronoom in 1838 ook op het spoor van de parallax. De Schot Thomas Henderson (1798-1844) had al op het zuidelijk halfrond de nodige metingen verricht aan de heldere ster Alpha Centauri, toen hij in de vroege jaren 1830 op Kaap de Goede Hoop werkte. Met gebruikmaking van een zenittoestel dat veel weg had van wat Bradley had ontworpen, had hij in 1833 met succes de jaarlijkse noord-zuidverschuiving van de parallax van de ster opgemerkt. Maar indachtig de vele gevallen van vals alarm publiceerde hij niet totdat completere metingen de beweging in rechte klimming konden bevestigen, en hij maakte zijn resultaat pas in 1839 bekend.

het verschil in helderheid van sterren slechts afhing van hun afstanden. In moderne termen zijn 61 Cygni A en B beide oranje dwergsterren (we zullen nog gedetailleerd gaan zien wat dit betekent als we bij Proxima Centauri zijn aangekomen, de ster die het dichtstbij staat van allemaal). Wat de zoektocht naar parallax aangaat zou het mooi zijn om te zeggen dat de druppelsgewijs gepubliceerde metingen eind jaren 1830 de sluisdeuren hadden opengezet voor een vloedgolf van andere, maar de werkelijkheid was anders. Parallaxberekeningen bleven tot ver in de twintigste eeuw veeleisend en moeilijk te berekenen voor andere dan de dichtstbijzijnde sterren. In de jaren 1880 waren er misschien in totaal 20 bekend, en er kwamen er in de decennia tot de Eerste Wereldoorlog niet meer dan 180 bij. Zelfs op dat punt schatte Astronomer Royal Frank W. Dyson dat de meetbare parallax beperkt was tot 0,02", wat alles dat verder weg stond dan 160 lichtjaar van de zon, buiten bereik van directe metingen bracht.

Tot het ruimtevaarttijdperk kon parallax alleen een basis verschaffen voor de astronomie – een sleutel tot de afstand en fysieke eigenschappen van een heel beperkt aantal sterren. Gelukkig waren de patronen van kenmerken van dit naar verhouding handjevol sterren voldoende om de ruwe afstand tot vele andere terug te kunnen rekenen (voor meer hierover, zie het hoofdstuk over Alcyone).

De ochtendschemering van de astronomische waarneming vanuit de ruimte is natuurlijk een te mooie gelegenheid geweest om te missen voor parallaxbegerige astronomen. Een telescoop die zich buiten de aardatmosfeer bevindt, kan metingen uitvoeren met ongelooflijke precisie, omdat de problemen van refractie en atmosferische storingen genegeerd kunnen worden: haarscherpe metingen worden alleen nog beperkt door de omvang van het apparaat. De eerste op parallax gerichte satelliet, Hipparcos, werd in 1989 gelanceerd door het Europees Ruimteagentschap (European Space Agency, ESA) en deed zijn werk tot 1993 – in die tijd stuurde hij van 118.000 sterren uiterst nauwkeurige data door en van nog eens 2,4 miljoen wat minder nauwkeurige gegevens. In 2013 is Hipparcos' opvolger Gaia gelanceerd, een nog ambitieuzere missie die erop is gericht de afstand van een miljard hemellichamen te catalogiseren, helemaal tot in het middelpunt van ons sterrenstelsel (26.000 lichtjaar hiervandaan) en verder.

Parallax is nog altijd onze enige methode voor het direct meten van de afstand tot objecten in de verdere kosmos en biedt een behoorlijk stevige eerste tree van een ladder van kosmische afstanden, die wel steeds gammeler wordt naarmate die zich steeds verder uitstrekt van de zekerheden van de aarde. Het is echter, zoals we zullen zien, nog steeds onze beste hoop om de complexiteit van het heelal als geheel te begrijpen, en dus zouden we dankbaar moeten zijn voor wat we hebben – en nog even denken aan die obscure dubbelster in Cygnus waarmee het allemaal begon.

3. ALDEBARAN

Hoe de kleur van een reus zijn geheimen onthult

Naast helderheid is het opvallendste uiterlijke kenmerk waarin sterren fysiek van elkaar verschillen hun kleur. Ga in een heldere nacht buiten staan en het duurt niet lang voordat je enkele variaties ziet. Sommige zijn gewoon onmiskenbaar, maar veel andere onderscheiden zich maar subtiel; een verrekijker helpt, en als je twee contrasterende sterren in hetzelfde beeldveld kunt krijgen, is dat een geweldige manier om het kleurverschil echt goed te zien.

Aldebaran is een van de helderste sterren aan de hemel en bevindt zich in een van de meest herkenbare sterrenbeelden, maar het is zijn oranje kleur waardoor hij echt opvalt. Hij is als een vlammend baken verankerd midden in een V-vormige sterrenhoop genaamd de Hyaden en markeert daar het woest kijkende oog van de aanvallende Taurus of Stier, een sterrenbeeld dat al 18.000 jaar of langer door sterrenkijkers wordt herkend.

De naam van de ster is afgeleid van het Arabisch *al-dabarān*, wat 'de volger' betekent, misschien omdat hij de Plejaden (de befaamde sterrenhoop die we tegenkomen als we op bezoek gaan bij Alcyone, Aldebarans dichtstbijzijnde buurvrouw) achterna lijkt te gaan langs het uitspansel. We zullen op verschillende plaatsen in dit boek op de Stier stuiten en de mythologie dan ook voor later bewaren. Hier volstaat te

zeggen dat Aldebaran rond juli zichtbaar wordt aan de oostelijke ochtendhemel en langzaam westwaarts gaat, weg van de zon die dan in het
sterrenbeeld staat waarna hij in de avondschemering zichtbaar wordt,
waar hij ongeveer van november tot april te zien is.

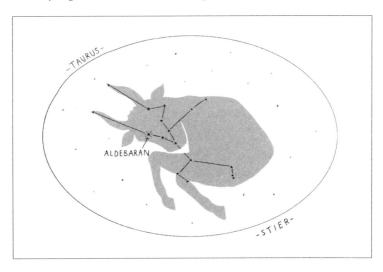

Zoek Aldebaran op in een sterrencatalogus online en je zult zien
dat hij een K5+III-ster wordt genoemd. K5+ is de 'spectraalklasse',
een ruwe benadering van die feloranje kleur. De III duidt op de 'lichtkrachtklasse': de klasse van lichtkracht – technisch gesproken is deze
ster een reus.

Al deze terminologie klinkt misschien een beetje als de astronomische tegenhanger van postzegels verzamelen: moeten we nu écht
sterren classificeren en catalogiseren met obscure letters en cijfers?
Nou ja, als we de relaties willen vatten tussen verschillende typen sterren en het verhaal begrijpen van hoe ze leven en evolueren, dan ben ik
bang van wel, maar ik zal proberen er zo vriendelijk mogelijk mee om
te gaan. In dit hoofdstuk concentreren we ons vooral op de *spectraalklasse* – op de lichtkrachtklasse komen we terug bij Alcyone.

Het hedendaagse jargon is ontstaan door de ontdekking in de tweede
helft van de negentiende eeuw dat sterrenlicht veel meer informatie be-

vat dan je misschien zou denken. Tot op dat moment was de astronomie vooral bezig met het opmeten van posities en bewegingen van sterren door het heelal, maar de komst van nieuwe manieren om sterrenlicht te analyseren en de fysieke eigenschappen van de sterren zelf te onthullen markeerde het begin van haar zusterdiscipline: de astrofysica. En de heldere kleur en levendige tint van Aldebaran betekenden dat hij in het middelpunt stond bij de aanvang van deze nieuwe tak van wetenschap.

* * *

Het verhaal begint in 1666, het jaar waarin de Grote Pestepidemie Londen trof. Het leven in de steden viel stil en mensen vluchtten naar het platteland; de 24 jaar oude Isaac Newton ging in ballingschap van Cambridge naar zijn moeders huis in Lincolnshire. De jonge Newton had wel meer aan zijn hoofd dan schoon wasgoed en algauw bracht hij daar een revolutie teweeg in de fysica.

Alsof wat aanrommelen met appels en de zwaartekracht ontdekken niet genoeg was, vond Newton ook nog tijd om de eigenschappen te bestuderen van licht, om zonnestralen door een prisma te laten vallen en inspiratiebron te worden van de hoes van Pink Floyds *The Dark Side of the Moon*. Wat hij feitelijk deed, was een straal wit zonlicht splitsen (en weer samenstellen) om aan te tonen dat het uit verschillende kleuren bestond.

Het prisma splitst het licht dankzij een optisch effect dat refractie of lichtbreking heet, waardoor kleuren meer naar het violette uiteinde van het spectrum gaan dan naar de andere kant, het rode uiteinde. Er was echter nog anderhalve eeuw voor nodig om uit te zoeken wat de oorzaak was van al die verschillende kleuren van het spectrum; een groot deel van de tijd werd besteed aan ruzies over of licht nu zelf een kogelachtig corpusculum, een deeltje was, zoals Newton beweerde, of een bewegende verstoring van de ruimte genaamd een golf. Twijfel hierover bleef bestaan tot 1821, toen de Franse ingenieur en natuurkundige Augustin Jean Fresnel de kroon op zijn werk zette: een alomvattende golftheorie van licht.

Fresnel verklaarde kleur als een eigenschap die afhangt van de golflengte van het licht dat in onze ogen komt. Denk aan licht als een golf in water – de golflengte is de afstand tussen twee achtereenvolgende pieken of dalen: langere golflengtes worden gezien als roodachtige kleuren, kortere neigen naar blauw. We moeten hierbij echter wel opmerken dat ál deze golflengtes wel heel erg klein zijn, variërend van ongeveer 400 tot 700 *miljardste* meter.

Enkele jaren voor Fresnels doorbraak in de theorie had de inventieve Duitse natuurkundige en lenzenslijper Joseph von Fraunhofer* een stap gezet die net zo belangrijk zou blijken te zijn. Fraunhofer wilde het spectrum in al zijn details bestuderen en begreep dat het niet voldoende was om een prisma in een felle lichtstraal te zetten, zoals Newton had gedaan – de verspreide kleuren van verschillende delen van de straal overlapten elkaar en daardoor verdwenen de details. Hij verkleinde daarom de straal door die door de smalst mogelijke spleet

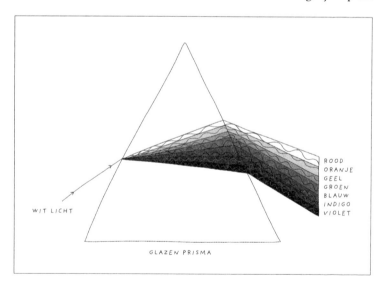

WIT LICHT

ROOD
ORANJE
GEEL
GROEN
BLAUW
INDIGO
VIOLET

GLAZEN PRISMA

* Fraunhofer leed een bijzonder leven. Hij werd op zijn elfde wees en kwam in de leer bij een strenge glazenmaker. Hij werd uit het puin van een ingestorte fabriek gered en opgevangen door de keurvorst van Beieren, die het talent van de jongen herkende en zijn onderwijs betaalde. De jonge Joseph bleek een wonderkind en zijn doorbraken leidden tot enorme verbeteringen in de precisie van optische instrumenten. Hij overleed jong, slachtoffer van de giftige dampen die bij zijn bezigheden vrijkwamen.

te laten vallen om hem dan door een prisma te sturen van glas, dat hij volgens zijn eigen geheime recept had gemaakt. De straal die aan de andere kant van het prisma verscheen, bestudeerde hij met een telescoopachtig oculair dat gedraaid kon worden om verschillende stukjes van de gebroken straal te zien.

Toen Fraunhofer dit apparaat (dat we nu een spectroscoop noemen) gebruikte om zonlicht te bestuderen, ontdekte hij dat het regenboogachtige 'continuüm' van kleurrijk licht werd doorkruist door honderden smalle, donkere lijnen, variërend in sterkte en intensiteit. Dit was raar – het suggereerde dat de zon bepaalde, heel specifieke kleuren licht niet produceerde, of dat deze kleuren op een of andere manier verhinderd werden de aarde te bereiken.

Deze zogenaamde fraunhoferlijnen bleven nog ruim veertig jaar een merkwaardig verschijnsel en de uitleg van wat het nu precies waren werd niet geleverd door een astronoom of opticien, maar door een chemicus en een fysicus. De chemicus was Robert Bunsen, een reus van een vent uit de Duitse staat Nedersaksen die door zijn gewaagde onderzoeken de grootste specialist ter wereld was op het gebied van arsenicum (dat hem het zicht in één oog kostte). De fysicus was Gustav Robert Kirchhoff, een modieuze, geestige Pruis, die al bekend was van zijn onderzoek naar stroomcircuits.

Bunsen en Kirchhoff hadden allebei belangstelling voor de eigenschappen van chemische elementen en vooral voor het licht dat ze uitstraalden als ze verhit werden. Ze gebruikten Bunsens net uitgevonden gasbrander om zeer zuivere monsters van stoffen in een schone, hete vlam te houden en ontdekten algauw dat elke stof licht produceert bestaande uit heel weinig specifieke kleuren, die door de spectroscoop te zien zijn als heldere 'emissielijnen' tegen een donkere achtergrond – een unieke streepjescode in de chemische supermarkt.

Rond 1859 stuurden Kirchhoff en Bunsen helder wit licht door een verhitte damp. Wat ze zagen was griezelig bekend: een regenboogachtig continuüm waar allemaal donkere lijnen doorheen liepen waarvan de posities overeenkwamen met de heldere lijnen van het emissiespectrum van het materiaal. Het materiaal in de vlam zoog duidelijk sommige golflengtes van licht op en schiep zo een 'absorptiespectrum'. Nu was het voor het duo eenvoudig om aan te tonen dat Fraunhofers donkere lijnen ontstonden door de absorptie van licht door verschillende bekende elementen. Voor de eerste keer was de chemische samenstelling van de zon, deels tenminste, onthuld.*

Het werk van Bunsen en Kirchhoff veroorzaakte enige sensatie onder astronomen en velen van hen haastten zich om dit nieuwe gereed-

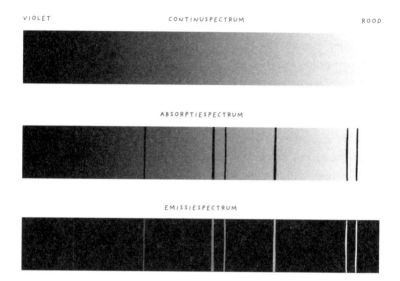

VIOLET   CONTINUSPECTRUM   ROOD

ABSORPTIESPECTRUM

EMISSIESPECTRUM

schap te gaan gebruiken. De Italiaan Giovanni Battista Donati was er wel heel snel bij. In 1860 maakte hij een spectroscoop aan zijn telescoop vast en zag algauw opvallende donkere lijnen in de spectra van vijftien sterren. Hij nam onder andere Aldebaran en de nabijgelegen Betelgeuze in Orion op de korrel, die hij uitkoos vanwege hun helderheid en opvallende rode kleur.

---

* Op dit punt moet je even een gedachte wijden aan die arme, oude Auguste Comte (1798-1857), de eerste echte 'wetenschapsfilosoof', die nog in 1835 had verondersteld dat zowel de chemische samenstellingen als de oppervlaktetemperaturen voor altijd onbekend zouden blijven. Vermoedelijk had hij nog nooit gehoord van fraunhoferlijnen.

De New Yorker Lewis Rutherfurd kwam in 1862 met een benadering die algauw algemeen zou worden overgenomen. In plaats van
een prisma te gebruiken om licht te breken, nam hij iets dat 'diffractierooster' wordt genoemd, een zwart gemaakte glasplaat met daarop
een reeks dunne, evenwijdig aan elkaar lopende, lange, doorzichtige
lijnen, vensters. Dit rooster volgde een ander principe dan een prisma,
met hetzelfde resultaat, maar had twee voordelen: het absorbeerde
niet zoveel van het licht dat erop viel als een prisma, en de hoek waarin
de kleuren licht werden gebroken, hing alleen af van de afstand tussen
de dunne vensters. Zet ze voldoende dicht bij elkaar en je krijgt een
veel breder en gedetailleerder spectrum.

Het was echter Engeland dat was voorbestemd om de geboorte-
plaats te worden van de astrofysica en de weg te wijzen naar nieuwe
methoden voor het classificeren van sterren. De onopvallende victoriaanse buitenwijk Tulse Hill in het zuiden van Londen lijkt niet de plek
waar een wetenschappelijke revolutie zou plaatsvinden, maar dit was
waar William Huggins in de jaren 1860 leefde en werkte.

Huggins, de rijke zoon van een zijdehandelaar in de stad, had (op
die typisch victoriaanse manier om zelf ergens aan te beginnen) toen
hij eind twintig was besloten dat hij Een Bijdrage zou leveren aan De
Wetenschap. Na wat te hebben geliefhebberd in microscopie en fy-
siologie kwam hij uit op de astronomie en bouwde hij een kleine sterrenwacht in de achtertuin van het huis van de familie. Na een paar jaar
van methodische, maar niet erg bijzondere observaties verschaften de
laatste doorbraken in de spectroscopie hem precies het project dat hij
nodig had.

In samenwerking met zijn buurman, chemieprofessor William Allen Miller, ging Huggins op zoek naar de samenstelling van sterren.
Het project moest echter enorme problemen overwinnen – niet alleen
is sterrenlicht dat door de spectroscoop wordt verspreid, erg zwak,
maar ook bleken geen twee spectroscopen licht op precies dezelfde
wijze te breken. Er bestond nog geen manier om lijnen die in het laboratorium werden vastgesteld, te vergelijken met lijnen die in sterrenlicht werden waargenomen, en Huggins en Miller moesten dan ook

een vernuftig instrument bouwen waarmee ze chemische monsters konden verbranden op hun telescoop. Iedere keer als ze gingen observeren, begonnen ze met het ontsteken van een monster natrium in het apparaat om zo een 'live' emissiespectrum te creëren, en noteerden ze de positie van de helderste emissielijnen zoals ze die door de spectroscoop waarnamen. Op deze wijze konden ze lijnen van een bekende positie kalibreren met de absorptiespectra van de sterren die ze gingen observeren.

Hoewel Huggins en Miller spectra opmaten van bijna vijftig sterren, kozen ze ervoor hun eerste artikel uit 1864 te richten op slechts een handvol. Aldebaran (misschien alleen dankzij zijn plaats in het alfabet) werd zo de eerste ster waarvan de barcode correct werd gescand.[10]

De mannen stelden zeventig lijnen vast in de witte, gele, oranje en rode delen van het spectrum van de ster. Er waren er duidelijk nog veel meer in de richting van het blauw, maar hier werd het achtergrondlicht zo zwak dat ze die niet konden vaststellen. De meetbare lijnen kwamen overeen met emissies van negen verschillende elementen – natrium, magnesium, waterstof, calcium, ijzer, bismut, tellurium, antimoon en kwik. Vergelijkingen met de spectra van zeven andere elementen leken hun aanwezigheid uit te sluiten.

De ontdekking dat Aldebaran elementen bevatte die ook in de aarde en de zon voorkomen, maakte eindelijk een einde aan de twijfels over of de sterren zonnen waren zoals de onze, maar het zou nog zestig jaar duren voordat de echte verhoudingen van de elementen helemaal werden begrepen en een eeuw voordat hun werkelijke betekenis werd doorgrond.

Maar dat verhinderde astronomen toentertijd natuurlijk niet om deze waarnemingen op verschillende wijzen te gebruiken. Huggins bijvoorbeeld, die genoot van zijn nieuw verworven reputatie, kondigde algauw een nieuw verbijsterend kunststukje aan: hij beweerde een kleine afwijking van de juiste golflengte te hebben gevonden in een van de waterstoflijnen van Sirius. Dit, zei hij, was het bewijs van een verschijnsel dat enkele decennia eerder was voorspeld door de Oostenrijkse geleerde Christian Doppler: een kleine verandering in de golflengte van sterrenlicht dat de aarde bereikt, die ontstaat als de ster zich naar ons toe of van ons af beweegt.

Spectraallijnen boden een ideale manier om deze verschuiving te meten, aangezien hun exacte 'stationaire' golflengtes konden worden vastgesteld aan de hand van monsters op aarde. We hebben hier nog veel meer over te vertellen als we bij Mizar zijn aanbeland, maar nu volstaat het om vast te leggen dat Huggins gewoonlijk de eer krijgt dat hij de eerste was die het dopplereffect gebruikte om de beweging van een ster te meten (al weten we dat zijn cijfers voor Sirius er met een factor vier naast zaten en dat hij hem in de verkeerde richting liet bewegen).

Intussen concentreerden andere astronomen zich op het domweg catalogiseren van zo veel mogelijk sterrenspectra. In de tien jaar vanaf 1863 bijvoorbeeld bracht de jezuïetenpriester Angelo Secchi de spectra in kaart van vierduizend sterren in een sterrenwacht op het dak van de kerk van Sint Ignatius van Loyola in Rome, een barok bouwwerk in het centrum van de stad.[11] Secchi onderscheidde algauw drie klassen van sterren, van elkaar te onderscheiden door kleur, intensiteit en verdeling van hun spectraallijnen. Binnen dit schema was Aldebaran een typische 'Klasse II-ster' en behoorde hij tot dezelfde groep als de zon, met een gele of oranje kleur en veel lijnen die verbonden waren met de aanwezigheid van metalen. Secchi's groepen waren niet direct heel genuanceerd, aangezien de enige classificatie die een ster als Aldebaran in dezelfde groep plaatst als de zon een paar behoorlijk grote verschillen negeert (zoals we later zullen zien, als we op bezoek gaan bij onze eigen ster), maar het was een begin. Slechts een paar jaar na Secchi's triomf zou zijn werk echter door een technologische revolutie in het niet verzinken.

* * *

Al sinds Louis Daguerre in 1839 de eerste foto maakte van de maan, speelden astronomen met het idee om alles aan de sterrenhemel zo vast te leggen, maar lichtgevoelige chemische substanties waren een bende en het hele proces verliep te traag en te moeizaam om als iets anders te worden opgevat dan curieus. Dat veranderde totaal met de uitvinding in 1871 van het 'drogeplatenproces'.

Dankzij deze techniek van het aanbrengen van het noodzakelijke goedje, zilvergelatine, konden de lichtgevoelige platen in massaproductie worden genomen en enige tijd opgeslagen voor gebruik, maar ook was de gevoeligheid veel groter dan die van de eerdere natte platen.* Sterrenkijkers omhelsden de nieuwe techniek opgewekt – voor de eerste keer was het niet alleen mogelijk om een permanent en nauwkeurig archief samen te stellen van het uitspansel, maar ook om meer licht op te nemen dan het oog kon zien, waardoor sterren zichtbaar werden die tot dan toe onzichtbaar waren geweest.

Spectroscopie, altijd worstelend met de problemen van de verspreiding van zwak licht in nog zwakkere spectra, profiteerde het meest van de opkomst van de fotografie. Een van de eerste gelovigen was Henry Draper, een in Virginia geboren arts met een kostbare astronomiehobby en een opmerkelijke vrouw, Anna Mary, een rijke erfgename en *socialite* die zijn passie deelde en graag de mouwen oprolde om eens goed te gaan observeren en laboratoriumwerk uit te voeren.[12]

Met gebruikmaking van de diffractieroosters die door Rutherfurd waren gemaakt, hadden de Drapers al in 1872 de eerste gedetailleerde sterrenspectra vastgelegd op primitieve natte platen, maar het was hun kennismaking met droge platen (met dank aan William Huggins cameragekke vrouw Margaret tijdens een bezoek aan Londen in 1879) die voor de ommekeer zorgde. Ze begonnen aan een ambitieus programma om foto's van sterrenspectra te maken met veel meer details dan ooit tevoren, en ze hadden al een zekere reputatie toen er een einde kwam aan het leven van Henry, slechts 45 jaar oud, door borstvliesontsteking na een partijtje jagen in de Rocky Mountains.

Maar dankzij Anna Mary Draper kon het project worden voortgezet. In samenwerking met Edward C. Pickering van het Harvard College Observatory besteedde ze haar nalatenschap aan het Henry Draper Memorial, een negentiende-eeuws project met als doel het catalogise-

---

* George Eastmans Kodak, dat een bijnaam werd voor goedkope en leuke cameraatjes in de tijd vóór de digitale revolutie, werd in 1879 opgericht als de Eastman Film and Dry Plate Company.

ren van de hele sterrenhemel in nooit eerder vertoond fotografisch detail. Sterrenspectra zouden een sleutelrol blijven vervullen en dankzij een ingenieuze opzet van professor Pickering werden ze nu met steeds grotere snelheid vastgelegd.

Pickerings slimme idee was om een nauwkeurig geslepen prisma voor het objectief van de telescoop te plaatsen en op de plaats van het oculair een camera. Dit had tot gevolg dat licht van iedere ster binnen het gezichtsveld van de telescoop verspreid werd, zodat honderden spectra konden worden vastgelegd op één fotografische plaat, in plaats van slechts één per keer.[*]

Het project verzamelde algauw duizenden sterrenspectra, veel meer dan Pickering of zijn mannelijke assistenten aankonden. Maar hij had een geheim wapen om naar te grijpen in de vorm van een heel kader aan vrouwelijke onderzoekers, door sommigen paternalistisch 'Pickerings harem' genoemd. Tegenwoordig zijn deze opmerkelijke vrouwen beter bekend onder een neutrale naam: de Harvard Computers.[**]

De kiem van het idee van een vrouwelijk onderzoeksteam was al eind jaren 1870 gelegd toen Pickerings vrouw vertelde dat het dienstmeisje van het gezin, de Schotse immigrant en alleenstaande moeder Williamina Fleming, een slimmerd was. Pickering zette Fleming daarop aan enig licht administratief werk voor de sterrenwacht en daarna aan het organiseren van de sterrencatalogus. Hij was algauw overtuigd van de voordelen van vrouwen[***] en begon er nu meer in dienst te nemen, vaak familieleden van mannelijke stafleden van het lab. Tegen de tijd dat het Draper Memorial werd opgezet, was Fleming dankzij haar snelle en methodische manier van werken een

---

[*]   Een spleet was niet nodig – aangezien iedere ster in wezen een lichtbron in de vorm van een punt is in plaats van een langwerpig object, was overlap geen probleem: de natuurlijke baan van de sterren door het gezichtsveld tijdens de belichting bepaalde de hoogte van de spectraalbanden.

[**] In latere hoofdstukken zullen we verscheidene van deze Computers ontmoeten, maar voor een compleet overzicht van hun werk, is *The Glass Universe* van Dava Sobel een aanrader.

[***] Cynici hebben opgemerkt dat vrouwen Pickering meer arbeid boden voor mevrouw Drapers geld, aangezien ze in dienst genomen konden worden voor de helft van het loon van een mannelijke onderzoeker. Minder vaak is opgemerkt dat Pickering er veel aan gelegen lag meer vrouwen in te voeren in de wetenschap en hij zo een zeldzame route bood voor afgestudeerden aan vrouwencolleges als Radcliffe en Vassar om wetenschappelijk onderzoek te doen en hun eigen werk te kiezen.

logische keus om de groep vrouwen te leiden die het zware werk ver-
richtten: lijnen op een spectrumfoto omzetten in specifieke golflengtes op een diagram.

Net als de verbeteringen die door Draper en Pickering waren verkend het mogelijk maakten spectra veel gedetailleerder vast te leggen,
maakten ze ook duidelijk dat Secchi's vrij simpele classificatieeche-
ma niet meer volstond. Over een vervanger werd men het echter niet
snel eens. Pickering en Fleming gaven de voorkeur aan een alfabetisch
schema op grond van de hoeveelheid waterstof die aanwezig scheen te
zijn. Maar Antonia Maury, Drapers eigen nicht met universitaire op-
leiding, verklaarde dat ze een ander belangrijk element van de spectra
over het hoofd zagen – de wijze waarop de *breedte* van de lijnen van ster
tot ster kan variëren – en kwam met een eigen ingewikkeld classificatieschema, dat probeerde hiermee rekening te houden.

Maury verliet de sterrenwacht in 1891,* maar vijf jaar later uitte haar
opvolger, Annie Jump Cannon, net zulke twijfels over het eenvoudige
alfabetische schema. Cannon was bij het project gekomen om de sterren van het zuidelijk halfrond te classificeren, die op dat moment voor
de catalogus werden gefotografeerd. Ze was vanaf het einde van haar
jeugd stokdoof, maar had een vrolijke inborst die haar populair maakte
onder haar collega's en ze was een snelle en zorgvuldige werker (die
gedurende haar carrière zo'n 350.000 spectra classificeerde).

Cannon kwam met een compromis dat, deels toevallig, vooruitliep
op veel van de latere ontwikkelingen in de astrofysica. In plaats van
te worstelen met al die verschillende lijnen concentreerde ze zich op
de intensiteit van de balmerreeks, een set lijnen die samenhangt met
waterstof. Nadat ze eerst Flemings alfabetische letters van de sterkste
naar de zwakste had geordend, haalde ze de meeste weer weg om alleen de opvallendste over te houden. Die overblijvende letters vormden een vrij eenvoudige serie: O, B, A, F, G, K en M.** Daarna voegde

---

*   Ze kreeg daarop ruzie met Pickering, wiens verlichte visie er niet altijd toe leidde dat hij onderzoeks-
    assistenten van welke sekse dan ook de eer gaf die ze verdienden, om ervoor te zorgen dat haar naam
    werd vermeld in de catalogus van spectra van heldere sterren van 1897.

**   Dit is de finale vorm – Cannon had eerst nog een N aan het einde, maar die liet ze algauw vallen.

ze cijfers toe van nul tot negen om een simpele aanwijzing te geven van de ontwikkeling van de ene letter naar de volgende – en astronomen na haar hebben plus- en mintekens toegevoegd voor een fijnere verdeling. Dus, om terug te keren naar Aldebaran, zijn classificatie als een K5+-ster betekent dat hij heel zwakke balmerlijnen heeft en geeft hem een plaats halverwege een Ko- en een Mo-ster.

Naast de rechtvaardiging die zit in de details van waterstof, is er nog een andere reden waarom Cannons schema populair werd: het weerspiegelde heel knap een veel intuïtievere eigenschap van sterren, kleur. O- en B-sterren waren zonder uitzondering blauw, A en F wit, G alle tinten geel, K oranje en M rood in een gelijkmatige, regenboogachtige opeenvolging waar Newton of Fresnel trots op zou zijn geweest.

En het verband tussen spectraaltype en kleur had nog een verdergaande betekenis, aangezien nu algemeen werd erkend dat het kleurenevenwicht in het lichtcontinuüm van een ster te danken was aan een effect dat 'zwartlichaamstraling' wordt genoemd. Dit merkwaardig klinkende verschijnsel, dat al in 1859 werd beschreven door Kirchhoff, is een beschrijving van de (zowel zichtbare als onzichtbare) straling die wordt verspreid door elk object waarvan het oppervlak licht niet reflecteert – iets dat net zo waar is voor een ster als voor de met pek ingesmeerde ijzeren bollen die Kirchhoff in zijn laboratorium gebruikte.

Eenvoudig gezegd komt het erop neer dat de wetten van zwartlichaamstraling zeggen dat de lichtafgifte van een ster verdeeld is over een kenmerkende spreiding van golflengtes rond een centrale piek, die wordt bepaald door de oppervlaktetemperatuur: hoe heter het oppervlak van een ster, hoe steiler de curve en hoe korter de golflengte van de piekemissie. Dus de koelste sterren stralen een brede spreiding van straling uit die piekt aan het rode uiteinde van het spectrum (waarbij grote hoeveelheden energie vrijkomen in infrarode stralen die laagenergetisch zijn en onzichtbaar voor het oog). De heetste sterren daarentegen stralen een smallere spreiding van straling uit die piekt in het blauw en zich uitstrekt tot in het hoogenergetische (en net zo onzichtbare) ultraviolet.*

Dankzij deze reeks verbanden is het ingenieuze schema van Annie Jump Cannon (tegenwoordig bekend als de Harvard spectraalclassificatie) een echt astronomisch Zwitsers zakmes. Spectraaltype, kleur en oppervlaktetemperatuur van sterren worden ruwweg uitwisselbaar; als we bijvoorbeeld weten dat Aldebarans spectraaltype K5+ is, dan kunnen we, als we hem niet zien, raden dat de kleur oranjerood is en kunnen we voorspellen dat de oppervlaktetemperatuur rond 3500 °C bedraagt.

Geen wonder dus dat we tot op de dag van vandaag een handig ezelsbruggetje gebruiken, 'Oh, Be A Fine Girl, Kiss Me!' voor de volgorde van de Harvardclassificatie en de kleur en de temperatuur van de sterren, en dat het een van de eerste dingen is die erin worden gestampt bij de basisopleiding van astronomen.

---

* Dit verklaart ook waarom er geen groene sterren zijn – de temperaturen waarbij de uitstraling van sterrenlicht piekt in het groene deel van het spectrum zijn ook die waarbij het licht het gelijkmatigst wordt verspreid, en gecombineerd sterrenlicht lijkt wit.

4. MIZAR
(EN ZIJN VRIENDEN)

Een vlot walsje tussen meervoudige sterren

Net als politieagenten komen sterren vaak in paren. Het zijn groeps-dingen van nature en het enige wat jouw ster liever doet dan met z'n tweeën rondhangen, is rondhangen met meer dan twe, als bokkige tieners die staan te lummelen op een hemelse straathoek.* Iedereen herinnert zich wel dat stukje uit het oorspronkelijke *Star Wars*, waarin een verwaaide Luke Skywalker naar de tweelingzonsopgangen staart van de planeet Tatooine, terwijl het London Symphony Orchestra zijn ding doet. Dankzij scifi-films zijn de meeste mensen wel bekend met het idee van dubbelsterren en grotere meervoudige sterren, maar net als de meeste dingen die we nu zomaar voor waar aannemen over het heelal, moest iemand dat eerst bedenken – en een heldere ster in het sterrenbeeld Grote Beer was de ingang tot dit verhaal.

Mizar is weer zo'n ster die je met het blote oog makkelijk kunt zien, hoewel het wel veel lonender is als je een verrekijker of een kleine te-lescoop bij de hand hebt. Met zijn maatje Alcor vormt hij vermoedelijk

---

* Dat gezegd hebbende, de oude aanname dat enkelvoudige sterren zoals de zon feitelijk in de min-derheid zijn, lijkt niet langer waar – nu telescopen steeds sterker zijn geworden en steeds meer details hebben onthuld van de talloze zwakke rode dwergen waarvan er in ons sterrenstelsel meer zijn dan van enige andere sterrensoort, is aangetoond dat deze sterren bijna zo goed als altijd alleen zijn. Merkwaardig genoeg (en hoe het komt begrijpen we nog niet volledig) zijn het de grotere en helderder sterren die vaker meervoudig zijn.

de bekendste dubbelster aan de sterrenhemel, maar de ware aard van het stel is uitermate complex, en iedere nieuwe generatie telescopen maakt het telkens weer complexer.

Mizar is met magnitude 2,2 de op vijf na helderste ster in de Grote Beer en een permanente bewoner van het noordelijk halfrond. Hij bevindt zich in het midden van de staart van de beer (of in de steel van de Steelpan, zo je wilt) en staat in de avondhemel rond juni op zijn hoogste punt, om in december te zijn afgezakt naar zijn laagste punt bij de noordelijke horizon. Als je ten zuiden van 35° N woont, dan verdwijnt Mizar iedere nacht een tijdje, maar op winteravonden verschijnt hij boven de noordelijke horizon aan astronomen die zich tot 35° Z bevinden.

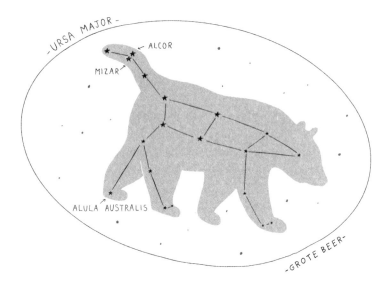

Zelfs een vluchtige blik op Mizar onder een donkere hemel laat al zien dat er iets aan de hand is. De nabijgelegen ster Alcor bevindt zich ongeveer 12 boogminuten* (ruwweg een derde van de breedte van de vollemaan) ten noordwesten van zijn heldere buurman, op ongeveer

---

* Even ter herinnering: een boogminuut is 1/60ste van een graad, terwijl een boogseconde 1/3600ste van een graad is.

10 uur als je recht naar het sterrenbeeld kijkt. Met magnitude 4,0 is hij behoorlijk goed met het blote oog waarneembaar, maar hij lijdt onder de band van kameraadschap. De Arabische astronomen noemden hem zelfs *Suha*, de 'Genegeerde'.

De tendens onder islamitische astronomen om Alcor te laag in te schatten ging zelfs zo ver dat ze beweerden dat het vermogen Mizars begeleider te onderscheiden een goede ogentest was. Echter, Japanse sterrenkijkers zaten vermoedelijk dichter bij de waarheid toen zij hem de naam *Jumyouboshi* gaven, de 'Levensduurster'. De Japanse volks- wijsheid zei dat als iemand Alcor niet kon zien, hij waarschijnlijk nog voor het einde van het jaar zou sterven. Overdreven, maar misschien toch dichter bij de waarheid dan de Arabische versie.

Andere traditionele namen voor Mizar en Alcor laten ook zien dat de band tussen de twee algemeen werd erkend. Arabische en later ook Europese astronomen noemden ze paard en ruiter.

DE INZET VERHOGEN

Zoals we al zeiden zit de hemel vol dubbelsterren, en als Mizar toevallig niet te zien is op het punt waar jij staat, dan biedt het sterrenbeeld Steenbok (in spirituele kringen die nogal vreemde hybride van bok en vis) die het best 's avonds te zien is van juli tot oktober, een paar interessante alternatieven.

Algiedi of Alpha Capricorni is een schijnbare of optische dubbelster (ze lijken vanaf de aarde alleen maar dicht bij elkaar te staan) met complicaties. Twee gele sterren met magnitudes 4,3 en 3,6, Algiedi Prima en Algiedi Secunda genaamd, bevin- den zich ongeveer zeven boogminuten van elkaar, waardoor ze een iets grotere uitdaging voor het blote oog zijn dan Mizar en Alcor. In dit geval staan de twee sterren echter echt ver bij el- kaar vandaan: Prima op een afstand van zo'n 870 lichtjaar bij ons vandaan en Secunda op slechts 102 lichtjaar.

Ieder van deze sterren is zelf weer een meervoudig stelsel

– rond Secunda A cirkelt heel dichtbij een dubbelstelsel, aangeduid met B en C; met ongeveer de helft van de straling van Mizars twee heldere sterren zijn ze voor telescopen nog een hele uitdaging. Intussen heeft Prima ook heel dichtbij een begeleider, die is ontdekt dankzij data van de Hipparcos-satelliet. Prima B is naar verhouding helder, maar hij staat te dicht bij zijn moederster om onderscheiden te kunnen worden met een amateurtelescoop.

Beta Capricorni of Dabih is een stelsel van minstens vijf sterren, dat zo'n 330 lichtjaar van de aarde staat. De twee voornaamste onderdelen, met magnitudes van 3,1 en 6,1, zijn met een verrekijker makkelijk waar te nemen. De helderste kan met de sterkste telescopen worden gesplitst in een helder oranje reus en een zwakkere blauwe ster, die zelf een niet zichtbare begeleider heeft. De zwakste van de twee voornaamste onderdelen is ook een dubbelster, en van het nabijgelegen stelsel vormen er twee mogelijk ook een dubbelster.

Dus Mizar en Alcor staan dichtbij – maar nu ook weer niet zó dichtbij. Van de pakweg zesduizend met het blote oog zichtbare sterren, die min of meer willekeurig over de sterrenhemel zijn verdeeld, zou je een paar van dergelijke meervoudige stelsels kunnen verwachten. Maar het wordt interessanter als je het stelsel door een verrekijker of een kleine telescoop bekijkt.

Het eerste dat je ziet, is een derde, niet met het blote oog zichtbare ster op ongeveer gelijke afstand van Alcor als van Mizar. Hij schijnt met magnitude 7,6 en staat in de catalogus als HD 116798, maar luistert ook naar de naam Sidus Ludoviciana, 'Ludwigs Ster'.*

Stel je focus scherp door je te concentreren op Alcor en verleg je aandacht dan naar Mizar. Je zou moeten kunnen zien dat er iets

---

* In 1772 ontdekt door de Duitse astronoom Johann Georg Liebknecht, die dacht dat het een planeet was en hem vernoemde naar zijn mecenas, landgraaf Ludwig V van Hessen-Darmstadt.

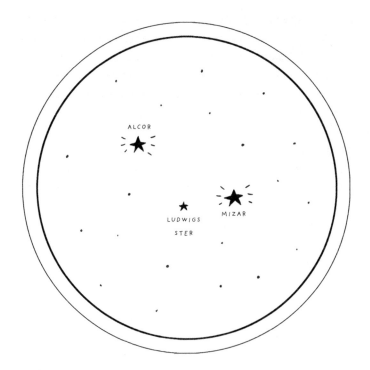

vreemds mee is – afhankelijk van hoe goed je ogen zijn ziet hij er wat wazig uit, of misschien zie je dat hij in werkelijkheid bestaat uit twee sterren met verschillende helderheid. De hoek tussen de twee is 14 boogseconden; met een kleine telescoop moet je kunnen zien dat je met twee sterren te maken hebt.

Mizars ware aard werd voor het eerst doorzien door Benedetto Castelli, een benedictijner monnik en wiskundige. Castelli was een leerling geweest van Galileo Galilei en lange tijd met hem bevriend en was een van zijn voornaamste bondgenoten tijdens zijn beroemde on-enigheidje met de paus. Maar al lang daarvoor, in januari 1617, schreef Castelli aan Galilei en stelde hem voor eens goed naar Mizar te kijken: 'Het is een van de mooiste dingen in het uitspansel, en ik geloof niet dat men in onze zoektocht naar iets beters kan verlangen.'

Galilei's verslag van zijn eigen waarneming is vermoedelijk de ongedateerde aantekening die te vinden is in zijn papieren in de Biblioteca Nazionale in Florence, maar om duistere redenen is zowel Castelli's ontdekking als Galilei's observatie bijna drie eeuwen lang onopgemerkt gebleven. Een andere Italiaan, de jezuïtische priester Giovanni Battista Riccioli, kreeg uiteindelijk de eer van het waarnemen van de dubbele aard van Mizar dankzij een zijdelingse opmerking in een verhandeling uit 1651.

De daaropvolgende eeuw of daaromtrent werd Mizar een grote favoriet onder de sterrenkijkers en verspreid aan de sterrenhemel werden nu talloze andere dubbelsterren gevonden. Maar gek genoeg lijkt niemand zich te hebben afgevraagd wat deze ontdekkingen betekenden. De meeste astronomen namen aan dat toeval de nauwe banden tussen deze sterren kon verklaren, maar een man als William Herschel dacht daar anders over.

* * *

Herschel is zeker het bekendst door zijn ontdekking in 1781 van de planeet Uranus, maar de ambities van deze in Duitsland geboren astronoom gingen veel verder dan ons zonnestelsel; zo wilde hij bijvoorbeeld een kaart maken van het hele heelal.

Tegenwoordig zouden bij een dergelijk project tientallen astronomen uit de hele wereld betrokken zijn, die via het internet samenwerkten om gebruik te kunnen maken van de reuzentelescopen die op bergtoppen zijn gebouwd. William liet zijn zus Caroline Herschel aantekeningen maken, hij bezat een zelfgemaakte telescoop en had de verplichting om een paar avonden per week de trendsetters van het georgiaanse Bath te amuseren als organist in de chique concertzaal. Gelukkig was Caroline zelf een bijzonder getalenteerde en toegewijde sterrenkijker en dankzij jaren onderzoek en maanden van zeer zorgvuldig knutselen was Herschels telescoop zo'n beetje de beste ter wereld.

Herschels project om de hemel in kaart te brengen voedde de groeiende verdenking dat dubbelsterren veel vaker voorkwamen dan iemand tot dan toe had vermoed, te vaak om het gevolg te kunnen zijn van toeval. In 1802 schreef hij een paper voor de Royal Society waarin hij vijfhonderd nieuwe nevels en sterrenhopen catalogiseerde en daarin veronderstelde hij dat dubbelsterren waarvan de componenten dicht bij elkaar staan, weleens door de zwaartekracht bij elkaar gehouden konden worden.[13] Hij stelde voor dergelijke fysieke paren (in tegenstelling tot schijnbare of optische paren) fysische dubbelsterren te noemen, terwijl de optische paren dubbelsterren mochten blijven.

Herschels argument op grond van statistiek was steekhoudend, maar sommige astronomen twijfelden. Een paar jaar later vond hij echter het definitieve bewijs dat dubbelsterren echt bestonden. In mei 1780 had hij gezien dat een andere ster van de Grote Beer, Alula Australis (in de achterste poot van de beer) ook een dubbelster was, een schitterend paar sterk op elkaar lijkende geelwitte sterren met magnitudes 4,3 en 4,8 op min of meer een noord-zuidlijn. Maar toen hij in 1804 opnieuw naar de sterren keek, zag hij dat de richting nu eerder oost-west was. In die 24 jaar was hun positie aanmerkelijk verschoven en Herschel kon nu het eerste bewijs bekendmaken dat twee sterren in banen om elkaar draaiden.[14]

Toen Herschel eenmaal had aangetoond dat Alula Australis een bonafide dubbelstersysteem was, gingen anderen ook op zoek en Mizar was een voornaam doelwit. Het bleek echter algauw dat in dit geval de twee sterren, Mizar A en B, in een veel langere baan om elkaar draaiden en waarnemingen die decennia na elkaar werden gedaan, toonden geen zichtbare verandering in hun positie. (Geschat wordt nu dat het paar er vijfduizend jaar over doet om een volledig rondje om elkaar te maken.)

Gelukkig was er nog een andere manier om te bevestigen dat de twee sterren van Mizar in de ruimte met elkaar samenhingen: het feit dat ze een identieke parallaxverschuiving vertoonden (zie 61 Cygni als je nog even wilt zien wat dat ook alweer was). Die bevestiging moest wel nog bijna een halve eeuw wachten, maar die kwam uiteindelijk in 1850 van de Duitse astronoom Ernst Klinkerfues van de sterrenwacht van Göttingen. Klinkerfues liet zien dat de sterren ten opzichte van elkaar per jaar met 0,043" verschoven (de breedte van de punt aan het einde van deze zin op een afstand van ongeveer vijfhonderd meter).

Dat betekende dat beide sterren ongeveer 76 lichtjaar van de aarde af staan (en dat is niet ver van de moderne berekening van 82,2 lichtjaar).

Parallaxmetingen aan Alcor leken erop te wijzen dat hij een paar lichtjaar dichter bij de aarde stond, waarmee de vraag naar zijn fysieke relatie met Mizar onbeantwoord bleef. Totdat de Britse amateurastronoom en populaire astronomieschrijver Richard Anthony Proctor schreef over een opmerkelijke ontdekking: zes van de helderste sterren van de Steelpan, waaronder zowel Mizar als Alcor, bewogen door de ruimte met min of meer dezelfde snelheid en in dezelfde richting.*

Tegenwoordig noemen astronomen Proctors ontdekking de 'Ursa Major Moving Group'.[15] In de Grote Beer en naburige sterrenbeelden zijn veertien kernleden vastgesteld; gedacht wordt nu dat zij, samen met enkele tientallen andere sterren, afkomstig zijn van hetzelfde cluster van ongeveer vijfhonderd miljoen jaar geleden geboren sterren.

* * *

Mizar had zijn plaats in de verzameling van schitterende sterren natuurlijk allang verdiend, maar in 1889 zou hij een onmisbare rol spelen in het openen van een heel nieuw tijdperk in de astronomie dankzij een opmerkelijke ontdekking door het Harvard College Observatory.

We zagen in het voorgaande hoofdstuk hoe William Huggins had verklaard dat hij de beweging van Sirius had berekend door het analyseren van een verschuiving in zijn spectraallijnen, maar de fotografische methoden die door Edward Pickering aan Harvard werden verkend, bleken veel geschikter voor een dergelijke taak.

Voor het vaststellen van de 'eigenbeweging' van sterren (de zijwaartse beweging ten opzichte van de achtergrond van de hemelbol) is nauwelijks meer nodig dan geduld, maar voor de radiale beweging (de beweging naar of van de aarde af) is een andere benadering vereist. Christian Doppler had al in 1842 beseft dat licht van naderende of zich verwijderende voorwerpen naar het rode dan wel het blauwe

---

* Voor de volledigheid: de uitzonderingen zijn Dubhe, de noordelijkste van de twee aanwijzers aan de rechterkant van de pan, en Alkaid, de ster aan het uiteinde van de steel.

uiteinde van het spectrum verschuift, aangezien de lichtgolven worden samengeperst of uiteen getrokken. Doppler had gehoopt dat dit de verschillende kleuren van sterren zou verklaren, maar niet echt begrepen welke enorme snelheden ervoor nodig zijn om invloed te hebben op de kleur van een ster. In gevallen waarin sterren met een paar kilometer per uur bewegen, waren de dopplerverschuivingen veel kleiner en konden ze het best worden opgespoord door het meten van verschuivingen in de exacte golflengtes van de absorptielijnen in een sterrenspectrum.

Pickerings team fotografeerde in zeventig nachten van 1887 tot 1889 spectra van Mizar en nabijgelegen sterren. Antonia Maury kreeg de taak ze te analyseren en ontdekte algauw dat er met Mizar A iets vreemds aan de hand was: af en toe leek de opvallende, donkere K-lijn, die ontstaat als calcium in de atmosfeer van de ster energie opneemt, rommeliger dan bij de andere sterren. Op drie van de vier spectra was hij gesplitst in twee afzonderlijke lijnen met golflengtes aan beide kanten van waar de K-lijn gewoonlijk zat. Deze 'verdubbeling' leek zich om de 52 dagen voor te doen, en verdere spectra bevestigden de cyclus.

Wat voor situatie kon ervoor zorgen dat het licht van een ster zich in een regelmatige cyclus splitst en weer samenkomt? Pickering besefte dat Mizar A, ondanks dat die zelfs door de sterkste telescopen als één enkele ster werd gezien, zelf een dubbelster moest zijn bestaande uit twee vergelijkbare sterren in een heel nauwe baan. De snelheid en richting van de beweging van iedere ster ten opzichte van de aarde verandert constant, zodat op enig moment hun dopplerverschuivingen samen één set spectraallijnen naar het blauwe uiteinde van het spectrum trekken en de andere set naar het rode. Wanneer het effect het grootst is (als een van de sterren min of meer naar de aarde toe beweegt en de andere ervan af), zijn deze blauw- en roodverschuivingen sterk genoeg om de twee sets spectraallijnen helemaal uit elkaar te trekken, waardoor dat verdubbelingseffect ontstaat. Op andere momenten, als de sterren ten opzichte van de aarde min of meer 'zijwaarts' bewegen, is dat dopplereffect niet waarneembaar.

Pickering had direct door dat een stelsel als dit je enorm veel kon vertellen over de eigenschappen van de desbetreffende sterren. Op grond van het feit dat het dopplereffect gelijke invloed leek te hebben op het licht van beide sterren, stelde hij een eenvoudig model voor van het Mizar A-stelsel: twee sterren met een gelijke massa, die in periodes van 104 dagen banen volgen rond hetzelfde 'massamiddelpunt' of barycentrum van het stelsel, net als kinderen die tegenover elkaar in een draaimolen zitten, in een vlak dat keurig in de richting van de aarde ligt. Hij berekende op grond van de sterkte van de dopplerverschuivingen, dat de sterren in hun baan bewogen met een snelheid van ongeveer 160 kilometer per seconde, en dat ze zich zo'n 230 miljoen kilometer van elkaar bevinden, ongeveer de gemiddelde afstand tussen de zon en Mars.

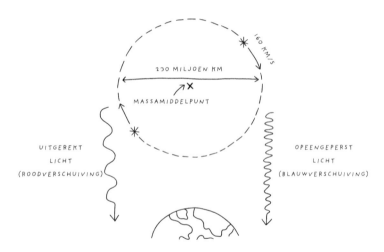

Tot nu toe allemaal rechttoe rechtaan – maar Pickering zag ook in dat je nog een stap verder kunt gaan met je berekening. De snelheid van het object waaromheen de baan beschreven wordt, hangt niet alleen af van de lengte van de baan, maar ook van het object dat de baan beschrijft. Zo doet in ons zonnestelsel Mars er 687 dagen over om een hele baan rond de zon af te leggen, maar als de zon zwaarder was geweest, dan zou Mars er korter over hebben gedaan. Pickering schatte op grond van dit principe dat de massa van het Mizar A-stelsel gelijk moest zijn aan minstens veertig zonnen,* en dat die gelijkelijk was verdeeld in twintig zonnen per ster.[16]

Pickerings ontdekking werd algemeen toegejuicht als een prestatie van astronomisch lef en een nieuwe manier om de eigenschappen van sterren te bepalen. Mizar werd het prototype van een hele nieuwe klasse van sterren, de zogenaamde spectroscopische dubbelsterren, maar hij begon zich kort daarop te misdragen. Soms verdubbelden de lijnen zoals verwacht, soms leken ze wazig, en vaker wel dan niet bleven ze scherp en absoluut één lijn, zelfs als het model voorspelde dat ze breder zouden moeten worden. Pickering probeerde verschillende oplossingen voor zijn model: het halveren van de omlooptijd, het introduceren van ellipsvormige banen, en zelfs het toevoegen van een derde, nog niet waargenomen hemellichaam aan het stelsel.

Maar het was uiteindelijk een rivaliserende spectroscopist, Hermann Carl Vogel van de sterrenwacht van Potsdam, die orde schiep in de chaos. In het voorjaar van 1901 kon door observaties Mizars spectrum vijf weken lang bijna continu worden vastgesteld, en daarmee werd onthuld dat de cyclus van de sterren veel sneller verliep dan eerder vastgesteld, in 20,5 dagen, en dat tussen de maximale blauw- en roodverschuivingen slechts 4 dagen zat.

Vogels metingen lieten zien dat de sterren van Mizar A beide zeer *elliptische* banen volgden, dat ze versnelden als ze dicht bij het massamiddelpunt kwamen (en dan de grootste blauw- en roodverschuivingen veroorzaakten) en vertraagden als ze het verst van dat centrum vandaan waren.[17] De afstand tussen de twee sterren varieert, volgens hedendaagse metingen, van 16 miljoen tot 54 miljoen kilometer. (Hoewel het in de tekening lijkt alsof de banen elkaar overlappen, hellen ze in verschillende vlakken, wat een beetje moeilijk weer te geven is in een schetsje van bovenaf, waardoor ze niet op elkaar knallen in een botsing van kosmische proporties à la Scalextric.)

---

* En dit was dan nog het *minimum* – als de baan naar de aarde zou hellen (zodat de beweging die met de dopplerverschuivingen werd onthuld maar een fractie zou zijn van de algemene snelheden), dan zouden de sterren nog veel zwaarder kunnen zijn.

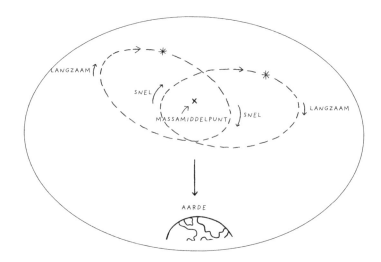

Vogels oplossing reduceerde in één klap de massa van de twee sterren. In plaats van een constante snelheid van 160 kilometer per seconde gedurende het afleggen van een heel lange circulaire baan, hoefden de sterren alleen nog zo snel te bewegen als ze vlak bij het massamiddelpunt waren. Hun *gemiddelde* snelheid kon dus veel lager zijn, en dit suggereerde dat de twee sterren een veel minder intimiderende massa hadden – ieder van zo'n 2,5 keer die van de zon.[*]

De ontdekking van spectroscopische dubbelsterren liet direct zien dat er veel meer sterren zijn dan iemand eerder voor mogelijk had gehouden. Om te worden ontdekt door een telescoop moeten de componenten van een zogenaamde 'visuele dubbelster' een duidelijke hoek maken, hetgeen betekent dat ze dicht bij de aarde moeten staan, of juist op heel grote onderlinge afstand. Zelfs met de moderne technologie van telescopen stelt dit een grens aan het aantal visuele dubbelsterren dat we kunnen opsporen. Spectroscopische dubbelsterren daarentegen kunnen worden vastgesteld in het licht van de verst weg staande sterren, en algauw waren ze overal te vinden.

---

[*] Tegenwoordig zouden Pickerings superzware sterren alarmbellen doen rinkelen. We weten inmiddels dat sterren van tien keer de massa van de zon weinig voorkomen en heel karakteristiek zijn (zie bijvoorbeeld Eta Carinae hierna) – en dat Mizar daar echt niet toe behoort.

Vogel was onverslaanbaar toen hij in 1890 een tweede soort spectroscopisch gedrag ontdekte tijdens zijn onderzoek aan de befaamd veranderlijke ster Algol (niet te verwarren met Alcor). Hij kon het gedrag van verbreden en verdubbelen van lijnen zoals bij Mizar A niet vinden, maar wat hij wel zag was dat de spectraallijnen van de ster heen en weer gingen in een periode die overeenkwam met veranderingen in helderheid. Dit was het klinkende bewijs dat ook Algol een dubbelster was – een waarin het meeste licht wordt geproduceerd door slechts een van de twee sterren.

Vogels 'eenlijnige spectroscopische dubbelsterren' bleken veel gewoner dan Pickerings dubbellijnige versies, al zijn ze jammer genoeg veel beperkter in wat ze ons kunnen vertellen over sterrenstelsels. In 1980 ontdekten Edwin B. Frost in Amerika en Hans Ludendorff in Duitsland onafhankelijk van elkaar dat Mizar B een dubbelster was van dit type, en dus ging Mizar van de eerst ontdekte drievoudige ster naar de eerst ontdekte viervoudige ster. Nu is men het er in het algemeen over eens dat deze zwakkere twee massa's hebben van ongeveer 1,6 keer die van de zon.

* * *

Mizar kreeg dan wel ontzettend veel aandacht, zijn zwakkere tweelingster Alcor bleef frustrerend moeilijk te bepalen. Hoewel hij duidelijk behoort tot de Ursa Major Moving Group is zijn band met Mizar onzeker gebleven en de ster zelf heeft zich dan ook erg slecht gedragen.

Behalve de ontdekking van Frost in 1908 dat Mizar B een spectroscopische dubbelster was, publiceerde hij aanwijzingen voor onverklaarbare veranderingen in het licht van Alcor, waarvan hij dacht dat die mogelijk veroorzaakt werden door een onzichtbare binaire component, die aan de zichtbare ster trok. De Canadese astronoom John F. Heard maakte in 1949 vergelijkbare metingen bekend, en een paar generaties boeken over astronomie bleven Alcor al die tijd een unieke spectroscopische dubbelster noemen, ook nadat dat idee in 1965 was verworpen.

Maar net toen de astronomen gewend waren aan het idee dat Alcor toch een enkelvoudige ster was, nam het verhaal weer een andere wending. In 2009 werd Alcor opgenomen in een planetenjacht waarbij gebruik werd gemaakt van een hooggevoelige infraroodcamera genaamd Clio. Deze camera, die het grootste deel van het hoogenergetische licht dat door sterren als Alcor wordt uitgestraald, negeert, pikte de langere golflengtes op van de straling van veel koelere hemellichamen. En daar stond, op ieder van de 129 opnames, op slechts één boogseconde van Alcor een zwakke rode dwerg als begeleidende ster.[18]

Deze nieuwe ontdekking kan een oud raadsel helpen oplossen, namelijk wat de bron is van hoogenergetische röntgenstralen die in de jaren 1990 door een satelliet zijn opgevangen uit de richting van Alcor. Sterren als Alcor produceren gewoonlijk dergelijke uitbarstingen van hoge intensiteit niet, maar misschien doen de veel zwakkere rode dwergen dat bij verrassing wel (slechts een van de manieren waarop deze sterretjes een verrassende knal uit kunnen delen – zie Proxima Centauri). Komen Alcors röntgenstralen misschien van zijn begeleidende ster?

Het bestaan van Alcor B kan ook eindelijk een oude ruzie hebben beslecht over Alcors werkelijke relatie met Mizar. Terwijl recente parallaxmetingen hebben uitgewezen dat Mizar en Alcor slechts een derde lichtjaar van elkaar verwijderd zijn, blijven de twijfels omdat Alcors beweging een ander pad volgt dan verwacht mag worden van een ster die om Mizar heen draait. De invloed van Alcor B, die ervoor zorgt dat Alcor A in zijn lange baan een beetje schommelt, legt dit verschil keurig uit en laat zien dat de stelsels Mizar en Alcor bijna zeker met elkaar zijn verbonden door zwaartekracht en om elkaar heen draaien in een dans van een miljoen jaar.

* * *

In Mizars lange geschiedenis heeft hij voor een serie opmerkelijke debuten gezorgd: het was het eerste algemeen erkende sterrenpaar of optische dubbelster, het eerste zichtbare visuele dubbelstersysteem dat in de tijd van de telescoop werd herkend, het eerste dat gefotografeerd werd en de eerste spectroscopische dubbelster. Intussen hielp het systeem astronomen te begrijpen wat de eigenschappen zijn van sterrenbanen en hoe de massa van sterren kon worden gewogen. Tegenwoordig moeten we erkennen dat het een van de ingewikkeldste stersystemen in de hemel is – en is er iemand die, gezien zijn levensloop, er iets om durft te verwedden dat hij al zijn geheimen al heeft prijsgegeven?

5. ALCYONE EN HAAR ZUSSEN

Hoe de mooiste sterrenhoop aan de hemel een belangrijk diagram inspireerde

Als de sterren aan de hemel aanmerkelijk kunnen verschillen in zowel helderheid als kleur, is dan de precieze mix van eigenschappen van iedere ster gewoon toeval, of zijn er combinaties die vaker voorkomen dan andere? Het vinden van het antwoord op deze vraag zou aan het begin van de twintigste eeuw de weg wijzen naar het begrijpen van de levenscyclus van sterren en een paar leuke trucjes onthullen waardoor astronomen de afstand kunnen schatten naar afgelegen delen van de Melkweg. Het verhaal begint (en eindigt) met de Plejaden, de beroemdste sterrenhoop in het uitspansel.

De Plejaden geven de schouders aan van de geweldige aanvallende stier van het sterrenbeeld Taurus, Stier, en zijn op het noordelijk halfrond in de wintermaanden onmiskenbaar aanwezig. Ze liggen, als een karakteristieke lichtvlek in de vorm van een vishaak, ten noorden en westen van de kop van de Stier (die zelf wordt gemarkeerd door de feloranje Aldebaran en de V-vormige, enigszins lossere sterrenhoop de Hyaden). Ben je op het noordelijk halfrond, zoek ze dan vanaf juli op als ze boven de oostelijke horizon in de uren voor zonsopkomst opkomen, als ze vanaf oktober in de avondlucht verschijnen als herauten van de winter, en als ze ten slotte verdwijnen in de zonsondergang als ze in april dicht bij de zon komen te staan. Vanaf het zuidelijk halfrond bewegen ze in dezelfde maanden langs de noordelijke horizon van noordoost naar noordwest.

Omdat ze zo opvallen spelen de Plejaden een hoofdrol in talloze mythen en legenden over heel de wereld. De stadsplanners die in het eerste millennium verantwoordelijk waren voor Teotihuacan in het huidige Mexico ontwierpen hun hele stad zo dat de avenues liepen in de richting van de locatie waar de Plejaden boven de bergen uitkomen. Ze staan naast de zon en de maan op de mysterieuze Hemelschijf van Nebra (door schatgravers in 1999 opgegraven in het noorden van Duitsland en gedateerd rond 1600 v.C.), en ze zijn vermoedelijk afgebeeld in de Grot van Lascaux op een schildering van een aanvallende stier van 18.000 jaar geleden.

Westerse astronomen hebben de oude Griekse traditie voortgezet en noemen de groep de Zeven Zussen, een groep halfgodinnen die de taak hadden Dionysos op te voeden, de god van de vruchtbaarheid en de wijn. Later werden ze achterna gezeten door de jager Orion om redenen waar we nu niet op in zullen gaan, totdat Zeus (in een wat hypocriete houding tegenover ongewenste intimiteiten) medelijden met hen kreeg op een manier waarop alleen een Griekse god dat kan en hen transformeerde tot duiven, die de hemel in vlogen om te ontsnappen aan de achtervolgende mythologische seksuele intimidatie. Wat Griekse mythen aangaat waren zij absoluut tweederangs, maar dat weerhield hen er niet van in doorzichtige gewaden rond te dartelen door de oververhitte geesten van veel victoriaanse schilders.

Ondanks de bijnaam Zeven Zussen wordt vaak gezegd dat er maar zes met het blote oog te zien zijn door mensen met een gemiddeld gezichtsvermogen. Enkele sterrenkijkers met heel goede ogen hebben er wel acht gezien, elf of zelfs zestien met het blote oog – de grote uitdaging is niet zozeer hun helderheid, als wel het feit dat dicht opeengepakte sterren gewoonlijk een vage vlek vormen.

De negen helderste sterren zijn, in willekeurige volgorde, genoemd naar de zeven zussen én hun ouders Pleione* en Atlas (de sterke man die

---

* De naam Pleione is vermoedelijk achteraf gegeven om de al bestaande naam Plejaden te verklaren. Sommige etymologen denken dat de naam van de groep is afgeleid van het Grieks voor 'zeilen' – het idee daarachter is dat hun eerste opkomst in de ochtendschemering een signaal was dat de zeeën rustiger werden en dat het vaarseizoen op de Middellandse Zee begon.

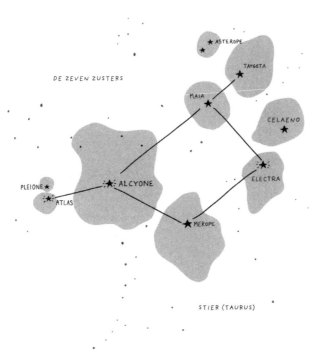

gedoemd was het hemelgewelf op zijn schouders te dragen). Alcyone is de helderste, terwijl de andere in aflopende volgorde Atlas, Electra, Maia, Merope, Taygeta, Pleione, Celaeno en Asterope zijn. Kijk in een heldere nacht (of door een verrekijker) naar deze sterrenhoop en je zult zien dat ze ruwweg een rechthoek vormen met enkele van die erbuiten. Alcyone is de ster die in de noordoosthoek van de rechthoek staat.

* * *

De Zeven Zusters waren een voor de hand liggend doelwit voor de eerste telescopen en haalden in 1610 Galileo Galilei's bestseller *Sidereus Nuncius* (De Sterrenbode), waar ze figureerden naast cruciale ontdekkingen als de manen van Jupiter en de kraters op de maan. Galileo zette tientallen tot dan toe onbekende sterren op de kaart en bracht het totaal aantal van de sterrenhoop op 36. De meeste mensen die daarover nadachten, beseften dat het toevallig voorkomen van een dergelijke groep bijzonder onwaarschijnlijk was, maar het was pas in 1767 dat de Engelse geestelijke en filosoof John Michell de berekeningen maakte en vertelde dat de kans dat deze ophoping van sterren toeval was, één op een half miljoen was.

In Michells tijd hadden verbeteringen aan de telescoop geleid tot de ontdekking van nog veel meer sterrenwolken en zwakke lichtvlekken in de nachtelijke hemel. Deze sterrenhopen en nevels waren intrigerende objecten op zich, maar voor de Franse sterrenkijker Charles Messier waren ze een regelrechte plaag. Messier was meer bezig met het afzoeken van de hemel naar kometen – bezoekers uit de buitengebieden van het zonnestelsel die er vaak uitzagen als... zwakke lichtvlekken aan de nachtelijke hemel.

In 1771 publiceerde Messier een handige catalogus van komeetmisleiders om zichzelf en anderen verdere verwarring te besparen, waarin de Plejaden voorkomen als object M45. Als zo'n kleine ironie des levens zou de Catalogus van Messier het enige blijken te zijn dat hij naliet; het werk is voor hele generaties astronomen, zowel amateurs als professionals, een handige shortlist van enkele van de mooiste hemellichamen.

De Plejaden hebben altijd een bijna magnetische aantrekkingskracht gehad op astronomen en zijn vermoedelijk meer bestudeerd dan enige andere sterren aan de hemelbol. Het idee dat ze een fysieke groep vormden, was intrigerend en veel sterrenkijkers hebben geprobeerd erachter te komen of ze om elkaar heen draaiden of als groep door de ruimte bewogen. In 1846 kwam de Duitse astronoom Johann Heinrich von Mädler, directeur van het Dorpat Observatorium (in het huidige Tartu, Estland) op grond van het meten van de eigenbewegingen van drieduizend sterren tot de conclusie dat ons zonnestelsel en al het andere rond een centrale massa in de Plejaden ronddraaide. Alcyone beleefde daardoor een kort en glorieus moment als de centrale zon van het hele universum (andere sterrenstelsels waren nog niet ontdekt). Von Mädlers metingen werden algauw ingehaald, maar in sommige opzichten zat hij er helemaal niet zover naast, zoals we zullen zien als we bij de ster aankomen, die alleen bekend is als S2.*

De Zeven Zusters waren ongelooflijk nuttig voor astronomen aan het begin van de twintigste eeuw, die probeerden de eigenschappen van sterren te begrijpen. De sterrenhoop stond te ver weg om de afstand direct te kunnen meten met gebruikmaking van de parallax (zie 61 Cygni), maar omdat het onmiskenbaar een fysieke groep was, kon anderzijds van alle sterren in de groep worden aangenomen dat ze op dezelfde immense afstand van de aarde stonden. Dit betekende dat je je nu eens geen zorgen hoefde te maken over hoe de verschillende afstanden tot de sterren hun schijnbare helderheid beïnvloedden en in plaats daarvan aannemen dat verschillen in de schijnbare magnitude van sterren in een sterrenhoop een directe afspiegeling waren van de verschillen in hun echte helderheid, verminderd met in alle gevallen dezelfde afstandsfactor. Een slimme jonge Deen, Ejnar Hertzsprung, ontdekte algauw een manier om hier gebruik van te maken.

In de eerste jaren van de twintigste eeuw was het project Henry Draper Memorial in volle gang (we hebben het er al over gehad bij Aldebaran) en waren er al duizenden sterren gecatalogiseerd volgens de ingenieuze classificatie naar 'spectraaltype' van Annie Jump Cannon – een indicatie voor zowel oppervlaktetemperatuur als kleur.

Duidelijk was dat kleur en de intrinsieke lichtkracht van een ster niet van elkaar afhingen, maar zou het absorptiespectrum ook een sleutel bevatten naar de lichtkracht van de ster? Die mogelijkheid was verleidelijk en een van de slimste figuren die dit idee wilden verkennen was Hertzsprung, die was opgeleid tot chemicus maar zijn jongensdroom wilde vervullen en de sterren achternaging. Hij was grotendeels autodidact met een gevoel voor het stellen van de juiste vragen op het juiste moment – en hij was onder meer gefascineerd door de variaties in de breedte van de spectrale absorptielijnen die Antonia Maury zo hadden verontrust.

Hertzsprung kwam met een ingenieuze vuistregel waardoor hij sterren in brede groepen kon onderbrengen op grond van hun waar-

---

* Zelfs nu nog is Alcyones moment in de spotlights nog niet helemaal vergeten in de krochten van het internet, zoals de zoekresultaten voor de term 'central sun' zullen laten zien.

schijnlijke afstand tot de aarde. Weet je nog hoe vroege astronomen mogelijk nabije sterren identificeerden door te kijken naar degene die met de grootste eigenbeweging door de hemel bewogen? Hertzsprung keerde dat idee om door op te merken dat als alle sterren door de ruimte zouden bewegen met ruwweg dezelfde gemiddelde snelheden, hun schijnbare eigenbeweging langs de hemel vanaf de aarde gezien, kleiner zou zijn naarmate ze verder weg waren.

Door het gebruik van eigenbeweging als ruwe indicatie voor afstand was Hertzsprung in staat de afstanden te gokken van veel van de sterren die Maury had gecatalogiseerd. Algauw kwam hij erachter dat sterren met smalle absorptielijnen een kleinere eigenbeweging hadden dan sterren van dezelfde spectrale classificatie met bredere lijnen. Die met smalle lijnen, zo leek het, stonden verder weg dan die met brede en aangezien dit klaarblijkelijk geen systematisch effect had op hun gemiddelde helderheid in de hemel vanaf de aarde gezien, moesten ze wel meer lichtkracht hebben, intrinsiek meer licht afgeven.

Tegen 1905 had Hertzsprung er voldoende vertrouwen in dat hij een fundamenteel onderscheid had gevonden tussen twee klassen van sterren – de sterren met smalle absorptielijnen die een grote lichtkracht hadden, en die met brede lijnen en minder lichtkracht. Binnen een paar jaar gingen astronomen ze reuzen en dwergen noemen en schreven die termen vaak onterecht toe aan Hertzsprung, die ze misleidend vond.

Op zoek naar een manier om de eigenschappen te vergelijken tussen grote aantallen sterren met minder lichtkracht kwam Hertzsprung algauw uit bij de twee grote sterrenhopen in Stier, de Plejaden en de Hyaden. In 1908 had hij een grafiek ontwikkeld om de magnitude van de sterren in de Plejaden te kunnen vergelijken met hun spectraaltype. Maar andere projecten, zijn werk als chemicus en de behoefte nog meer data te verzamelen betekende dat het publiceren van zijn vergelijking tot 1911 moest wachten.

In Hertzsprungs uiteindelijke diagram[19] wordt de schijnbare magnitude van sterren afgezet op de horizontale as, met de helderste (zoals Alcyone) links en naarmate ze zwakker worden steeds meer naar rechts. Op de verticale as worden kleur en oppervlaktetemperatuur afgezet, met de hetere, blauwe kleuren beneden.

Het diagram was beperkt in zijn bereik, grotendeels omdat de sterren van de Plejaden vooral aan het blauwe uiteinde van het spectrum te vinden zijn (en zijn dan ook allemaal B- en A-sterren in het schema van Annie Jump Cannon). Toch was er nog voldoende variatie om een helder patroon te onthullen – de sterren met de meeste lichtkracht waren ook de heetste, en met het afnemen van de helderheid deed de temperatuur dat ook.

Hertzsprungs diagram was de eerste versie van wat we nu een Hertzsprung-Russelldiagram of HR-diagram noemen.[*20] Het wees duidelijk op iets heel belangrijks over de sterren en de mentor van de jonge nieuwkomer, de gerespecteerde Duitse astronoom Karl Schwarzschild,[**] was ervan overtuigd dat dit een grote ontdekking was. Hertzsprung stuurde Pickering verscheidene brieven, waarin hij pleitte voor het herinvoeren van Maury's klassen van lijnbreedte in volgende versies van de catalogus, maar Pickering liet zich niet overtuigen. Er zou iemand anders nodig zijn voor de doorbraak die ervoor zorgde dat het idee van de Deen als gemeengoed in de astronomie terechtkwam.

Die iemand bleek Henry Norris Russell te zijn. Deze zoon van een presbyteriaanse bisschop uit de staat New York had het talent voor wiskunde geërfd van zijn moeder Eliza, en in tegenstelling tot Hertzsprung had hij zijn belangstelling voor sterren kunnen omzetten in een directere universitaire route. Hij studeerde af en promoveerde aan Princeton, waarna hij in 1902-1905 onderzoek deed in Cambridge, Engeland, waar hij zich richtte op het bepalen van kenmerken van dubbelsterren.

Dubbelstersystemen boden een andere wijze om het probleem te benaderen dan sterrenhopen: het vinden van sterren op dezelfde afstand van de aarde om hun eigenschappen te vergelijken. Maar bovendien, besefte Russell, kon je de baan van een dubbelster gebruiken als breek-

---

[*]   Ejnar krijgt de eer vooral omdat hij als eerste op het idee gekomen is, maar hij was erop gekomen dankzij de grotendeels vergeten Duitse astronoom Hans Rosenberg, die in 1910 een bijna identiek diagram publiceerde waarvoor hij zijn eigen systeem van spectrale eigenschappen gebruikte.

[**] Over Schwarzschild komen we meer te weten als we zijn aangekomen bij Cygnus X-1.

ijzer om de werkelijke afstand open te wrikken. Het principe was eenvoudig genoeg en een uitbreiding van alle argumenten over Mizar die we
in het voorgaande hoofdstuk hebben gezien: als je over een dubbelster
voldoende te weten kunt komen om de werkelijke omvang van zijn baan
te berekenen, dan kun je die vergelijken met de *schijnbare* omvang van
de baan aan de hemel en daaruit afleiden hoe ver weg de sterren precies
staan. De methode werkte maar voor enkele sterren, maar Russell raakte
erdoor geïnteresseerd in de hele kwestie van het vergelijken van eigenschappen van sterren, zoals omvang, massa, spectraaltype en lichtkracht.

Toen hij in 1911 professor was geworden aan Princeton, zat hij daarom op de juiste plek om de mogelijkheden in te zien van Hertzsprungs
idee, maar hij besefte dat de serie spectraaltypen moest worden uitge-
breid tot meer dan wat een enkele sterrenhoop te bieden had. Hier zat
echter een overduidelijke kink in de kabel. Terwijl er een heleboel andere sterrenhopen waren die zich stuk voor stuk leenden voor hetzelfde trucje als Hertzsprung had gebruikt, en talloze sterren waarvan de
lichtkracht kon worden vastgesteld met behulp van de parallaxmetho-
de, hoe kon je die twee dingen dan in hetzelfde diagram weergeven?

Zoals weleens gebeurt had Russell gewoon geluk: er waren net nog
twee methoden vastgesteld om de werkelijke afstand van sterren te
schatten: de 'seculaire parallax' van de Nederlander Jacobus Kapteyn,
en de methode van het 'moving cluster' van de Amerikaan Lewis Boss.
Beide methoden werkten alleen voor sterrenhopen, maar waren ideaal
voor Russels doeleinden. En gelukkig waren beide al toegepast op de
Hyaden, waarvan de grote omvang en relatieve grote spreiding voor
velen aanleiding was te veronderstellen dat deze sterrenhoop van alle
sterrenhopen het dichtst bij de aarde stond.* De resultaten leken dit te
bevestigen en kwamen op bijna identieke cijfers, die een gemiddelde
afstand van 135 lichtjaar aangaven.[21]

Russell onthulde eind december 1913 zijn verder uitgebreide diagram tijdens de bijeenkomst van de American Association for the Advancement of Sciences in Atlanta en nam het op in een gedetailleerd

---

* En daarbij de Ursa Major Moving Group waarover we het in het vorige hoofdstuk hebben gehad,
  over het hoofd zagen.

overzicht het jaar daarop.[22] Alles bij elkaar was hij in staat geweest parallaxmetingen van zo'n driehonderd sterren van alle spectraaltypen op te nemen, maar vanwege het ontbreken van een direct gemeten afstand had hij de Plejaden erbuiten moeten laten.

Deze nieuwe versie van het HR-diagram werd het sjabloon dat sindsdien wordt gebruikt, met een maat voor de lichtkracht, luminositeit,* op de verticale as en het spectraaltype op de horizontale. Het patroon dat in Hertzsprungs diagrammen al vaag te zien was, was plotseling kraakhelder: een grote meerderheid van sterren (die Russell heel blij dwergen noemde) lag langs een diagonale lijn die de lichtsterke blauwe sterren verbond met de zwakke rode – een serie die door Hertzsprung al de 'hoofdreeks' was genoemd. De reuzen lagen in een brede band horizontaal bovenaan het diagram. De scheiding tussen de twee groepen was het grootst aan het rode uiteinde van het spectrum, waar sterren óf extreem helder waren óf heel erg zwak, en er kon niets worden gevonden dat dezelfde helderheid had als de zon.

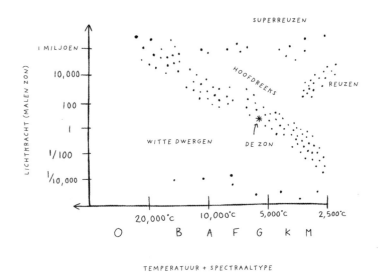

TEMPERATUUR + SPECTRAALTYPE

* In dit geval 'absolute magnitude', een door Kapteyn ontwikkeld systeem om de helderheid van een ster te berekenen als we die zien van een afstand van 10 parsecs of 32,6 lichtjaar.

Russells diagram mag dan een enorme sprong voorwaarts zijn geweest, Russell was zich zeer wel bewust van het feit dat het diagram ook misleidend kon zijn. Zo wist hij dat het relatieve aantal sterren onevenwichtig moest zijn vanwege de onvermijdbare bias in de sterren die we wél kunnen zien. De straling van reuzen reikt vele honderden lichtjaren ver, terwijl dwergen – en dan vooral de zwakke oranje en rode dwergen – buiten onze kosmische achtertuin onzichtbaar zijn. Trek een werkelijk aselecte steekproef van sterren in onze Melkweg en je zult veel meer dwergen vinden en veel minder reuzen dan het diagram suggereert. De hoofdreeks was duidelijk de plek waar de grote meerderheid van sterren het grootste deel van hun leven verbleef, en dit zou een sleutelobservatie zijn die aangepakt moest worden in latere theorieën.

Een voorbeeld van Russells slimme denkwijze met meer directe toepassingen was het idee om de parallax om te keren. Het zou mogelijk moeten zijn, zo zei hij, om van een ster het spectraaltype te meten en te bepalen op welke tak van het diagram hij zit* om zo de vermoedelijke absolute magnitude en de afstand uit te rekenen. Hij gaf zelfs een misleidend simpel uitziende wiskundige formule voor deze zware klus.

Jammer genoeg was het verkrijgen van *bruikbare* schattingen van de afstanden moeilijker dan het leek. Met grote foutmarges in de meeste cijfers waarmee ze geplot moesten worden, was zowel de reeks reuzen als de hoofdreeks daardoor zo breed dat enorme variaties in helderheid erbinnen vielen, waardoor afstandsschattingen geen enkele betekenis hadden. Zelfs Russell zelf gaf toe dat zijn formule slechts een *gemiddelde* parallax gaf.

Het duurde echter niet lang voordat iemand een manier had uitgedokterd om uit deze impasse te komen, en opnieuw waren het Alcyone

---

* Het mysterie van de variërende lijnbreedtes werd ook in 1913 opgelost, toen de Duitse fysicus Johannes Stark een effect ontdekte, drukverbreding, waardoor spectraallijnen die samenhangen met een gas, breder worden als dat gas onder hoge druk komt. Omdat het oppervlak van een dwergster compacter is dan dat van een opgeblazen reus, produceert het bredere lijnen. Het concept werd uiteindelijk in de jaren 1940 opgenomen in de classificatie van sterren in het Yerkes Observatory in Wisconsin, met de introductie van 'lichtkrachtklassen' (0, I, II, III, IV en V, van de helderste superreuzen tot de gewone dwergen) naast het Harvard-spectraaltype.

en haar vele zussen die de weg voorwaarts wezen. In 1918 kondigde William Henry Pickering (de jongere broer van Edward, die we al tegenkwamen als het hoofd van het Harvard College Observatorium) aan dat hij een plausibele afstandsschatting had kunnen doen voor de Plejaden.

Pickerings techniek[23] bestond uit een serie nogal directe statistische trucjes. Ten eerste verdeelde hij de sterren in groepen van verschillende spectraaltypen en werkte daarna de gemiddelde schijnbare magnitude uit voor de sterren van ieder type. Hieruit berekende hij de daarbij behorende gemiddelde parallax door gebruik te maken van een variant op Russells eigen formule. Ten slotte nam hij domweg het gemiddelde van die afstanden. Hij kwam uit op een afstand van 656 lichtjaar, ongeveer 50% hoger dan de hedendaagse waarde van 444 lichtjaar.*

Je zou kunnen zeggen dat het de gedachte is die telt, maar in feite was Pickering gestuit op iets heel wezenlijks: het idee dat het grote aantal sterren in een sterrenhoop en het vermogen het gemiddelde van hun eigenschappen vast te stellen, berekeningen eenvoudiger en robuuster maakten dan die voor individuele sterren. Net als Hertzsprung werkte Pickering met de data van slechts enkele tientallen sterren. Bij recent onderzoek zijn er zo'n 1600 gevonden, die zich allemaal langs de hoofdreeks uitstrekken via gele, zon-achtige sterren tot zwakke rode dwergen, die allemaal hebben bijgedragen aan de schat aan data en aan de precisie waarmee dit soort methoden kan worden toegepast.

Binnen een paar jaar werd op grond van Pickerings basisconcept een methode ontwikkeld genaamd *main-sequence fitting*. Het idee hierachter is om een HR-diagram samen te stellen van een individuele sterrenhoop op grond van hun schijnbare magnitudes en de verticale positie daarvan zó aan te passen dat die netjes op het HR-diagram past. Hieruit kun je het verschil afleiden tussen de schijnbare en de absolute magnitude en van daaruit kun je de afstand berekenen.

Hertzsprung zelf bracht in 1929 een zinvolle verfijning aan in zijn idee, toen hij de verschillen bestudeerde tussen de Plejaden, de Hyaden

* Pickering maakte het zichzelf niet gemakkelijk door de helderste sterren van de hoop over te slaan, in de (onjuiste) veronderstelling dat die op de tak van de reuzen in het HR-diagram zaten.

en een andere befaamde sterrenhoop, de Praesepe of Kribbe in het sterrenbeeld Kreeft.[24] De sterren in de Plejaden zitten op de stijgende lijn
van de hoofdreeks tot aan de top en dus zijn de helderste leden allemaal
blauw en wit, maar hij constateerde dat in tegenstelling tot deze, andere
sterrenhopen heel lichtsterke gele, oranje of rode sterren bevatten, terwijl de heetste en sterkste blauwe sterren iets lager langs de hoofdreeks
afzakken.

Door deze ontdekking, die nu weleens het 'hoofdreeksafslagpunt'
van een sterrenhoop genoemd wordt, kon niet alleen de methode van
'fitting' met meer precisie worden toegepast en de afstand tot de sterrenhopen verfijnd, maar zij zou ook een sleutelrol spelen in het ontrafelen van het verhaal over hoe sterren evolueren en sterven. We komen
hier in latere hoofdstukken op terug, maar ons hedendaagse inzicht is
dat alle sterren in een sterrenhoop kort na hun geboorte een positie
ergens in de hoofdreeks innemen. Hier zullen ze het grootste deel van
hun leven blijven en gehoorzamen aan een eenvoudige relatie tussen
temperatuur en lichtkracht, maar de heetste en helderste verouderen
sneller dan hun zwakkere broertjes. Als ze aan het einde van hun leven komen, transformeren ze tot andere sterren die zelfs nog wat meer
licht uitstralen, maar een koeler en roder oppervlak hebben. Zo slijt
het heldere blauwe uiteinde van de hoofdreeks langzaam weg, terwijl
de aantallen helderrode en oranje reuzen in plaats daarvan toenemen –
en hoe ouder de sterrenhoop, hoe meer slijtage aan de hoofdreeks. De
Plejaden, met een leeftijd van naar schatting vijftig miljoen jaar jong op
de kosmische tijdschaal, zijn tot nu toe niet aangetast door dit sterren-
verouderingsproces – maar als dit inzet, zal de prachtige blauwwitte
Alcyone het als eerste voelen.

6. DE ZON

De ster voor de deur en
wat die ons kan vertellen

Het zij je vergeven als je je afvraagt waarom we tot nu toe de zon hebben genegeerd. Het is per slot van rekening de opvallendste ster aan de hemel, zonder welke we er geen van allen zouden zijn. Vanuit het gezichtspunt van het begrijpen van het heelal is het echter belangrijk om onze lokale ster eerst in zijn context te plaatsen. Nu we die context hebben geschetst, kunnen we ons concentreren op hoe de zon een handig laboratorium is om onze ideeën over andere sterren te testen en uit te zoeken hoe het eigenlijk komt dat ze bestaan.

Om bijvoorbeeld te begrijpen wat de plaats is van de zon tussen de andere sterren, moeten we het spectraal classificatiesysteem gebruiken waarvan we zagen hoe het werd toegepast op Aldebaran. Kijken we naar de totale hoeveelheid energie die hij uitstraalt en de manier waarop deze verspreid wordt over verschillende golflengtes van licht, dan blijkt de zon een G2V-ster te zijn. De G2 zegt dat hij in het hetere uiteinde zit van de gele G-klasse van sterren, terwijl de V hem in de lichtkrachtklasse van de dwergen in de hoofdreeks plaatst. Het valt misschien niet mee je voor te stellen dat een bol exploderende gassen met een doorsnede van 1,4 miljoen kilometer een dwerg is van wat voor soort dan ook, maar in deze zin geeft de term domweg aan dat hij zich midden in de lange, volwassen middenfase van zijn leven bevindt (net als de meeste sterren die we in de hemel kunnen zien).

Het meest voor de hand liggende *verschil* tussen de zon en al die andere sterren is dat we de schijf echt kunnen zien; elke andere ster in de sterrenhemel is niets meer dan een lichtpuntje, zelfs door de allersterkste telescoop.* Maar wat overkomt als een vast oppervlak, is een illusie: de zichtbare grens van de zonneschijf is eerder iets als een mistbank (de zogenaamde fotosfeer), een naar verhouding dunne laag waarin het hete gas voldoende in dichtheid afneemt om transparant te worden, zodat zonnestralen en energie zonder enige onderbreking erdoor kunnen ontsnappen. De temperatuur van de fotosfeer van iedere ster hangt af van zijn oppervlakte en de hoeveelheid energie die erdoor tracht te ontsnappen. In het geval van de zon is dat ongeveer 252 megawatt per vierkante meter, waardoor de fotosfeer verwarmd wordt tot zo'n 5500 °C.

Maar zelfs voor de eerste sterrenkijkers moet duidelijk zijn geweest dat de zon zich tot ver buiten zijn snoeihete fotosfeer uitstrekte – als de maan tijdens een zonsverduistering de schijf afdekte, dan moeten ze de kleurrijke vlammen gezien hebben die boven het oppervlak uitkwamen en de slierten zwak gloeiend gas die daar weer ver boven uitstaken voordat ze oplosten in de duisternis van de ruimte. Die vlammen noemen we zonnevlammen. Het zijn enorme bogen van superheet gas die langs magnetische stromen lopen in het gebied boven de fotosfeer, de chromosfeer. Boven deze bogen ligt de corona, de atmosfeer van de zon, waar gas veel ijler is en gloeit met een melkwit licht terwijl het naar buiten wordt geblazen, de zonnewind in die door het zonnestelsel waait.

Duizenden jaren lang hebben filosofen, sterrenkijkers en religieuze wijzen de zon beschouwd als een volmaakt licht in de hemel – een symbool van goddelijke perfectie in een rijk dat immuun is voor de verandering en het bederf van het aardse bestaan. Totdat de Nederlandse lenzenslijper Hans Lipperhey in 1608 de telescoop uitvond, de 'Hollandse kijker', zoals hij werd genoemd.

---

* Maar zie Beutelgeuze voor een slimme manier om dit probleem te omzeilen.

De eerste idioot die probeerde door deze nieuwe uitvinding naar de zon te kijken, was de Engelsman Thomas Harriot, een verstokte wetenschappelijke prutser die in de jaren 1580 meeging op een van Walter Raleighs expedities de Atlantische Oceaan over naar Roanoke en zich daar later vestigde om natuurfilosofie te gaan onderwijzen. In 1609 schreef hij brieven met daarin zijn waarnemingen door zijn nieuwe kijkglas (dat hij de fantastische naam '*Dutch trunke*' gaf, de 'Hollandse koker'). Gelukkig was hij verstandig genoeg om te wachten tot de zon laag aan de horizon stond en door de atmosfeer zo veel mogelijk werd gefilterd.

In 1612 probeerde Galileo Galilei hetzelfde, maar algauw nam hij een veel veiliger manier om naar de zon te kijken over van zijn voormalige leerling Benedetto Castelli. Hierbij werd het beeld van de zon door de telescoop geprojecteerd op een scherm op veilige afstand van het oculair.*

Galileo werd de eerste die een waarneming publiceerde van de zwarte plekken op de zon, de zonnevlekken, en vaak krijgt hij dan ook de eer dat hij die heeft ontdekt. We weten echter dat hij niet alleen verslagen is door Harriot, maar ook door verscheidene Chinese, Koreaanse en Europese sterrenkijkers die het zonder optisch hulpmiddel hadden moeten doen.

Zonnevlekken, of sterrenvlekken zoals ze worden genoemd als ze op andere sterren voorkomen, verschijnen als donkere gebieden in de fotosfeer en lijken kenmerkend voor alle sterren, ook al variëren ze enorm in grootte en intensiteit. Afzonderlijke zonnevlekken zijn niet permanent, maar sommige kunnen wel een paar weken blijven bestaan en het was door hun bewegingen te volgen dat Galileo kon aantonen dat de zon moest roteren en dat de vlekken fysieke foutjes waren in de perfectie in plaats van kleine hemellichamen die voorbij kwamen. Het idee dat zich in de hemel foutjes konden voordoen en die niet

---

* Het idee dat Galileo op hoge leeftijd blind geworden zou zijn dankzij zijn vroege observeren van de zon is een van die mythen, die weigeren te verdwijnen – solaire retinopathie wacht geen 25 jaar voordat je de gevolgen merkt. Maar in het geval het toch nog moet worden benadrukt: kijk NOOIT direct naar de zon en richt ZEKER nooit je telescoop of verrekijker die kant op als je oog zich aan de andere kant bevindt.

volmaakt was bezorgde Galileo bijna net zoveel moeilijkheden als zijn steun voor het heliocentrisch zonnestelsel.

De eerste die het uiterlijk van de zon met regelmaat in het oog hield, was de Deense astronoom Christian Horrebrow, die vanaf 1761 werkte boven in een pittoreske toren in het centrum van Kopenhagen.[*] Hij hield in een tabel bij wat er gebeurde en in 1775 zag hij aanwijzingen voor een cyclus in zowel de omvang als het aantal zonnevlekken. Horrebrows onderzoek werd echter ruw afgekapt door zijn dood een jaar later en het duurde enkele decennia voordat zijn zonnecyclus door de Duitse apotheker die astronoom werd, Heinrich Schwabe, in 1843 werd herontdekt. Rudolf Wolf, directeur van de sterrenwacht in de Zwitserse hoofdstad Bern, was geïntrigeerd door Schwabes verslag en begon zelf serieus zonnevlekken te bestuderen en historische verslagen door te ploegen. Hij stelde vast dat de zich almaar herhalende zonnevlekkencyclus een duur had van 11,1 jaar vanaf minstens de jaren 1740.[25]

De cyclus leek min of meer permanent gelijk te blijven, maar een afname van het aantal zonnevlekken gedurende een eeuw, te beginnen in de vroege jaren van de zeventiende eeuw, maakte het voor Wolf moeilijk om nog verder terug te gaan. Het idee dat het lage aantal vlekken in die tijd weleens een weerspiegeling zou kunnen zijn van een werkelijke afname van het aantal, werd voor het eerst in 1887 gesuggereerd door de Duitser Gustav Spörer, maar is nu bekend als het Maunderminimum, naar Edward Maunder van het Koninklijk Observatorium in Londen, die er de aandacht op vestigde.

Spörer, die zowel aan de universiteit van Berlijn als aan de sterrenwacht van Potsdam werkte, had met zijn nalatenschap weinig geluk – twee andere ontdekkingen die hij in de jaren 1860 deed, worden gewoonlijk toegeschreven aan een beroemde Brit, Richard Carrington, die rond dezelfde tijd werkte. Spörer en Carrington gebruiken allebei zonnevlekken om aan te tonen dat de zon bij de evenaar sneller draait dan verder naar de polen, waarmee voor de eerste keer werd bevestigd dat hij geen

---

[*] De Rundetaarn – een door koning Christaan IV gebouwde toren van 35 meter hoog, speciaal bedoeld om bovenin een sterrenwacht onder te brengen – bevat een spiraalgang zonder treden; het is een helling van 192 meter lang die naar de bovenste verdieping voert.

vast lichaam was.* Zij identificeerden ook in iedere zonnecyclus een geleidelijke verschuiving van hoge naar lagere hoogtes: zonnevlekken beginnen in kleine plekjes ergens halverwege evenaar en pool (rond 40°), worden steeds groter naarmate ze dichter bij de evenaar komen waar ze uitdoven, waarna de cyclus op een grotere hoogte opnieuw begint.

Deze ontdekkingen bleken cruciaal voor het oplossen van het mysterie van de zonnevlekken, maar er was nog altijd een laatste aanwijzing nodig. In 1908 ontdekte de Amerikaanse astronoom George Ellery Hale dat de spectraallijnen in licht van de vlekken gespleten waren en verstoord op wijzen die suggereerden dat er een sterk magnetisch veld moest zijn. In april 1919 ontdekten Hale en zijn collega's patronen die voldoende waren om een magnetische verklaring voor de hele cyclus te veronderstellen, dus hier komt ie...

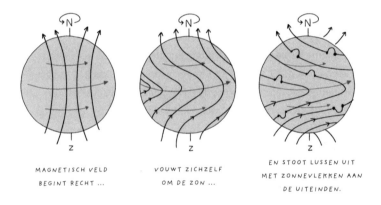

MAGNETISCH VELD
BEGINT RECHT ...

VOUWT ZICHZELF
OM DE ZON ...

EN STOOT LUSSEN UIT
MET ZONNEVLEKKEN AAN
DE UITEINDEN.

Het binnenste van de zon is niet in staat een permanent magnetisch veld te onderhouden, maar het bevat lagen rondtollend geëlektriseerd gas dat een tijdelijk magnetisch veld kan scheppen. Aan het begin van iedere zonnevlekkencyclus van elf jaar loopt dat veld onder het oppervlak van de zon keurig van de ene pool naar de andere, om bij de polen

---

*   De ontdekking in 1769 door de Schotse astronoom Alexander Wilson, dat zonnevlekken dieper liggen in relatie tot hun stralende omgeving, had velen tot de conclusie geleid dat het zonlicht afkomstig was van een laag schitterende wolken die boven een donker, mogelijk vast en misschien zelfs wel bewoond oppervlak hingen.

te verschijnen zoals zo'n beetje het magnetisch veld van de aarde. Maar omdat de zon bij zijn evenaar sneller draait dan bij zijn polen, schuiven gebieden bij die evenaar geleidelijk oostwaarts ten opzichte van die op grotere hoogtes, waardoor ze het magnetisch veld dat ze meenemen, uitrekken, een beetje zoals uitgetrokken suikerspin. Na vele rotaties raakt het steeds verder uitgerekte veld verstoord en barsten er magnetische lussen door het oppervlak naar buiten als een soort open beenbreuken. De punten waar deze lussen uitbarsten en weer terugvallen, worden de plaatsen van de zonnevlekken. Doordat ze de dichtheid van het gas om zich heen doen afnemen, kan dat afkoelen zodat die plekken er donker uitzien vergeleken met de omringende fotosfeer.*

Vlekken verschijnen in paren (een aan het magnetische 'noorden', de andere aan het magnetische 'zuiden') aan de uiteinden van de magnetische lus. In de loop van de tijd neemt hun aantal toe als het veld steeds verder wordt uitgerekt, maar als de vlekken van de twee halfronden bij de evenaar dichter bij elkaar komen, dan heffen ze elkaar op en neemt hun aantal af. Na ongeveer elf jaar wordt het magnetisch veld steeds zwakker tot er niets meer van over is, maar dan gaat het rondtollende gas zijn ding weer doen en genereert het een nieuw veld, dit keer met de magnetische polen andersom. De volledige cyclus van het achterliggende magnetisch veld van de zon duurt dus 22 jaar (met behoorlijk wat min of meer).

Zonnevlekken zijn dan misschien wel de makkelijkste manier om de veranderende activiteit van de zon te volgen, maar het zijn niet de enige, zoals mensen overal ter wereld in 1859 tot hun schrik ontdekten. Op 1 september werden Richard Carrington en andere astronomen die een groot en complex cluster van zonnevlekken bekeken, verbijsterd door een uitbarsting van fel licht op het zonne-oppervlak. Binnen een paar uur na deze uitbarsting kwamen het noorder- en het zuiderlicht op aarde spectaculair tot leven, verstoorden slaapritmes overal ter wereld met een bloedrode gloed en gaven voldoende licht voor New Yorkers om om middernacht hun krant bij te lezen. Kom-

---

* De temperatuur in zonnevlekken is nog altijd 3000 tot 4000 °C – je zou ze 'koel' kunnen noemen in de context van de gemiddelde oppervlaktetemperatuur van de zon van 5500 °C.

passen raakten in de war en het netwerk van de elektrische telegraaf verviel tot een chaos toen de machines pijnlijke vonken begonnen te produceren.* Een enorm onbekend iets was uit de zon gekomen, langs de aarde geraasd en had daarbij grote wolken subatomaire deeltjes in de dampkring gestort, die het aardmagnetisch veld verstoorden met als gevolg veel verwarring in de nasleep.

Nu noemen we dit wel het Carrington Event, de hevigste zonnestorm die ooit is vastgelegd. Hij begon met een bijzonder krachtige zonnevlam – een enorme uitbarsting van energie die loskwam toen het verwarde magnetisch veld rond een groep zonnevlekken op een of andere manier door kortsluiting werd getroffen en op een lager niveau weer verbinding kreeg. De vrijgekomen energie verhitte het gas in de buurt tot miljoenen graden waardoor een plasmawolk ontstond (een Coronal Mass Ejection of CME), een almaar uitdijende bel superheet gas, die met miljoenen kilometers per uur uit de zonneatmosfeer werd gestoten en vol zat met uit elkaar getrokken restjes van het oorspronkelijke magnetisch veld.

De zonnecyclus, zo lijkt het, heeft niet alleen invloed op zonnevlekken, maar ook op de frequentie en kracht van zonnevlammen en CME's. Vandaag zou een Carrington Event een enorme chaos veroorzaken omdat de elektronische technologie en communicatienetwerken, waarop de moderne samenleving steunt, erdoor verstoord raken. Op de lange duur is zo'n gebeurtenis echter onontkoombaar.

* * *

Omdat de zon zo dicht bij de aarde staat, kan hij als laboratorium dienen voor ideeën over de innerlijke structuur van sterren en de energiebronnen die erin verborgen liggen. Een van de eerste mensen die hierover serieus nadacht, was Arthur Stanley Eddington, een briljant astronoom en fysicus, die zijn reputatie had verdiend door tijdens en kort na de Eerste Wereldoorlog op te komen voor Einsteins algemene relativiteitstheorie.

---

* Voor een geweldig verslag van deze belangrijke gebeurtenis voor ons inzicht in de zon, lees Stuart Clarks *The Sun Kings*.

In zijn boek *The Internal Constitution of Stars* uit 1926 stelde Eddington voor het eerst voor dat de energie van de zon werd gegenereerd in de kern (waar de temperatuur en de druk het hoogst zijn), in plaats van aan het oppervlak. Indien dit het geval was, dan moest de zon – of welke ster dan ook – om stabiel te blijven, een evenwicht zien te handhaven tussen de naar binnen gerichte zwaartekracht en de naar buiten gerichte druk die wordt uitgeoefend door de straling.

Eddingtons model van dit 'hydrostatisch evenwicht' suggereert dat sterren als de zon een interne structuur hebben van drie lagen. Nadat energie is geproduceerd in de kern (de binnenste 25% van de straal van de zon), ontsnapt deze in de vorm van hoogenergetische straling (vooral röntgen- en gammastralen met veel kortere golflengtes dan zichtbaar licht) door een 'stralingszone' waar de zon theoretisch gezien transparant is, maar in feite uit een zo goed als ondoordringbare mist bestaat door de zuivere dichtheid van materie. De straling doet er zo'n 170.000 jaar over om haar weg door deze zone te vinden, waarbij ieder pakketje energie ongeveer tien miljoen keer miljard keer miljard botsingen doormaakt, die het geleidelijk aan van zijn energie ontdoen en de gammastralen omzetten in röntgenstralen en ultraviolet licht.

Na iets meer dan twee derde van de weg te hebben afgelegd, hebben de afnemende temperatuur en druk tot gevolg dat materie niet langer straling uitstraalt, maar juist opneemt. De onderste laag materie van deze ondoorzichtige zone zuigt de warmte van onderaf op, waardoor deze laag opzwelt en naar het oppervlak drijft, haar weg zoekend door de bovenliggende lagen die koeler en dichter zijn terwijl hierin heftig bewegende cellen ontstaan, waarin de warmte door convectie wordt getransporteerd (zoals bijna alle beweging van materie) in plaats van door straling. De fotosfeer markeert de bovengrens van deze 'convectiezone', waar de dichtheid voldoende afneemt om de gassen weer doorzichtig te laten worden en energie kan ontsnappen in de vorm van zichtbaar licht.*

***

* De basisprincipes van dit model zijn bevestigd door de bijzondere wetenschap van de helioseismologie, die dopplerverschuivingen meet die ontstaan doordat verschillende delen van de fotosfeer naar de aarde toe of ervan af bewegen, om zo de seismische golven te vinden die door de binnenste lagen van de zon gaan.

Maar wat genereert nu eigenlijk al die energie in de kern? Hier raadde Eddington het stomtoevallig goed, zoals we nog zullen zien.

* * *

De vraag hoe het komt dat de zon schijnt (en dus ook andere sterren) werd lastig nadat in de negentiende eeuw doorbraken in de geologie duidelijk maakten dat de aarde veel ouder was dan de circa zesduizend jaar die uit de Bijbel was afgeleid. Als de aarde miljoenen jaren bestond, dan moest de zon natuurlijk ook al zo oud zijn.

Eind negentiende eeuw werd algemeen aangenomen dat dat kwam door samentrekking door de zwaartekracht – als de zon echt een vloeistof was, dan werd die misschien opgewarmd door de langzame samentrekking door zijn eigen zwaartekracht. Dit idee werd al in 1854 geopperd door de veelzijdige Duitse geleerde Hermann von Helmholtz, maar vond pas echt weerklank toen de gerespecteerde fysicus William Thomson (de latere Lord Kelvin, onder andere bekend om zijn vaststelling van het absolute nulpunt) zich ermee ging bemoeien en ontdekte dat als een zon op deze manier zijn temperatuur kreeg, hij hooguit twintig miljoen jaar kon bestaan.*

Eerst leek dit nog lang genoeg om overeen te komen met de veronderstelde levensduur van de aarde, maar nieuwe doorbraken aan het begin van de twintigste eeuw verlengden die. De ontdekking van natuurlijke radioactiviteit en de uitvinding van radiometrische datering** bracht de leeftijd van de aarde algauw op verscheidene *miljarden* jaren, en er was geen enkele bekende krachtbron die zo lang kon dienen als brandstof voor de zon.

Radioactiviteit onthulde dus het probleem, en zou gelukkig ook

---

* Het Kelvin-Helmholtzmechanisme was dan misschien niet de langetermijnoplossing voor het lange tijd laten schijnen van sterren, maar het is nog altijd belangrijk voor pasgeboren sterren (en gasplaneten), dus, in het kort: het ontsnappen van warmte aan het oppervlak leidt tot daling van de interne druk in de ster en dus krimpen de volumes van de binnenste lagen. Hierdoor stijgen de druk en de temperatuur in de kern en ontsnapt de hitte.

** Op z'n eenvoudigst gezegd: als je weet met welke snelheid een instabiel element vervalt tot iets anders en je er zeker van kunt zijn dat dit 'anders' niet op andere wijze in jouw monster terecht kan zijn gekomen, dan onthult de verhouding tussen de twee stoffen precies hoelang de oorspronkelijke isotoop erover heeft gedaan om te vervallen sinds het gesteente gevormd werd.

de oplossing geven. Toen fysici de structuur van atomen begonnen te begrijpen en steeds meer te weten kwamen over de kleine deeltjes waaruit die bestaan, ontdekten ze uiteindelijk dat, net als de kernen van zware atomen door radioactief verval uiteen konden vallen en er energie vrijkwam in 'splijtingsreacties', de kernen van lichte atomen zich konden verenigen in 'fusiereacties'. Het product van kernfusie had echter een heel klein beetje minder massa dan die van de twee atomen die samengeperst werden om het te vormen, en dat kleine verschil in massa kon volgens Einsteins beroemde vergelijking $E = mc^2$ alleen maar energie zijn.

Kernfusie was wat Eddington in 1926 voorstelde – en ter illustratie besprak hij het verschil van 0,8% tussen de massa van een heliumkern en de massa van vier protonen (de kernen van waterstofatomen) die nodig zou zijn om helium in een fusieproces te maken. Op dat moment leek dat een keurig voorbeeld, aangezien niemand, ondanks de enorme stappen voorwaarts die in de voorgaande decennia waren gezet, eigenlijk een idee had waar de sterren uit bestonden.

Nou ja, misschien was er een vrouw die dat wel had. De in Buckinghamshire geboren Cecilia Payne, afgestudeerd aan Cambridge University in de natuurwetenschappen, kreeg belangstelling voor astronomie nadat ze Eddington in 1919 college had zien geven. Toen ze ging promoveren aan het Harvard College Observatory kon ze gebruik maken van de enorme Henry Draper Catalogue (zie Aldebaran) van sterrenspectra om te onderzoeken *hoe* de verschillende spectra ontstonden.

Het vervelende probleem was dat de enorme variatie aan spectra op het eerste gezicht een net zo grote variatie suggereerde in de samenstelling van de sterren. Astronomen waren heel handig geworden in het koppelen van verschillende spectraallijnen aan verschillende atomen, maar wat dat betekende, was nog altijd een mysterie: als de sterkte van en het aantal spectraallijnen werkelijk de eigenschappen van de elementen vertegenwoordigden waarmee ze in verband gebracht werden, dan moesten sommige sterren wel gedomineerd worden door koolstof, andere door zuurstof enzovoort. Dit was echter nogal onwaarschijnlijk; waarom zouden sterren niet allemaal uit hetzelfde basismateriaal bestaan?

Op zoek naar alternatieve verklaringen wendde Payne zich tot de zojuist ontdekte 'ionisatievergelijking' van de Indiase astrofysicus Meghnad Saha – een manier om de omstandigheden te beschrijven die in de atmosfeer van sterren heersten bij verschillende temperaturen, en met name de manier waarop de subatomaire elektrondeeltjes geleidelijk van de gasatomen werden getrokken waardoor een heel scala aan elektrisch geladen deeltjes ontstond, ionen genaamd. Hoe meer elektronen een atoom in zijn makkelijk verwijderbare buitenste schil had, hoe groter de variatie aan 'ionisatiestadia' het atoom kan hebben – als de temperaturen maar hoog genoeg waren om die elektronen weg te halen.

Toen Payne bedacht welke gevolgen dit zou hebben voor de spectraallijnen, viel alles op zijn plaats. De variatie aan spectra bleek het hele scala aan ionisatiestadia te vertegenwoordigen die aanwezig waren binnen min of meer hetzelfde basismengsel van elementen; de verschillen kwamen vooral neer op het feit dat hetere sterren meer stadia hebben die 'aan staan' en makkelijker spectraallijnen vormen. Payne kon algauw voor het eerst laten zien dat sterren elementen bevatten als silicium, koolstof en zuurstof in verhoudingen die vergelijkbaar waren met die op aarde. Maar deze naar verhouding zware elementen maakten slechts een klein deel uit van de atmosfeer – de rest, zo suggereerde de ionisatievergelijking, werd gedomineerd door helium, en vooral door waterstof.

In 1925 had Payne haar proefschrift voltooid, maar één meelezer, niemand minder dan Henry Norris Russell, de man van de R van het HR-diagram, adviseerde haar dat het verstandig zou zijn die onzin over helium en waterstof eruit te laten, waar ze zich met tegenzin bij neerlegde.[26] Haar werk had alsnog enorme impact, maar het belangrijkste aspect lag in de prullenbak, en dat terwijl Eddington juist zijn eigen gedachten aan het ordenen was. En het was uitermate ironisch dat het Russell zou zijn die uiteindelijk het idee van waterstof en helium als dominante elementen van sterren in 1929 nieuw leven inblies in een artikel waarin hij het spectrum van de zon analyseerde met gebruikmaking van verschillende technieken, en telkens op ongeveer hetzelfde resultaat uitkwam.[*27]

Dit alles plaveide de weg voor de fysici die in de jaren 1930 uiteindelijk met een plausibel fusiemechanisme op de proppen kwamen. De theorie over de wederzijdse afstoting tussen deeltjes met een gelijke elektrische lading zoals protonen was zeker nog een uitdaging, maar in 1928 gebruikte de Russische fysicus George Gamow die vreemde, nieuwe wetenschap van de kwantummechanica om aan te tonen dat dat soms bij de hoge temperatuur en druk in de kern van de zon mogelijk is. Nog geen vijf jaar later was Gamow overgelopen naar de Verenigde Staten, waar hij samen met zijn Duitse collega Carl Friedrich von Weizsäcker het idee ontwikkelde van een proton-proton-reactieketen, de PPI-reactieketen, waarin botsingen tussen de kernen van waterstofatomen geleidelijk tot gevolg hebben dat een heliumkern gevormd wordt – precies het voorbeeld waar Eddington mee was gekomen.

Er waren nog wel wat plooien glad te strijken. De theorie van Gamow en Von Weizsäcker had het vooral moeilijk met het verklaren van hoe bepaalde instabiele deeltjesclusters wisten te voorkomen dat ze uiteenvielen voordat ze tegen andere aanbotsten. Er was een buitenstaander voor nodig, Hans Bethe, een Joodse vluchteling die uit Duitsland naar de Verenigde Staten was geëmigreerd, om een stabieler pad te vinden voor de vorming van helium. In 1939 hadden Bethe en zijn collega Charles Critchfield uitgelegd hoe uit een stelletje verschillende fusiereacties kleine hoeveelheden elementen konden ontstaan, die zwaarder waren dan helium, een proces dat nucleosynthese wordt genoemd en in de zon en alle andere sterren van de hoofdreeks nog altijd plaatsvindt.[28]

---

*   Het strekt Russell tot eer dat hij wees op Payne's eerdere werk aan dit onderwerp.

PROTON-PROTON-
REACTIEKETEN

```
┌─────────────────────────────────────┐
│         PROTON + PROTON              │
│                                      │
│  -> DEUTERIUM (WATERSTOF-2)          │
└─────────────────────────────────────┘
```

↓

```
┌─────────────────────────────────────┐
│        DEUTERIUM + PROTON            │
│                                      │
│   ->   HELIUM-3 + ENERGIE            │
└─────────────────────────────────────┘
```

↓

```
┌─────────────────────────────────────┐
│       HELIUM-3 + HELIUM-3            │
│                                      │
│   ->   HELIUM-4 + 2 PROTONEN         │
└─────────────────────────────────────┘
```

7. HET TRAPEZIUM EN ANDERE WONDEREN

Nevels en de oorsprong van sterren

Oké, blijkbaar zijn sterren enorme gasbollen – die in hun eentje in de reusachtige lege golven ruimte drijven en stralen dankzij kernreacties in hun binnenste. Is dat eigenlijk niet een beetje onwaarschijnlijk? Hoe raken dubbelsterren als 61 Cygni en meervoudige sterren als Mizar dan verzeild in eeuwigdurende banen om elkaar, terwijl eenzame exemplaren als onze zon op lichtjaren afstand van hun buren terechtgekomen zijn?

De antwoorden op deze vragen lijken verband te houden met enkele van de mooiste hemellichamen aan de nachtelijke hemel: emissie-nevels. Deze nevels, die zo heten omdat ze hun eigen licht uitstralen (emissie betekent uitstraling) in plaats van licht te weerkaatsen dat van elders komt, behoren tot een van de verschillende typen gas- en stofwolken die zich in de ruimte tussen de sterren bevinden en kunnen de plekken zijn waar sterren worden geboren. In dit hoofdstuk hoeven we ons voor de verandering geen zorgen te maken of we verschuivingen en het knipperen van een enkel lichtje begrijpen, of zelfs van de wals van een dansende dubbelster: in plaats daarvan kunnen we ons verliezen tussen de draaikolken en de rimpelingen van enorme, delicate wolken.

Het grote sterrenbeeld Orion is een van de duidelijkste aan de hele sterrenhemel, een breedgeschouderde, in tuniek geklede reus met de stralende sterren Betelgeuze en Rigel aan respectievelijk zijn linker-schouder en zijn rechterknie, en een riem om zijn middel gemarkeerd door drie sterren (zie bladzijde 190 voor een schetsmatige kaart). Voor sterrenkijkers op het noordelijk halfrond jaagt deze hemelse jager (Orion was de Griekse god die achter de Plejaden aanzat) van november tot april aan de zuidelijke avondhemel (wie vroeg opstaat kan hem al vanaf augustus spotten), terwijl hij vanaf het zuidelijk halfrond gedurende dezelfde maanden andersom staat boven de noordelijke horizon.

Orion is van alle sterrenbeelden het compleetst, met sterren als schouders en knieën en twee opgeheven armen met daarin een knup-pel en schild. Zijn voeten ontbreken (laten we zo welwillend zijn en zeggen dat ze achter sterrenbeeld Haas verborgen zijn) en zijn hoofd wordt slechts gemarkeerd door een driehoek van zwakke sterren, maar de rest is direct herkenbaar. En aan zijn riem hangt een keten van ster-ren die zijn zwaard markeren.

Hier kunnen de meeste mensen met het blote oog drie sterren ont-waren, maar het is in één oogopslag duidelijk dat er iets met ze is, en een verrekijker zal snel onthullen wat. De bovenste en onderste ster-ren van het zwaard lossen op in kleine groepjes sterren (twee sterren onderaan en een complexere groep bovenaan), terwijl de middelste, nou ja, de middelste is wel heel merkwaardig.

Afhankelijk van hoe donker jouw hemel is en door wat voor instru-ment je kijkt, ziet het midden van Orions zwaard eruit als iets van een onduidelijke driehoekige vlek licht tegen een prachtig roze licht, met drie of vier diamantachtige sterren in het midden.* Dit is het Trapezi-um, een groep van vier pasgeboren sterren in het middelpunt van een grotere sterrenhoop. De gloed eromheen is de Orionnevel, het groot-ste en helderste gebied in de ruimte waar sterren gevormd worden.

De gloed van de nevel is net zo sterk als die van een ster met mag-nitude 4,0 en het is dus eigenlijk merkwaardig dat sterrenkijkers er tot

---

* Een sterkere vergroting zal helpen om de afzonderlijke sterren te zien, maar dan raak je wel het licht kwijt van de omringende nevel. Dus behalve als je een dubbelesternerd bent kun je hier beter genoegen nemen met een zwakkere kijker en daardoor een breed gezichtsveld waardoor je ogen zo veel mogelijk licht kunnen opnemen.

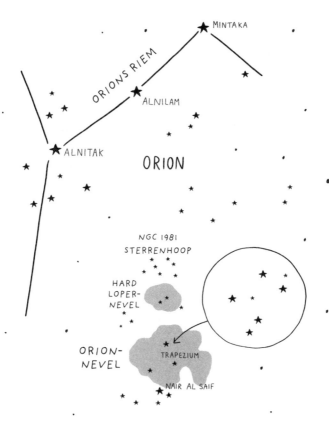

de uitvinding van de telescoop weinig aandacht aan besteedden. Zelfs Galileo lijkt eraan voorbij te zijn gegaan toen hij die kant opkeek en de eerste officiële vermelding van zijn bestaan is dan ook afkomstig van een van zijn tijdgenoten waarmee hij correspondeerde, de Franse natuurwetenschapper Nicolas-Claude Fabri de Peiresc, die de nevel in de nacht van 26 november 1610 waarnam. Dat de nevel ontbreekt in vroege sterrencatalogi zoals die van Ptolemaeus en de grote islamitische astronoom Al-Soefi heeft geleid tot speculaties dat de nevel zo'n vierhonderd jaar geleden plotseling meer helderheid heeft gekregen. We zullen in het volgende hoofdstuk zien dat zoiets nog helemaal niet zo gek was, maar in dit geval is het waarschijnlijker dat Galileo's telescoop gewoon niet goed genoeg was om de omringende nevel mee waar te kunnen nemen.

Wat Galileo echter wel zag, waren de afzonderlijke sterren in het midden van de nevel. Eerder was de middelste ster van het zwaard gecatalogiseerd met behulp van het eenvoudige systeem van de Griekse letters als Theta Orionis, maar bekeken door een kleine telescoop of een goede verrekijker bleek die te bestaan uit een ruwe rechthoek, een beetje als een piramide waar de top van afgebroken is.* Galileo heeft klaarblijkelijk drie van deze sterren gezien en Johann Baptist Cysat, een Zwitserse jezuïet en astronoom, voegde daaraan de vierde toe toen hij in 1619 zijn beschrijving van de nevel publiceerde. Met het verbeteren van de telescoop werden er uiteraard steeds meer sterren gezien, maar Cysats vaststelling dat het een trapezium is, beklijfde en werd uiteindelijk een bijnaam voor de hele sterrenhoop.

* * *

De ware aard van nevels – zoals deze in Orions zwaard – bleef tweeënhalve eeuw lang een raadsel, ook al werden de telescopen steeds beter en werden er nog veel meer ontdekt. Terwijl veel van die rommelige hemellichamen uiteindelijk compacte sterrenhopen bleken te zijn, bleven andere maar nevelig.

Dat maakte echter geen einde aan de speculaties en verscheidene vooruitziende denkers vroegen zich af of de nevels verband zouden kunnen houden met de geboorte van sterren. De eerste die uit de startblokken kwam, was Emanuel Swedenborg, een opmerkelijke Zweed die de eerste helft van zijn leven een buitengewoon vruchtbare wetenschapper, theoreticus en uitvinder was geweest, voordat een wending naar de mystiek van hem de grondlegger maakte van een christelijke sekte, die nog steeds actief is.

Swedenborg ging prat op zijn gewoonte ideeën in het rond te slingeren om te zien welke standhielden, en een daarvan was zijn 'nevel-

---

* In technische termen is een trapezium een vierhoek waarvan twee zijden evenwijdig lopen – in dit geval de basis en de bovenkant van de onthoofde piramide.

theorie' uit 1734 – het idee dat de zon en de planeten gecondenseerde materialen waren die oorspronkelijk een gasnevel vormden. Hoewel de theorie over materie waarop zijn idee gestoeld was, ver afligt van hoe de moderne wetenschap daar tegen aankijkt, verdient hij wel de eer als eerste te zijn gekomen met een origineel idee waar anderen later mee aan de haal gingen.[29]

Een van die anderen was niemand minder dan Immanuel Kant, de Duitse filosoof en mikpunt van zoveel grappen van *Monty Python*. Lang voor zijn bijzonder invloedrijke werken over metafysica had Kant belangstelling voor wat toen natuurfilosofie werd genoemd en kwam hij in 1754 met een 'theorie van de hemelen' waarin Swedenborgs ideeën in verband werden gebracht met newtoniaanse fysica. Onder astronomen (die meestal een pragmatisch volkje zijn en weinig geven om metafysica) is Kant het bekendst om zijn speculaties dat sommige nevels weleens de plaats kunnen zijn waar sterren geboren worden, terwijl andere in werkelijkheid verre sterrenstelsels zijn – grote sterrenstelsels ver buiten onze Melkweg, die door de meeste van zijn tijdgenoten werd beschouwd als het hele heelal.

In de jaren 1790 kreeg het idee van stervorming uit nevels nog meer invloedrijke steun van zowel de Franse theoreticus Pierre-Simon Laplace (die er een kloppende wiskundige basis onder legde) en de in Hannover geboren 'Prins der Astronomen', William Herschel.

Toen Herschel opnieuw door de lijst ging van lastige hemellichamen die was opgesteld door de Franse kometenjager Charles Messier, kon hij er vele identificeren als compacte sterrenhopen, maar hij was er net zo van overtuigd dat sommige van die nevels uit lichtgevende gaswolken bestonden, die hij 'heldere vloeistoffen' noemde. Omdat zich in deze wolken vaak sterren en sterrenhopen bevonden, wees hij ze aan als potentiële sterrenkraamkamers, waarvan 'Messier 42' – de grote en complexe Orionnevel met het Trapezium in het centrum – als duidelijkste voorbeeld.

In de daaropvolgende twee decennia – en met steun van het gulle chequeboek van koning George III – bleef Herschel nevels en sterrenhopen bestuderen door steeds sterkere telescopen, totdat hij er in

1814 van overtuigd was dat hij ieder stadium in de geboorte van sterren door condensatie van materie in de heldere vloeistoffen had gevonden.[30] Vanuit hedendaags gezichtspunt is het grote probleem met
deze theorie dat veel ervan net andersom was. Herschel geloofde dat
sterren stuk voor stuk geboren werden en zich dan geleidelijk aan in
sterrenhopen verzamelden, zodat wijdverspreide hopen jonger waren
en de compactere ouder.*

Het duurde nog eens vijftig jaar voordat nieuwe inzichten de kwestie verder brachten. In 1864 besloot de spectroscopiefreak William
Huggins (kort na zijn triomfantelijke vaststelling van elementen in de
atmosfeer van Aldebaran en andere sterren) om eens te kijken naar de
aard van het licht van nevels.

Het was zomer en Huggins had geen zin te wachten tot zijn voor
de hand liggende doelwit de Orionnevel in de avond verscheen, maar
richtte zijn telescoop op een ander curieus object in de circumpolaire
hemel van Londen, bekend als de Kattenoognevel. Deze heldere 'planetaire nevel' – een van de vele ruwweg ringvormige wolken waarvan
de ware aard pas in de jaren 1950 duidelijk zou worden (zie Sirius B) –
vertoonde direct een spectrum dat anders was dan dat van welke ster
dan ook. In plaats van donkere lijnen tegen een lichte achtergrond,
onthulde hij een paar lichte lijnen tegen een grotendeels donkere achtergrond, te vergelijken met de emissiespectra van verhitte dampen,
waarmee Huggins het licht van sterren had vergeleken.

Zo gauw Orion zich weer liet zien, verspilde Huggins geen tijd om
aan te tonen dat ook de Orionnevel een wolk gloeiend gas was, zij het
met een heel andere structuur dan de Kattenoognevel. In plaats van
zijn nek uit te steken en de nevelhypothese te steunen, koos Huggins
er toen voor alle gasvormige nevels te classificeren als een compleet
ander soort hemellichaam, onafhankelijk van de sterren.[31]

---

* In 1888 zag de Deens-Ierse astronoom J.L.E. Dreyer een belangrijk verschil, dat Herschels verwarring had kunnen oplossen. Zijn New General Catalogue – een enorme uitbreiding van Messiers
lijst van niet-sterren in de hemel – maakte onderscheid tussen 'open sterrenhopen' van tientallen
of honderden sterren, en veel dichtere ballen sterren die we nu bolvormige sterrenhopen noemen
(zie Omega Centauri). Alleen de open sterrenhopen worden in verband gebracht met nevels en de
plekken waar sterren gevormd worden.

Maar de fotografische revolutie zou algauw het verband tussen ster-
rengeboorte en emissienevel boven iedere twijfel verheffen. De eerste
foto van de Orionnevel, in 1880 gemaakt door de New Yorkse pionier
Henry Draper met een belichtingstijd van vijftig minuten, was nauwelijks meer te noemen dan een vlekkerig proof-of-concept, een praktisch
bewijs dat het idee werkte, maar slechts drie jaar later wist de in New-
castle geboren Andrew Ainslie Common* een baanbrekend beeld te
maken door verscheidene met lange sluitertijden gemaakte opnames te
combineren, met verbijsterend effect.

Commons foto (boven), waarvoor hij werd beloond met de gouden
medaille van Royal Astronomical Society, was niet zomaar een mooi
plaatje – het liet voor de eerste keer zien dat met foto's details en zwakke sterren konden worden vastgelegd die buiten de perceptie van het
menselijk oog lagen. Het Trapezium zelf was verloren gegaan in de zee
van licht in de kern van de nevel, maar de driedimensionale structuur
en het veld van sterren eromheen waren dat verlies wel waard.

Fotografie zou algauw laten zien dat zich andere soorten materiaal

---

*   Een boom van een vent, die een fortuin had verdiend met de victoriaanse opkomst van sanitaire
     voorzieningen, om dat daarna te besteden aan een aantal steeds grotere en ambitieuzere telescopen.

tussen en om de sterren bevonden, die stuk voor stuk hun rol in het verhaal zouden gaan spelen. In de jaren 1890 begon E.E. Barnard van het Yerkes Observatory van de universiteit van Chicago een verkenning van de donkere gaten in de Melkweg, die door Herschel 'gaten in de hemel' waren genoemd. In samenwerking met Max Wolf van de universiteit van Heidelberg kwam hij uiteindelijk tot de conclusie dat deze ogenschijnlijke gaten in werkelijkheid donkere nevels waren – wolken ondoorzichtig stof die het licht blokkeren van sterren die erachter staan. In 1912 concludeerde Vesto Slipher, een in Indiana geboren astronoom die werkte aan het geweldige Lowell Observatory in Flagstaff, Arizona (waarover later meer) dat de gloeiende blauwe nevel rondom Merope, een van de zussen van Alcyone in de Plejaden, niet werd veroorzaakt door de uitstraling van zichtbaar licht, maar door de eenvoudige weerspiegeling van het sterrenlicht van Merope zelf.[32] Als we nu naar moderne foto's van de Orionnevel kijken, dan zien we in één oogopslag waar deze donkere nevels en reflectienevels ook een rol spelen in de vormgeving van de algehele structuur.

Maar ondanks dat het steeds zekerder werd dat emissienevels, met uitzondering van de merkwaardige 'planetaire nevels', de plaatsen waren waar sterren worden geboren, bleef de precieze volgorde van de gebeurtenissen frustrerend moeilijk te bepalen zonder accurate middelen om uit te werken hoe oud de sterren in verschillende sterrenhopen en nevels nu eigenlijk zijn.

De sleutel bleek te liggen in een concept dat we al eerder hebben gezien. Herinner je je nog dat Ejnar Hertzsprung de HR-diagrammen voor de Plejaden, Hyaden en de Praesepe vergeleek (zie Alcyone)? En hoe zich in de Plejaden sterren bevinden die helemaal aan de heldere, blauwe top van de hoofdreeks staan terwijl in de andere sterrenhopen deze sterren 'ontbreken', maar in hun plaats schitterende rode en oranje sterren staan? Toen astronomen in het midden van de vorige eeuw het proces begonnen te begrijpen van het ouder worden van sterren, gingen ze ook beseffen dat rode en oranje sterren een latere fase vertegenwoordigen in de levenscyclus, die met verschillende snelheden verloopt afhankelijk van hoe helder de ster schijnt terwijl hij zich in de hoofdreeks bevindt. De helderste, heetste sterren ontwikkelen zich sneller en beginnen algauw af te dwalen van de hoofdreeks en halen zo het bovenste einde van de reeks binnen een bepaalde sterrenhoop weg, terwijl ze transformeren tot heldere rode en oranje reuzen.

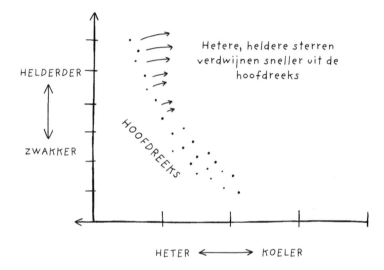

Dus de mate van erosie in de hoofdreeks van een sterrenhoop (en het aantal rode en oranje sterren) is een handig instrument om de leeftijd te bepalen, althans in vergelijking met andere sterrenhopen. Dit besef bevestigde zonder enige twijfel dat de jongste, helderste en blauwste sterrenhopen (vaak nog in nevels gehuld) de dichtst opeengepakte waren, terwijl oudere hopen juist de neiging hadden uiteen te vallen. In 1947 ontdekte de Armeense astronoom Viktor Ambartsumian het volgende stadium in deze evolutie. Als sterrenhopen zich verspreiden, ontstaan er 'OB-associaties', groepen middelmatig hete en heldere sterren (behorend tot de spectraalklassen O en B) verstrooid over een groot gebied, waarvan de eigenbewegingen kunnen worden terug gevolgd tot één enkele plek waar ze allemaal geboren zijn.

Dit alles betekent dat het Trapezium en andere sterren in de kern van de Orionnevel heel jong zijn – hier zijn geen rode reuzen te vinden en voldoende materiaal om de continue vorming van sterren aan de gang te houden. De sterren van het Trapezium zelf zijn allemaal jonge zwaargewichten, ieder met een geschatte massa van meer dan vijftien zonnen. De helderste van allemaal, Theta Orionis C, is de zuidelijkste van de grote vierhoek, met een magnitude van 5,13 en een blauwe tint die behoort bij spectraaltype O6. Feitelijk is het een dubbelster op zich, al komt het meeste licht van een van de twee sterren. Metingen aan de baanbewegingen hebben laten zien dat dit monster zo'n 33 zonnemassa's zwaar is. Met een geschatte afstand tot het Trapezium van ongeveer 1330 lichtjaar betekent dit dat de ster meer dan 200.000 keer zoveel energie uitstraalt als de zon. Dat hij niet beter te zien is vanaf de aarde komt doordat een groot deel van deze energie niet als zichtbaar licht wordt uitgestraald, maar als ultraviolette straling, afkomstig van een fotosfeer die is verhit tot een verzengende 39.000 °C.

Alle sterren van het Trapezium stralen grote hoeveelheden ultraviolet uit en dit blijkt het schoonheidsgeheim te zijn van de spectaculaire cocon die hen omringt. De Orionnevel schijnt, zoals alle emissienevels, volgens hetzelfde mechanisme als de tl-buizen boven het aanrecht in je keuken.

Fluorescentie is een natuurlijk verschijnsel dat al sinds de vroege jaren 1600 bekend is: de uitstraling van licht van een verder onopmerkelijk materiaal dat zelf ooit verlicht is geweest, en waarvan de gloed aanhoudt nadat de oorspronkelijke lichtbron is weggehaald. De eerste die dit verschijnsel correct verklaarde, was de Franse empiricus Edmond Becquerel, de vader van de pionier in radioactiviteit Henri, en nu vermoedelijk vooral bekend als maker van de eerste zonnecel.

In 1842 ontdekte Becquerel dat calciumsulfaat, een veelvoorkomende verbinding die wordt aangetroffen in de vorm van het mineraal gips, dat in diverse vormen veel wordt gebruikt, zichtbaar licht uitstraalt als het wordt blootgesteld aan onzichtbaar ultraviolet of uv. Hij merkte op dat de golflengte van uv korter was dan van de uitgestraalde lichtgolven; het was de in Ierland geboren Engelse fysicus George Gabriel Stokes die een decennium later suggereerde dat dit een wet was van fluorescentie.

Tegenwoordig is duidelijk dat emissienevels aan het hemelgewelf gloeien door excitatie. Hun gassen worden in beweging gebracht door ultraviolette stralen van de pasgeboren monstersterren in de buurt; de afzonderlijke atomen stralen dit overschot aan energie uit in aflopende stadia; het wordt in ieder stadium een beetje minder terwijl ze langere golflengtes van zichtbaar licht gaan uitstralen.

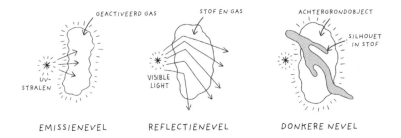

Dus sterren worden geboren uit condenserende gaswolken en terwijl ze verschijnen, transformeert hun straling deze wolken tot emissienevels. In het begin vormen ze dichte sterrenhopen met sterren door de hele hoofdreeks (die volle diagonale band die het HR-diagram domineert), maar bij het ouder worden transformeren hun helderste sterren tot rode reuzen en verdwijnen uiteindelijk compleet. Als de aanvoer van ultraviolette straling van heldere, hete sterren afneemt, dan worden de nevels ontdaan van hun energietoevoer en beginnen ze zwakker te worden, terwijl de sterrenhopen zelf uiteen gaan vallen en ten slotte hun samenhang helemaal verliezen.

We pakken het verhaal over stervorming op het niveau van de afzonderlijke sterren in het volgende hoofdstuk weer op als we op bezoek gaan bij de wonderlijke T Tauri, maar de laatste vraag die we hier nog moeten stellen, is hoe het komt dat het proces van aantrekking op een of andere manier in zijn achteruit komt te staan. Waarom verspreiden nieuw gevormde sterren zich door de ruimte in plaats van dat hun banen steeds dichter bij elkaar komen te liggen tot ze uiteindelijk samensmelten tot een monstrueuze superzon?

Het antwoord hierop is intrigerend en stuurt ons naar een andere ster in Orion. Kijk net onder de Orionnevel en je zult daar Iota Orionis vinden, de helderste ster in Orions 'zwaard', ook wel bekend als Nair al Saif. Deze blauwe reus met magnitude 2,77 is in werkelijkheid een spectroscopische dubbelster met een begeleider vlakbij, in een baan die slechts 29 dagen duurt. Ze hebben een buurman met magnitude 7,7 (te zien met een verrekijker). Samen zitten ze vast in een baan om elkaar, waarvan de voltooiing 75.000 jaar lijkt te duren.

Nair al Saif lijkt de plaats aan te geven van een huwelijksdrama op kosmische schaal; hij ligt precies op het kruispunt waar de eigenbeweging van twee verre zwaargewichtssterren, beide nu op enige afstand van Orion, meer dan 2,5 miljoen jaar terug kan worden gevolgd. Computersimulaties suggereren dat deze twee verbannen sterren (Mu Columbae en AE Aurigae) allebei zijn begonnen als leden van enorme dubbelstersystemen die elkaar zijn tegengekomen in de kern van de Orionnevel, vlak bij het huidige Trapezium.[33] Tijdens deze korte, maar fatale ontmoeting werd één ster van elk stelsel weggelokt door de verleidelijke aantrekkingskracht van het dubbelstersysteem Iota Orionis vlakbij, terwijl de afgewezen voormalige partners werden losgesneden en in tegengestelde richting de ruimte invluchtten met een relatieve snelheid van 200 kilometer per seconde.

Hoewel deze episode van ontrouw in de sterrenwereld met name opmerkelijk is vanwege de grootte van de erbij betrokken sterren, denken de meeste astronomen dat een vergelijkbaar mechanisme – ontmoetingen en partnerruil tussen sterren – uiteindelijk verantwoordelijk is voor het langzaam uiteenvallen dat sterrenhopen ondergaan, al zijn er enkele uitzonderingen.

8. T TAURI

De essentie van de geboorte
van sterren

Uit onderzoeken aan hemelstreken als de Orionnevel weten we dat sterren in enorme sterrenhopen worden geboren, als grote wolken van interstellair gas en stof samenklonteren. Maar hoe worden nu de afzonderlijke sterren gevormd en hoe gedragen ze zich in hun jonge jaren? Niet ver van Orions sterrenhoop Trapezium staat een ster die een cruciale rol heeft gespeeld in de onthulling van dit verhaal – hoewel het wel een van de moeilijker te bevatten hemellichamen is op onze reis door de ruimte.

T Tauri* neemt ons weer mee naar het sterrenbeeld Taurus, de Stier, een van de opvallendste sterrenpatronen aan de hemel. Je zult wel een kleine telescoop of een heel goede verrekijker nodig hebben om ook maar enige hoop te kunnen koesteren dat je deze invloedrijke peuterster zult zien, maar de beste route is te beginnen bij de V-vormige sterrenhoop van de Hyaden die de stierenkop vormen.

Als je aan de twee poten van de V denkt, waarvan de zuidelijke poot

---

*   Waarom T? Astronomen gooiden in de soep van Bayers letters (Griekse letters om de helderheid van een ster binnen hun sterrenstelsel aan te duiden) en Flamsteeds getallen (die de locaties van de middenklassensterren van een stelsel aangeven van west naar oost) ook nog eens van verder niet-gecatalogiseerde veranderlijke sterren een vreselijke bende aan letters en cijfers. De enige, gelukkig, die hier voor ons van belang zijn, zijn de hoofdletters R tot Z, die worden gebruikt om de helderste veranderlijke sterren in bepaalde stelsels mee aan te duiden.

wordt gemarkeerd door de schitterende Aldebaran, dan zijn we nu even geïnteresseerd in het uiteinde van de noordelijke, bovenste poot: een zwakke gele ster genaamd Epsilon Tauri. Zoek deze op met je verrekijker en ga dan een stukje westwaarts, waar je een wigvormige driehoek van zwakke sterren zult vinden. Deze wig wijst in zuidoostelijke richting, maar als je nu ongeveer drie keer zijn lengte in tegengestelde richting gaat, dan *zou* je bij een paar nog zwakkere sterren komen die ongeveer in dezelfde richting liggen als het brede uiteinde van de wig. De noordelijkste en zwakste ster van het paar is T Tauri.

Ik zeg *zou*, want T Tauri is een grillig duiveltje. Zoals we helemaal aan het begin van het verhaal zagen bij de Poolster variëren alle sterren

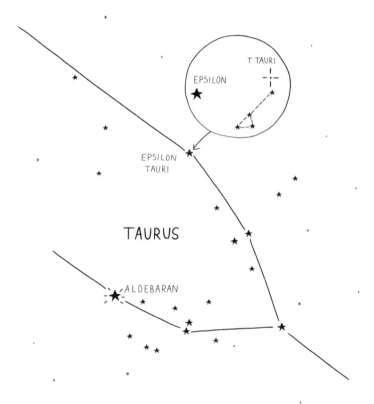

aan de hemel een heel klein beetje in helderheid, en T Tauri is de eerste van enkele extreme gevallen die we nog zullen tegenkomen. Zijn
lichtoutput fluctueert onvoorspelbaar tussen magnitude 9,3, nog net
zichtbaar voor verrekijkers, tot een lage 14. Je zult zien dat je net zo
goed aan het kijken kunt zijn naar een nabijgelegen lichtvlekje – de
nevel die leidde naar de ontdekking van T Tauri zelf.

T Tauri en zijn nevel zijn beide in 1852 ontdekt door John Russell
Hind, de zoon van een fabrikant van kantwerk uit Nottinghamshire,
die op zeventienjarige leeftijd een baan kreeg bij het Royal Observatory en nu directeur was van een particuliere sterrenwacht, die was
opgericht door de rijke wijnmaker en koopman George Bishop bij zijn
huis in Regent's Park. Hind had toen al een reputatie dankzij zijn ontdekking van verscheidene planetoïden en een opvallende ontploffende
ster of nova (voor meer hierover, zie RS Ophiuchi). Het verslag van
zijn ontdekking was op de eerste plaats gericht op de nevel en slechts
zijdelings merkt hij op dat de gele ster met magnitude 10 in oudere
catalogi leek te ontbreken.[34]

De onvoorspelbaarheid van ster en nevel werden de daaropvolgende jaren duidelijk. Eind jaren 1850 bleek dat de helderheid van T Tauri
afnam en een paar jaar later waren ster en nevel verdwenen. Dergelijk
gedrag was voor een ster niet zo verrassend, aangezien er op dat moment meer zogenaamde veranderlijke sterren ontdekt waren (aan twee
van de beroemdste zullen we hierna aandacht besteden) – maar een
bewezen veranderlijke nevel was nieuw.

Verscheidene sterrenkijkers die de daaropvolgende decennia naar
het gebied keken, raakten totaal in de war. In 1868 rapporteerde de
Duitse astronoom Otto von Struve (zoon van de parallaxjager Friedrich) dat T Tauri weer zichtbaar was geworden en werd vergezeld van
een kleine gloeiende nevel – alleen wel op een plaats die afweek van
die waar Hind ze had gezien.* In 1890 ontdekte Sherburne Wesley
Burnham, een bijzonder begaafde amateurastronoom die een jaar vrijaf

---

* Deze nevel verdween algauw en kwam nooit meer terug – vandaar de fantastische, intrigerende
naam Struve's Verloren Nevel, een paar jaar later opgenomen in de J.L.E. Dreyer New General Catalogue als NGC 1554.

had genomen van zijn baan als rechtbankverslaggever om te werken bij het Lick Observatory van de universiteit van Californië, dat T Tauri zelf nevelachtig was en bij sterke vergroting vaag, langwerpig ovaal leek.[35] Door een misverstand dacht Burnham dat hij Hinds nevel had herontdekt. Pas in 1895 was het zijn partner bij de oorspronkelijke observaties, Edward Emerson Barnard, die terugging naar T Tauri en met een steekhoudende verklaring van dit alles kwam. Hij zag dat de nevelachtige verschijning van de ster verdwenen was en dat er opnieuw een gaswolk was verschenen op precies de plaats die door Hind was aangegeven.[36]

Wat was hier nu eigenlijk aan de hand? De meest voor de hand liggende manier waarop een nevel kan variëren, is wanneer die op een of andere manier hiertoe wordt aangezet door een nabijgelegen ster, bijvoorbeeld door of de simpele weerkaatsing van sterrenlicht, of het fluorescentiemechanisme dat, zoals we zagen, gas rondom het Trapezium deed oplichten.

Spijtig genoeg vervloog de hoop op een eenvoudige verklaring door het feit dat de fluctuaties van NGC 1555 of Hind's Variable Nebula, zoals de nevel nu weleens genoemd wordt, niet altijd overeenkomen met die van T Tauri. Dat komt vermoedelijk doordat er andere, ongeziene spelers aan het spel meedoen. Astronomen die in 1982 probeerden details van de regio rondom T Tauri waar te nemen met de VLA-radiotelescoop (een reusachtige rij beweegbare schotels in de woestijn bij Socorro, New Mexico), ontdekten dat een groot deel van de infraroodstraling van de ster afkomstig was van een niet eerder waargenomen begeleider.[37] De twee sterren zijn van elkaar gescheiden door ongeveer drie keer de afstand van de zon tot Neptunus (niet erg veel in kosmische termen), maar de begeleider is niet alleen onzichtbaar voor astronomen die gewone telescopen gebruiken vanwege in de weg zittend gas en stof, maar ook doordat hij aanmerkelijk koeler is met een oppervlak dat nauwelijks roodheet is. Nader onderzoek heeft aangetoond dat deze nieuw ontdekte ster, T Tauri S (zo genoemd omdat hij het zuidelijke element van het paar is, *southern* in het Engels), zelf ook een nauwe dubbelster is, waardoor het geheel een drievoudig sterrenstelsel vormt.

De drie elementen van T Tauri bevinden zich in een grote, donkere wolk die een groot deel omspant van de Melkweg tussen Taurus en het aangrenzende sterrenbeeld Auriga, de Voerman, ten noorden daarvan. Sinds de ontdekking van de eerste ster zijn veel meer fluctuerende sterren ontdekt met vergelijkbare eigenschappen, verspreid over de hemel, maar wel vaak in de nabijheid van donkere, verduisterende wolken die ook vol zitten met onzichtbare koele hemellichamen die infrarode stralen uitzenden. Hoewel ze variëren in kleur van wit en geel tot oranje en rood, delen ze allemaal overeenkomstige eigenschappen, waaronder onvoorspelbare fluctuaties in helderheid, sterke emissies van zowel hoogenergetische röntgenstralen als laagenergetische radiogolven, en de aanwezigheid van nevels vlakbij. Bovendien vertonen hun spectra gewoonlijk absorptielijnen van het lichte element lithium (na waterstof en helium het lichtste element in het heelal). In 1945 stelde de Amerikaanse astronoom Alfred Harrison Joy voor om sterren met deze eigenschappen te behandelen als een afzonderlijke klasse, T Tauri-sterren.[38]

Deze T Tauri's lijken een breed scala van verschillende sterren te vertegenwoordigen, die pas net zijn begonnen met stralen. Vooral de aanwezigheid van lithium is een belangrijke aanwijzing. Dit lichte element is volop aanwezig in het stervormende gas, maar wordt gauw vernietigd door de hoge temperaturen als de ster eenmaal gaat schijnen. Dus als er lithium in de atmosfeer zit, kan de ster nog niet heel lang stralen.

Maar hoe beginnen sterren nu eigenlijk aan de lange reis door hun leven? Het vroegste stadium in de vorming van een afzonderlijk sterrenstelsel (of dat nu enkel, binair of meervoudig is), lijkt een donkere, ondoorzichtige klomp te zijn die de Bok Globule wordt genoemd, naar de Nederlands-Amerikaanse astronoom Bart Bok die er in 1947 als eerste aandacht voor vroeg.[39] Bok stelde voor dat dit, met een diameter van maximaal een lichtjaar, weleens de cocons konden zijn waarin sterren gevormd worden, maar het duurde nog lang voordat dat bewezen werd. Eind jaren 1960 hadden astronomen grote aantallen Bokglobules of 'bolwolken' gevonden in en rond nevels als de Orionnevel en daarbij zelfs opgemerkt dat hun gedrag erop leek te wijzen dat ze ieder voldoende materiaal bevatten voor één tot twee sterren. Maar het doorslaggevende bewijs kwam pas in 1983 na de succesvolle missie van IRAS, de Infrarode Astronomische Satelliet.*

Het doorploegen van de data van IRAS nam toen echter nog wel veel tijd in beslag en pas in 1990 waren astronomen in staat de band te bevestigen die bestond tussen de ondoorzichtige bolwolken en veel van de infrarode hotspots aan de hemel.[40] De nieuwsgierigheid naar de details van stervorming werd een paar jaar later pas echt bevredigd toen de ruimtetelescoop Hubble, net opgeknapt na een herstelmissie waardoor hij weer scherp kon zien, zijn blik richtte op een van de grootste emissiegebieden aan de hemel, de Adelaarsnevel in het sterrenbeeld Serpens, Slang. Het woord 'iconisch' wordt vandaag de dag te pas en te onpas gebruikt, maar onder ruimtenerds hangt Hubbles foto van de 'Zuilen der Schepping' naast die van de Kardashians en wat zij te bieden hebben.[41] De kern van de nevel bleek een vijandig landschap te zijn, gedomineerd door wankele torens van ondoorzichtig gas en stof waar de echte stervorming aanvangt, waaruit zoekende stammen en ranken in de omliggende open ruimte verschijnen.

De sleutel om te begrijpen wat zich in deze ruimtewereld afspeelde bleek te liggen in het spookachtige licht bovenaan de drie zuilen. Dit is een damp die wordt geproduceerd als het gas en de stof erbinnen worden getroffen door uv-straling van de sterren, die al uit de zuilen zijn verdwenen en in het gebied erboven zijn gaan schijnen (in het algemeen worden de zwaarste sterren het snelst gevormd en het is hun straling die de emissie op gang brengt van de rest van de nevel). De gloed belicht een proces dat foto-evaporatie heet, waarin de uv-straling de gasatomen en moleculen eerst splitst in elektrisch geladen ionen en ze dan wegblaast naar de randen van een uitdijende holte in de nevel. Naar verhouding dichte gebieden waar andere ster-

---

* Niet de meest fantasievolle naam, maar dit ruimteobservatorium van de NASA, het Verenigd Koninkrijk en Nederland was het eerste van dit type, dat boven de vieze aardatmosfeer kon komen en een super gekoelde telescoop gebruikte om bronnen van hittestraling in de hemel te spotten tijdens zijn driehonderd dagen durende historische missie.

ren zijn begonnen zich te vormen kunnen dit effect beter weerstaan, maar omdat hun omgeving wordt weggeblazen, worden zij uiteindelijk losgemaakt van hun cocons, de zuilen, waaraan ze dan alleen nog vastzitten met een ijle navelstreng, die grotendeels in hun beschermende schaduw valt. De onderzoekers Jeff Hester en Paul Scowen hebben deze opdoemende kernen van stervorming, met oog voor een mooi acroniem, *evaporating gaseous globules* genoemd, 'verdampende gasachtige bolwolken'. Iedere EGG bevat de kern van of een enkele ster of een complexer binair of meervoudig stelsel, waarvan de leden geboren zullen worden in een vaste baan om elkaar.

En nu komen we bij een van de grootste goocheltrucs van de natuur – dat stukje waarin een vormeloze wolk van traag roterend gas en stof getransformeerd wordt tot een of meer sterren, omringd door een platte schijf van restjes, en dat alles helemaal klaar om een zonnestelsel te worden. Net als bij veel goocheltrucs is het cruciale moment frustrerend aan ons oog onttrokken, in dit geval niet door een assistente die het gordijn dichttrekt, maar door de ondoorzichtigheid van stof in de bolwolk zelf. Gelukkig kan enige basisfysica ons op slinkse wijze een behoorlijk goed idee geven van wat we niet zien.

Het hele proces draait om een nogal alledaags verschijnsel dat 'behoud van impulsmoment' wordt genoemd. Als je ooit naar kunstschaatsen hebt gekeken, dan heb je dit in werking gezien als de kunstschaatser een pirouette maakt en de armen naar het lichaam vouwt zodat hij of zij zichzelf transformeert tot een snel rondtollende vlek. Impulsmoment is een maat van het moment van een rondtollend of ronddraaiend lichaam, en het hangt niet alleen af van de massa en de draaisnelheid (zoals bij een impuls in rechte lijn het geval is), maar ook van de afstand tot de centrale as van de rotatie.

Het belangrijke hiervan vanuit ons gezichtspunt is dat als een onafhankelijk 'systeem' (woord van fysici voor alles van een rondtollende schaatser tot een EGG of stervormend gas) geheel vrij is van krachten van buiten, het impulsmoment niet kan veranderen. Als je materie naar de centrale as toe concentreert, moet het almaar sneller gaan draaien om de som in balans te houden. Denk aan de kunstschaatser die de armen naar het lichaam, dat wil zeggen de centrale as, brengt.

Net als de schaatser trekt de stervormende bol geleidelijk zijn armen in door het onverbiddelijke effect van de zwaartekracht, hij trekt zo massa naar de centrale as en gaat steeds sneller draaien. Op hetzelfde moment beginnen botsingen tussen gas- en stofwolken die in net andere richtingen bewegen, alles in een platte ronde schijf te duwen.*

Het materiaal dat naar het midden van de schijf toe beweegt, draagt de energie bij zich die met die beweging samenhangt en laat dat los in de vorm van warmte, waardoor alle atomen in de wolk een klein beetje sneller aan het trillen gaan. Gewoonlijk neigen de atomen er dan toe van elkaar weg te vliegen, maar in dit geval wint de snel toenemende trekkracht van de zwaartekracht het en wordt het centrum van de wolk alleen maar heter en dichter. Op een wat vaag gedefinieerd moment gaat het dichte gas de drempel over en wordt een 'protoster': een compact object dat voldoende energie genereert om zijn aanwezigheid kenbaar te maken op golflengtes in het infrarood, maar het verzamelt nog altijd gas uit de omringende bolwolk.

Een ster als de zon kan wel een half miljoen jaar als protoster bestaan, in welke periode de temperatuur en de druk in de kern langzaam oplopen. Terwijl hij meer en meer materiaal verzamelt, pompt de zwaartekrachtsamentrekking waardoor hij straalt, *meer* energie uit dan

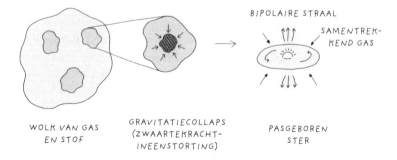

WOLK VAN GAS EN STOF

GRAVITATIECOLLAPS (ZWAARTEKRACHT-INEENSTORTING)

PASGEBOREN STER

BIPOLAIRE STRAAL

SAMENTREK-KEND GAS

---

* Een andere schaatsmetafoor. Stel je een massa schaatsers voor die op een ronde schaatsbaan hun rondjes draaien. Algauw vormen ze concentrische cirkels om niet tegen elkaar aan te botsen, en als het bij iemand opkomt om tegen de stroom in te schaatsen, dan zal die in niet mis te verstane termen de juiste richting op worden gestuurd. Hetzelfde geldt voor gaswolken die rond sterren draaien, behalve dat het ook nog eens in de boven-benedendimensie werkt.

een 'normale' ster met een overeenkomstige massa.* Dit drijft een harde stellaire wind aan van deeltjes die van het oppervlak worden weggeblazen, waardoor langzaam de opeenhoping van samentrekkend gas tot stilstand komt en het uiteindelijk weer terug zal blazen. De cocon begint uiteen te vallen, zelfs als de energie die wordt uitgezonden door de instortende protoster toe blijft nemen en de ontsnappende straling omhoogklimt van het laagenergetische infrarood met de naar verhouding lange golflengtes naar het zichtbare deel van het spectrum.

De verschuiving van de voortdurende opeenhoping van materiaal naar zijn actieve uitstoting brengt vaak spectaculaire veranderingen op gang van de omgeving van de protoster, die in de jaren 1960 zijn bestudeerd door een vriend en voormalige student van Alfred Joy, George Herbig. Deze besefte dat, terwijl materiaal dat door de protoster wordt verzameld ervoor zorgt dat deze met toenemende snelheid draait (het kunstschaatsersprincipe), de opbouw van het impulsmoment dit uiteindelijk zal stoppen. Nieuw materiaal dat op de evenaar van de ster valt, zou snel genoeg bewegen om de ontsnappingssnelheid te bereiken, waardoor het de aantrekkingskracht van de zwaartekracht overwint en teruggeworpen wordt in de ruimte. Omdat de evenaar nog altijd wordt omgeven door een dikke donut van dicht, relatief koel gas en stof wordt dit hete, snel bewegende materiaal via de twee 'bipolaire' bundels aan de polen van de ster uitgestoten. Waar deze bundels tegen andere materie in de bredere nevel of interstellaire ruimte botsen, geven ze die op dezelfde manier energie als uv-straling. Het gevolg is een paar gloeiende wolken die aan beide kanten van de peuterster – die nog altijd in zijn cocon zit – verschijnen, de zogenaamde Herbig-Haro- of HH-objecten (naar George Herbig en de Mexicaanse astronoom Guillermo Haro, die deze structuren onafhankelijk ook ontdekte). Bipolaire bundels en HH-objecten schijnen maar een paar honderdduizend jaar voordat ze in helderheid afnemen, maar op het moment dat ze er zijn, zijn ze spectaculair.

---

* Herinner je je nog dat de negentiende-eeuwse grootheden Helmholtz en Kelvin probeerden die samentrekking door de zwaartekracht als potentiële energiebron voor de zon aan te wijzen? Het probleem is niet *hoeveel* energie het proces kan produceren, alleen *hoelang* het dat kan doen.

* * *

De exacte aard van de ster die uiteindelijk in het koude licht van de interstellaire ruimte verschijnt, hangt vooral af van zijn massa. T Tauri-sterren hebben gewoonlijk minder dan drie zonnen aan materiaal in zich. Ze beginnen opgeblazen in omvang en lichtsterker dan volwassen sterren met een overeenkomstige massa, maar krimpen geleidelijk aan en verflauwen in de loop van zo'n honderd miljoen jaar, omdat in die tijd hun zwaartekracht opgebruikt wordt. Afgezet op een HR-diagram (zie Alcyone) dalen ze langs een verticale lijn, de Hayashi-track*, ze behouden dezelfde kleur maar verliezen wel hun eerste schittering.

Maar zelfs terwijl de ster zwakker wordt, veroorzaakt samentrekking nog altijd dat de centrale gebieden steeds dichter en heter worden. Door de combinatie van hoge druk en temperatuur vallen moleculen uiteen in hun atomen en worden de elektronen in de buitenste schillen van het atoom weggerukt waardoor kale atoomkernen overblijven. Dit baant de weg voor het beginnen van kernreacties op laag niveau, dus niet de volledige 'proton-proton-reactieketen' die volwassen sterren brandende houdt, zoals de zon, maar in plaats daarvan een ingekorte versie van twee van nature voorkomende varianten of isotopen van waterstof, namelijk deuterium en tritium. Met kernen die slechts één proton bevatten dat gebonden is aan één of twee ongeladen neutronendeeltjes, zijn de twee isotopen in wezen al halverwege de keten, en is het moeilijkste deel (twee losse protonen met genoeg kracht tegen elkaar duwen om hun wederzijdse afstoting te overwinnen) al achter de rug.**

Een sleutelgebeurtenis voor zwaardere T Tauri-sterren (die met minstens de helft van de zonnemassa) doet zich voor als ze heet genoeg worden om een innerlijke stralingszone te ontwikkelen. Op dat moment wordt hun lichtkracht constant, terwijl een langzame, onver-

---

* Genoemd naar de briljante Japanse astrofysicus Chushiro Hayashi, die in de jaren 1960 veel hiervan heeft bedacht.
** Met dank aan de oerknal, waarin kleine maar niet onbetekenende hoeveelheden deuterium en tritium werden gevormd naast waterstof en helium.

mijdelijke samentrekking nog steeds doorgaat en het krimpende oppervlak heter en heter wordt. Op dat moment maakt de ontwikkeling
van de jonge ster een scherpe hoek naar links op het HR-diagram en
volgt hij een horizontaal pad naar de diagonale hoofdreeks.*

De T Tauri-fase loopt ten slotte af als de temperaturen in de kern
van de ster hoog genoeg worden voor het beginnen van de volledige
proton-proton-reactieketen (in het geval van de zon duurde die fase
zo'n tien miljoen jaar). De plotselinge toename van straling die uit het
hart van de ster stroomt, stabiliseert ten slotte de inwendige lagen en
het resulterende evenwicht van lichtkracht, omvang en oppervlaktetemperatuur bepaalt de positie waar de ster zich in de hoofdreeks van
het HR-diagram zal vestigen. Daar zal hij het grootste deel van zijn leven blijven staan, misschien wel honderd of duizend keer zo lang als
zijn jeugd heeft geduurd. Tijdens deze lange levensduur zal hij aan dezelfde processen en ontmoetingen onderworpen zijn als degene die
we al bezig zagen met het opbreken van de Trapezium-sterrenhoop,
zich vrijmakend van de vervagende nevel waarin hij werd gevormd om
zich uiteindelijk aan te sluiten bij de bevolking van gemiddelde, zon-
achtige sterren, die hun weg door onze Melkweg gaan.

---

* In het algemeen geldt dat hoe meer massa de jonge ster heeft, hoe minder tijd hij besteedt om op
de Hayashi-track naar omlaag te gaan en hoe meer hij naar links gaat en heter wordt. Ongeveer drie
zonnemassa's markeren de grens tussen T Tauri's en de zogenaamde 'Herbig Ae/Be-sterren', die veel
minder in helderheid afnemen en veel langer (en sneller) naar links afdwalen. Tegen de tijd dat de
sterren met de meeste massa zichtbaar worden, bevinden ze zich al in het stralend blauwe uiteinde
van de hoofdreeks.

9. PROXIMA CENTAURI

Verrassend sterke dwergsterren

De ster die het dichtst bij ons eigen zonnestelsel staat en slechts vier en een kwart lichtjaar van de aarde, is jammer genoeg niet het indrukwekkendste object om naar te kijken. Het kan al heel moeilijk zijn om hem zelfs maar te zien en hij is zo onopvallend dat hij tot begin twintigste eeuw compleet over het hoofd is gezien. Maar toch is Proxima Centauri (een niet erg romantische naam die letterlijk betekent 'de dichtstbijzijnde ster van Centaurus', het sterrenbeeld Centaur) een onvermijdelijke halte op onze route door de hemel. Proxima is niet alleen een voorbeeld van de koele, zwakke sterren die het grootste deel van de Melkweg en andere sterrenstelsels uitmaken, maar ook heeft hij een paar bijzonder aantrekkelijke eigenschappen.

Proxima is het zwakste lid van een drievoudig sterrenstelsel en verdwijnt volledig door de veel en veel sterkere straling van het nabijgelegen dubbelstersysteem van zonachtige sterren, bekend als Alpha Centauri.* Om Proxima op te sporen is het het beste om te beginnen met Alpha Centauri – maar hier hebben de meeste sterrenkijkers op het noordelijk halfrond een beetje pech, aangezien deze sterren ten noorden van de Kreeftskeerkring nooit boven de horizon uitstijgen.

---

* Ook weleens Rigil Kentaurus genoemd, maar gezien de lastige spelling en het risico van verwarring met Orions heldere ster Rigel kunnen we die kant beter niet op gaan...

Het sterrenbeeld Centaur als geheel staat behoorlijk zuidelijk aan de hemel en de twee helderste sterren, de gelige Alpha en de blauwige Bèta (ook wel Hadar of Agena genoemd) zijn de zuidelijkste punten van de Centaur: de hoeven van zijn voorpoten. Echter, als je zo gelukkig bent dat je ten zuiden van 25 °N woont (dus ergens ten zuiden van Midden-Mexico, Noord-India of Taiwan), dan vormen deze twee sterren een niet te missen paar als ze aan de zuidelijke horizon verschijnen. Ten zuiden van de evenaar behoren ze tot de bekendste lichtjes in de hemel en wijzen ze de weg naar het Zuiderkruis, dat onbeschaamd onder de buik van de Centaur is weggestopt.*

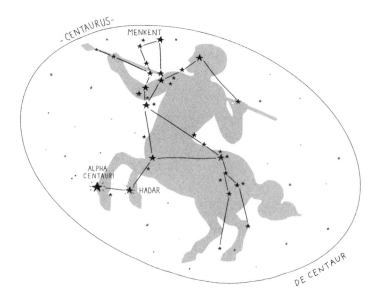

Ten zuiden van de Kreeftskeerkring wordt Alpha Centauri een circumpolaire ster en draait rond in het wat saaie gebied van de zuidelijke hemelpool, komt af en toe dicht bij de zuidelijke horizon, maar gaat nooit onder. Rond de evenaar intussen is hij tussen mei en september

---

*   Je kunt je afvragen hoe een sterrenbeeld dat vanuit Griekenland nauwelijks te zien is, genoemd kan zijn naar een befaamd beest uit de Griekse mythologie – we bewaren de uitleg hiervan voor wanneer we dit deel van de sterrenhemel opnieuw bezoeken om Omega Centauri nader te bestuderen.

te zien in de avondhemel – en eerder in het jaar als je eens heel laat naar bed gaat of voor zonsopgang opstaat.

Kijk naar Alpha door een verrekijker met een behoorlijke vergroting en je zou in staat moeten zijn het grootste deel van de tijd beide sterren te ontwaren (ze draaien in iets minder dan tachtig jaar om elkaar heen en gaan op dit moment weer uit elkaar nadat ze in 2015 bijna in één lijn lagen). Met een kleine telescoop lukt het zeker, en die heb je wel nodig als je serieus op zoek wilt gaan naar Proxima. Je kunt het best ten zuiden en westen van Alpha kijken tot je een paar sterren ziet die ongeveer een graad van elkaar staan en de basis vormen van een smalle rechthoekige driehoek, een wigvorm, met Alpha als top. Probeer je nu een gespiegelde driehoek voor te stellen die naar het zuidwesten wijst: Proxima staat min of meer aan die top. Als je kijkinstrumentarium heel goed is, dan zou je een heleboel sterren moeten zien om uit te kiezen, aangezien dit deel van Centaur recht voor de Melkweg ligt. De meeste sterren die je ziet, staan veel verder weg en hebben een grotere helderheid dan Proxima, maar die zit er ergens tussen* en schijnt met een flauwe magnitude van 11,1.

Proxima is in 1915 ontdekt door Robert Innes, directeur van het Union Observatory in Johannesburg. De in Schotland geboren Innes was ook zo'n amateurastronoom die goed geboerd had; hij was jong naar Australië geëmigreerd en had daar veel geld verdiend als wijnkoopman voordat hij een reputatie kreeg als gewiekste astronoom en werd uitgenodigd om naar Zuid-Afrika en de academische wereld te komen.

De ontdekking was een groot succes voor een nieuwe methode van het identificeren van bewegende sterren, waarvan de positie van jaar tot jaar anders was tegen de verre achtergrond, met een grote eigenbeweging langs de hemel. Deze waren interessant omdat, zoals we bij 61 Cygni zagen, een ster die vanuit ons gezichtspunt snel beweegt, alles in aanmerking nemend waarschijnlijk dichterbij staat dan andere.

---

* Soms moet je als thuissterrenkijker genoegen nemen met de wetenschap dat een paar fotonen van de ster aan de achterkant van je oogbal terecht gekomen zijn, ook al kun je de bron niet aanwijzen – maar als je er echt achter wilt komen, dan zijn er een heleboel websites en apps om je erbij te helpen.

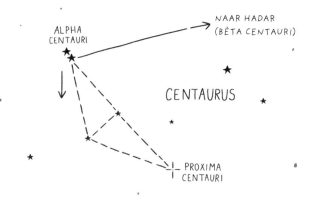

Voor de techniek was een speciaal aangepaste viewfinder nodig, die de onderzoeker met één klik van een schakelaar één van twee fotografische platen kon laten zien – niet heel ver weg van zo'n apparaat waarmee de opticien onze ogen test. Door de twee platen met op verschillende momenten gemaakte foto's (in dit geval met een paar jaar ertussen) van hetzelfde gebied naast elkaar te zetten, was het eenvoudig om ze een voor een te bekijken en te zien welke objecten hadden bewogen.* Innes begreep algauw dat de nieuwe ster die hij had gevonden niet alleen een heel grote eigenbeweging had,[42] maar dat zijn bewegingsrichting overeenkwam met die van de sterren van Alpha Centauri en vermoedelijk dankzij de zwaartekracht daarmee was verbonden.

In 1917 had Innes een parallaxmeting uitgevoerd (zie 61 Cygni) voor de nieuwe ster en geconcludeerd op grond van wat zwakke aanwijzingen dat hij zelfs nog dichterbij stond dan Alpha Centauri. Hij nam een gok toen hij voorstelde dat zijn ontdekking het best Proxima genoemd kon worden. Gelukkig voor Innes' reputatie deed de Amerikaanse astronoom Harold L. Alden van de dependance van Yale Observatory in

---

*   Dezelfde techniek, ook wel blinkvergelijking genoemd, wordt algemeen gebruikt om planetoïden te vinden in het zonnestelsel. Het grootste succes kwam in 1930 toen hiermee door Clyde Tombaugh Pluto werd ontdekt.

Johannesburg nauwkeuriger metingen en beklonk in 1928 de zaak.

Maar ook toen de juiste afstand nog onzeker was, was Proxima wel duidelijk iets nieuws. Met afstand de zwakste ster ooit gemeten was hij (in de nieuwerwetse terminologie van het Hertzsprung-Russell-diagram – zie Alcyone) een extreem voorbeeld van een rode dwerg: naar verhouding klein, nogal koel en ongelooflijk zwak.

Er waren in onze kosmische achtertuin al eerder een paar voorbeelden van sterren uit deze klasse ontdekt, oranje of karmijnrode hemellichamen die misschien slechts een paar procent van het zonlicht uitstraalden. Maar Proxima deed het allemaal extremer: in termen van spectraalclassificatie was het een dofrode M5-ster, die scheen met de kracht van 1/20.000ste van die van de zon.

DE SNELLE STER VAN BARNARD

Net een jaar na de ontdekking van Proxima kwam een andere befaamde rode dwerg aan het licht – een die een beetje makkelijker te vinden is en het voordeel heeft dat hij van zo'n beetje overal te zien is.

De Ster van Barnard is befaamd omdat hij de snelst bewegende ster aan de sterrenhemel is en op drie na met een afstand van 5,95 lichtjaar het dichtst bij de zon staat. Hij is genoemd naar E.E. Barnard, de eerste die in 1916 de grote eigenbeweging van de ster opmerkte.[43] Door de hemel racend met een snelheid van 10,3 boogseconde per jaar legt hij, vanaf de aarde berekend, een afstand af van de breedte van een vollemaan in ongeveer 180 jaar (vergelijk dat met de 467 jaar die Proxima erover doet om dezelfde afstand af te leggen).

De Ster van Barnard heeft aanmerkelijk meer helderheid dan Proxima. Met magnitude 9,5 zou je hem met een fatsoenlijke verrekijker moeten kunnen zien en omdat hij op enige afstand staat van de band van de Melkweg, zijn er minder verwarrende sterren op de achtergrond.

De ster staat in het grote, maar nogal moeilijk herkenbare

sterrenbeeld Ophiuchus, de Slangendrager (zie bladzijde 178). Kijk naar Ophi's linkerschouder en de naar verhouding heldere ster Cebalrai. Dit is de noordwesthoek van een hellende recht-hoek met drie zwakkere, met het blote oog waarneembare ster-ren. Onze volgende trip is naar 66 Ophiuchi in de noordoost-hoek. Met een verrekijker zou je moeten kunnen zien dat 66 zelf een hoek is van een gelijkzijdige driehoek met twee zwak-kere sterren (magnitudes 8,0 en 8,8) in het noorden en oosten. De driehoek is een beetje breder dan de vollemaan en de Ster van Barnard staat op dit moment op korte afstand van de oost-zijde, iets dichter bij de zwakkere van de twee hoeksterren.

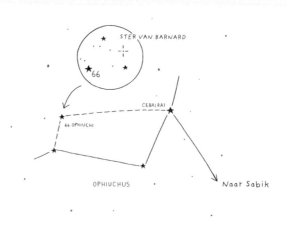

Eerst leek het moeilijk te geloven dat dergelijke zwakke sterren zelfs maar konden bestaan, maar met de verbetering van telescopen en zoektechnieken kwamen er algauw nog veel meer aan het licht. Deze golf aan ontdekkingen van rode dwergen kwam op een goed moment voor het grotere verhaal van de astronomie, dus vergeef me een korte maar belangrijke zijweg naar de belangrijke kwestie van de helderheid en massa van sterren...

Op grond van wat we tot nu toe hebben gezien wisten astronomen aan het begin van de twintigste eeuw dat er een enorme variatie was in de intrinsieke helderheid van sterren en dat die in de meeste gevallen samenhing met hun oppervlaktetemperatuur en kleur via hun positie in het Hertzsprung-Russell-diagram. Omdat de oppervlaktetemperatuur afhangt van hoeveel de straling een hoe groot gebied verwarmt, konden ze met een natte vinger uitrekenen wat de diameter is van sterren waarvan de lichtkracht bekend is. In Proxima's geval bijvoorbeeld kwamen ze zo op ongeveer een zesde van de diameter van de zon of ongeveer 50% groter dan de planeet Jupiter.

Maar hoeveel materiaal bevat een ster van een bepaalde omvang? Was dit dicht opeengepakt of uitgespreid als een ijle wolk? Ook hier kun je enige aannames doen: net als Arthur Eddington het verband had doorzien van de energieoutput van een ster en zijn omvang door het evenwicht tussen naar buiten gerichte stralingsdruk versus naar binnen gerichte zwaartekracht, kun je redelijkerwijs aannemen dat de meer heldere sterren met grotere buitenwaartse druk minder dicht zouden zijn en dat zwakkere sterren een grotere dichtheid zouden hebben.

Een beetje vlees van waarnemingen op deze nogal kale theoretische botten brengen zou onmisbaar zijn om te begrijpen wat het HR-diagram nu precies zegt, en om de structuur te begrijpen van sterren, van de grootste blauwe reus tot de kleinste rode dwerg – het is dus toepasselijk dat het cruciale werk opnieuw door Ejnar Hertzsprung werd gedaan. In 1923 publiceerde hij een ingenieuze studie, waarin hij de geschatte massa's van leden van dubbelsterren* vergeleek met de intrinsieke lichtkracht, die was berekend op grond van de parallax.[44] Een duidelijk, zij het niet erg precies, verband tussen massa en lichtkracht verscheen: hoe zwaarder een ster uit de hoofdreeks is, hoe helderder hij schijnt en de lichtkracht neemt veel scherper toe dan de massa.**

Uiteindelijk komt dit neer op de kernfysica die we even hebben

---

*   Zoals je je misschien herinnert van Mizar bieden dubbelsterren je verschillende manieren om de vermoedelijke massa van de componenten uit te knobbelen, afhankelijk van de hoeveelheid informatie waarover je beschikt.

**   In 1924 werkte Eddington de betrokken theoretische verbanden uit en ten gevolge daarvan krijgt hij, meer dan Hertzsprung, de eer van de ontdekking van deze 'massa-lichtkrachtrelatie'.

aangestipt tijdens ons reisje in de zon: de temperatuur en druk in de kern van een ster hangen af van de hoeveelheid materiaal die er van buitenaf op drukt, en het tempo waarin de fusiereacties verlopen is héél gevoelig voor variaties. Als we Sirius bezoeken, zullen we zien dat hetere, dichtere en zwaardere sterren gebruik kunnen maken van een totaal andere reactieketen om in versneld tempo energie uit te stralen, maar de cruciale boodschap voor ons huidige doel is dat een rode dwerg als Proxima ongeveer een achtste van de massa van de zon heeft, maar straalt met slechts 0,00005% van diens helderheid. Begin je eenmaal naar steeds kleinere sterren te kijken, dan zie je dat hun lichtkracht snel afneemt. Een verschuiving naar langere, rodere golflengtes bij het dalen van de temperatuur van de ster helpt de neergang in helderheid te versterken. Proxima's totale energieoutput is in werkelijkheid iets respectabeler met 1/500ste van die van de zon, maar veel energie straalt hij uit op onzichtbare, infrarode golflengtes.

Er is echter wel een ondergrens – ben je eenmaal bij een twaalfde van de zonnemassa aanbeland, dan zijn de warmte- en drukkrachten te zwak om kernfusie te laten ontbranden. Dit is de grens van sterren; hemellichamen die onder deze grens komen, worden als heel andere objecten geclassificeerd, die bruine dwergen worden genoemd. Hoewel in de jaren 1960 het bestaan van bruine dwergen voorspeld was, duurde het nog tot 1995 voordat astronomen eindelijk een van die 'mislukte sterren' hadden opgespoord, een object genaamd Teide 1 in de sterrenhoop de Plejaden. De toegenomen reikwijdte en gevoeligheid van onderzoeken naar infrarood in de hemel heeft geleid tot de ontdekking van nog honderden van deze objecten, voornamelijk in stervormende nevels. Dezelfde onderzoeken hebben bevestigd wat tot nu toe slechts werd verondersteld – rode dwergen vullen de infrarode hemel en vormen misschien wel driekwart van alle sterren van de Melkweg, terwijl ze zo goed als buiten beeld blijven, alleen niet als ze voor onze kosmische deur liggen.

* * *

Maar terwijl rode dwergen misschien klein en zwak zijn, is het verstandig ze niet te onderschatten. Sterren als Proxima kunnen verrassend energierijk zijn, iets dat werd achterhaald door de Nederlandse Amerikaan Willem Jacob Luyten, een leerling van Hertzsprung die, werkzaam aan de universiteit van Minnesota, carrière maakte met het ontdekken en bestuderen van de zwakste sterren aan de hemel. In 1948 ontdekte Luyten een paar zo goed als gelijke rode dwergen op een afstand van zo'n 8,7 lichtjaar in het sterrenbeeld Cetus, de Walvis, en toen hij ze een paar maanden later eens goed bekeek, nam hij een plotselinge toename in helderheid waar bij de zwakkere van het paar, die enkele minuten aanhield. In deze ster (Luyten 726-8, die later de naam UV Ceti kreeg) en andere sterren werden algauw meer van dergelijke uitbarstingen gezien. Astronomen realiseerden zich dat ze naar een heel nieuw type objecten keken, een 'vlamster'.[45]

In 1951 werd ook Proxima zelf ingedeeld bij de vlamsterren dankzij de nauwkeurige bestudering van 590 fotografische platen aan Harvard. Deze vertoonden tientallen korte uitbarstingen, waarbij Proxima's helderheid soms toenam met tweeënhalf keer of zelfs meer.[46]

Dus rode dwergen mogen dan zwak zijn in het geheel van hemellichamen, er kunnen enorme uitbarstingen in plaatsvinden die binnen enkele minuten komen en gaan. Wat voor soort mechanisme kan zoiets nu veroorzaken? Een grote aanwijzing zit hem al in de naam 'vlamsterren' – astronomen denken dat het proces dat hier aan het werk is, hetzelfde is als wat de zonnevlammen veroorzaakt. Terwijl de Amerikaanse astronomen Milton Humason en Alfred Joy aan het Mount Wilson Observatory in Californië een paar maanden na Luytens ontdekking bezig waren met het samenstellen van een spectrum van UV Ceti, waren ze getuige van een van de uitbarstingen. Ze ontdekten dat niet alleen de helderheid van de ster toenam (in dit geval met een factor veertig), maar dat de hele lichtoutput verschoof naar hetere, blauwe golflengtes. Terwijl de normale oppervlaktetemperatuur van UV Ceti ongeveer 3000 °C was, steeg die tijdens een uitbarsting tot wel 10.000 °C of meer.[47]

Hoe kunnen zwakke dwergen nu zoveel meer energie uit hun vlammen afgeven dan grotere sterren als de zon? Het antwoord leek te liggen in de inwendige structuur waardoor ze sterkere magnetische velden kunnen opwekken. Terwijl de zon uit drie lagen bestaat (kern, stralingszone en convectiezone), bestaat een rode dwerg slechts uit een kern en een dikke convectiezone die de warmte helemaal naar het oppervlak brengt.* Bovendien zijn dwergen, met minder stralingsdruk als tegenhanger van hun zwaartekracht, veel dichter dan andere sterren: Proxima heeft een massa die een achtste is van die van de zon, maar is slechts half zo groot als Jupiter en daardoor gemiddeld 33 keer dichter dan de zon. Dit maakt dwergsterren tot kokende ketels vol heet gas.

Het magnetisch veld van iedere ster wordt opgewekt door de kolkende stromen elektrisch geladen materiaal in zijn convectiezone, dus misschien moeten we helemaal niet zo verrast zijn dat de diepe, dichte convectiecellen van Proxima en vergelijkbare sterren een dergelijk diepgaand effect hebben. Vergeleken met de zon vertonen veel rode dwergen zonnevlekken en vlamactiviteit tot wel elf keer zoveel. Oppervlaktes die worden opengescheurd door oplaaiende lussen van verwrongen, intense magnetische velden zitten vol grote, veranderlijke sterrenvlekken – vlekken zó groot dat ze de helderheid van de hele ster kunnen beïnvloeden tijdens hun draaiing en dat de vlekken worden onthuld of juist verborgen voor de aarde.

En net als we zagen bij de zon kunnen deze velden weleens kortsluiting veroorzaken en hun verbinding herstellen, waarbij het intense hierbij betrokken magnetisme enorme hoeveelheden energie vrijlaat, die grotere sterren in de schaduw plaatsen. Zo trof bijvoorbeeld in 2008 NASA's satelliet Swift, die was ontworpen om hoogenergetische gammastralen van heftige gebeurtenissen in afgelegen sterrenstelsels te monitoren, een uitbarsting van een nabijgelegen jonge rode dwerg genaamd EV Lacertae, die duizenden keren sterker was dan zelfs de grootste zonnevlammen zoals de Carrington Event.

---

* Hierdoor zijn rode dwergen ook de enige sterren met een echt 'gemengd' binnenste: stromen in de ster kunnen helium, dat in de kern door kernfusie is ontstaan, meenemen en vervangen door waterstof uit de buitenste laag (in zwaardere sterren omringt de stralingszone de kern en voorkomt dat een dergelijke vermenging plaatsvindt, waarmee die een strenge limiet stelt aan de potentiële brandstoftoevoer naar de kern). Naast een van nature traag fusietempo maakt dit rode dwergen functioneel onsterfelijk, met een theoretische levensduur van biljoenen jaren.

Proxima's vlammen zijn echter zo sterk niet. Het lijkt erop dat de hevigste vlamsterren ook de jongste zijn en de snelst draaiende: de magnetische krachtcentrale van de ster werkt ongeveer als een ouderwetse fietsdynamo – hoe sneller je trapt, hoe indrukwekkender het resultaat. Echter, al deze oppervlakteactiviteit zorgt er ook voor dat de ster massa verliest door een harde sterrenwind die het impulsmoment uitput en de draaiing vertraagt, en dat in een paar miljard jaar. Daardoor komt het dat EV Lacertae in vier dagen ronddraait, terwijl de volwassener Proxima (met 4,85 miljard jaar iets ouder dan de zon) eens per 82,6 dagen om zijn eigen as draait en dit veroorzaakt slechts rustige vlammen.

De precieze kracht van Proxima's activiteit heeft een doorslaggevende invloed op de bewoonbaarheid van de planeet, waarvan we weten dat die om de ster draait. Over deze zogenaamde exoplaneten en over de methoden om ze te vinden zullen we in het volgende hoofdstuk nog veel meer te weten komen, maar nu is het voldoende om op te merken dat deze buitenaardse wereld, waarvan het bestaan in 2016 door een internationaal team is bevestigd, een massa heeft van ongeveer 1,3 keer de aarde en in slechts 11,2 dagen om zijn ster draait.[48]

De baan is korter dan welke ook in ons zonnestelsel, maar plaatst de nieuwe planeet, algemeen bekend als Proxima b, wel helemaal in de bewoonbare zone van zijn oudester, de rode dwerg – dat gebied waarin het niet te heet is en niet te koud, maar precies goed om vloeibaar water aan het oppervlak te kunnen houden. En waar water is, kan misschien ook leven zijn.* Dat is veel minder waarschijnlijk als de oppervlakte van de planeet bij tijd en wijle gebombardeerd wordt met deeltjes uit een hard waaiende zonnewind, dodelijke röntgenstralen en hoogenergetische ultraviolette straling – vandaar de mate van belangstelling voor Proxima's activiteit. Vroeger draaide de hoop om de gevorderde leeftijd van Proxima, de naar verhouding bescheiden acti-

---

* Er zijn mensen die denken dat vloeibaar water beschouwen als een voorwaarde voor buitenaards leven, aards chauvinisme is, maar er zijn enkele goede redenen waarom het dat niet is. Als complexe verbindingen ooit bij elkaar komen en de biochemie gaat aan het werk, dan moet er een medium zijn om in rond te waren, en water is het stevigste, stabielste en overvloedigste goedje om in te drijven dat we kennen.

viteit en een onbekende factor – de hoop dat een rotsige planeet groter dan de aarde een fatsoenlijk eigen magnetisch veld zou opwekken, in staat de planeet te beschermen tegen de ergste invloeden op leven als je zo dicht bij je ster bent.

Echter, de vooruitzichten op leven op Proxima b kregen in 2018 een harde dreun te verwerken toen astronomen de data bestudeerden van de Evryscope van de universiteit van North Carolina – een hoge-resolutiecamera, speciaal ontworpen om grote delen van de hemel continu te monitoren – een 'supervlam' op Proxima meldden. Gedurende deze uren durende uitbarsting nam de visuele helderheid van de ster toe met een factor van bijna zeventig, waarmee hij bijna met het blote oog zichtbaar was.[49] Het is heel goed mogelijk dat dergelijke vlammen zich een paar keer per jaar voordoen en eerder zijn gemist omdat er op die momenten niet naar werd gekeken. Als dat zo is, dan is dat misschien wel fataal voor de kans op leven in het zonnestelsel om de hoek, maar dan biedt het tenminste een beetje meer hoop dat jij onze vluchtige buurster op het spoor kunt komen.

10. **HELVETIOS**

Op zoek naar vreemde nieuwe werelden

Als alle sterren in de hemel andere zonnen zijn die kunnen wedijveren met de onze, en in sommige gevallen mooier stralen dan die van ons, hebben ze dan ook allemaal planeten die om ze heen draaien? Behalve als je de afgelopen twee decennia of meer onder een steen hebt geleefd, weet je vermoedelijk al het antwoord op die vraag – er lijkt nauwelijks een maand voorbij te gaan zonder de aankondiging dat er weer een stelletje zogenaamde exoplaneten is ontdekt en er heerst een gezonde competitie onder astronomen om onder de nieuwe ontdekkingen de meest aardeachtige omstandigheden te vinden.

Maar het verrassende is dat de hele exoplanetenindustrie pas kort geleden, in 1995, is begonnen, na hele generaties valse starts en onjuiste claims. En de ster waarmee het allemaal is begonnen, is de volgende op onze lijst.

Helvetios is voor het blote oog een zwak lichtstipje in het sterrenbeeld Pegasus, het gevleugelde paard. Meestal over het hoofd gezien en eeuwenlang naamloos werd hij opgepikt door Astronomer Royal John Flamsteed tijdens zijn decennialange bij elkaar harken van de hemel rond 1700 en kreeg algauw het 'Flamsteednummer' 51 Pegasi.*

---

* Ondanks de naam Flamsteednummer was het idee om nummers toe te kennen aan de sterren in Flamsteeds catalogus niet door hemzelf ingevoerd, maar door kometenjager Edmond Halley in een beruchte 'pirateneditie' uit 1712. De nummers kregen telkens nieuwe vormen totdat ze de definitieve vorm kregen die we nu kennen.

Pegasus is een groot en duidelijk herkenbaar sterrenbeeld, overal ter wereld van september tot januari zichtbaar in de avondschemering en vanaf mei-juni in de ochtendschemering. Echter, als je zoekt naar een grote overeenkomst met een paard, dan moet je je ogen wel heel erg tot spleetjes samenknijpen – de helderste sterren van het sterrenbeeld vormen een groot leeg vierkant dat het lichaam moet voorstellen, met kettingen zwakkere sterren die uit de westelijke hoeken komen en hals, hoofd en voorpoten markeren (van de achterpoten en de vleugels geen spoor). Als sterrenbeeld staat Pegasus ook nog eens op z'n kop voor sterrenkijkers op het noordelijk halfrond, met het hoofd in het zuidwesten en de hoeven die naar het noordwesten wijzen. Ten zuiden van de evenaar echter lijkt het paard op zijn vier poten te staan en een geweldige sprong door de noordelijke hemel te maken.

Ondanks de geringe helderheid (magnitude 5,5) is Helvetios op een donkere nacht toch vrij gemakkelijk te vinden, waar je je ook op aarde bevindt. Bepaal domweg waar het westelijk paar sterren van dat befaamde Vierkant van Pegasus staan (de rode reus Scheat en de blauwwitte Markab) en trek dan een lijn tussen hen. Helvetios staat halverwege de lijn, iets ten westen (buiten) het vierkant zelf.

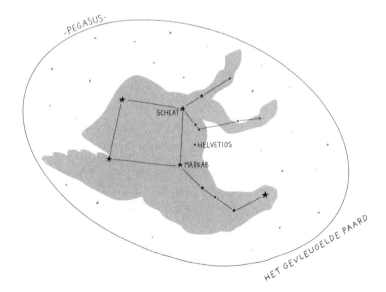

Een blik op Helvetios door een verrekijker of telescoop brengt niets vreemds aan het licht – een enkele geelachtige ster die behoorlijk veel op onze zon lijkt. Hij staat 50,45 lichtjaar bij ons vandaan en is ongeveer 36% helderder dan onze eigen ster, en omdat het oppervlak een paar honderd graden koeler is dan dat van de zon, kunnen we schatten dat de diameter één en een kwart keer zo groot is als die van de zon, dat wil zeggen dat de diameter 1,7 miljoen kilometer bedraagt. Dit alles veronderstelt dat Helvetios een behoorlijk gemiddelde hoofdreeksster is met ongeveer 4% meer massa dan de zon. Aanwijzingen in zijn spectrum duiden erop dat hij met zijn zes miljard jaar ook ietsje ouder is.

Maar nu die planeet...

* * *

Het idee dat rond andere sterren misschien ook wel planeten cirkelen, gaat minstens terug tot Giordano Bruno, een Italiaanse monnik en filosoof die in 1600 op de brandstapel eindigde om een kleurrijke serie ketterijen waaronder het geloof in reïncarnatie, twijfels over de goddelijkheid van Christus en beweringen over de 'veelheid van werelden' – het idee dat er andere leefbare planeten zouden zijn buiten de aarde. Toen de uitvinding van de telescoop nog geen tien jaar later leidde tot bredere aanvaarding dat sterren slechts zonnen waren die ver weg stonden, werd het idee van andere zonnestelsels ook een algemene aanname onder astronomen en filosofen – of tenminste onder hen die bereid waren godsdienstige tegenwerpingen terzijde te schuiven.

Echter, de mogelijkheid om deze werelden ook daadwerkelijk te observeren was iets heel anders. Aangezien planeten alleen weerspiegeld sterrenlicht afgeven en klein zijn in vergelijking met sterren, heb je niet eens de achterkant van een bierviltje nodig om te beseffen dat ze onwaarschijnlijk veel zwakker zijn dan welke ster dan ook. Zelfs als je een telescoop zou hebben die groot genoeg is om het vereiste licht op te vangen, dan zou je de grootste moeite moeten doen om ook maar iets te onderscheiden in de gloed van de ster zelf.

Als van directe observatie geen sprake kan zijn, dan zouden pogingen om exoplaneten te vinden dus op indirecte methoden moeten vertrouwen en zouden we de aanwezigheid van planeten moeten opsporen aan de hand van hun invloed op de sterren waar ze omheen draaien. Dit is moeilijker dan het klinkt – terwijl een planeet in theorie een zwaartekrachtinvloed uitoefent op zijn ster, hangt het effect van die invloed in hoge mate af van het verschil in massa tussen de twee objecten en, belangrijker nog, van de afstand tussen hen. Een planeet en zijn ster oefenen een gelijke en tegengestelde kracht op elkaar uit, maar diezelfde kracht kan een veel groter effect hebben op het object met de kleinste massa dan op die met de grootste. Dit betekent dat de planeet veel beweegt tijdens zijn baan onder invloed van de zwaartekracht van de ster, terwijl de ster gewoonlijk bijna stil blijft.

Zowel ster als planeet draaien feitelijk om hun gedeelde massamiddelpunt, het draaipunt van een gravitatiewip dat zich ergens tussen de twee afzonderlijke middelpunten bevindt. Het massamiddelpunt van elk hemels dubbelspel ligt altijd bij het object met de meeste massa en in het geval van sterren en planeten – waarbij het verschil in massa enorm is – ligt het bijna altijd ergens binnen de moederster. Ten gevolge daarvan 'schommelt' de ster heel langzaam.

Het was op deze schommelingen dat astronomen eerst hun hoop vestigden om planeten bij andere sterren te vinden. De meest voor de hand liggende manier om een schommelende ster op het spoor te komen, is door zijn eigenbeweging, zijn gang door de hemel, exact vast te stellen en te zien of hij tekenen vertoont dat er aan hem getrokken wordt. Dit is meestal een stuk makkelijker als de ster dichtbij staat en zich snel door de hemel voortbeweegt, dus de eerste planetenjachten waren uiteraard gericht op sterren met een grote eigenbeweging die ook nog eens onze buren in de ruimte waren. Begin jaren 1840 maakte de Duitse astronoom Friedrich Bessell gebruik van dit principe om aanwijzingen te vinden voor niet waargenomen begeleiders die twee van de helderste sterren in de hemel zouden beïnvloeden, maar zijn objecten hadden massa's als die van de zon en bleken uiteindelijk verborgen sterren te zijn (waarover we meer zullen lezen als we bij Sirius zijn aanbeland).

De bekendste van de vroege planetenjachten had betrekking op de Ster van Barnard, een snel bewegende rode dwerg vlakbij, die in 1916 was ontdekt. In 1937 begon Peter van de Kamp, professor in de astronomie aan het Swarthmore College in Pennsylvania, een project om regelmatig snapshots te maken van de ster en omgeving en zo een ongeëvenaard archief aan te leggen van de eigenbeweging van de ster langs de hemel. In 1963 kondigde hij aan dat, op grond van het bestuderen van meer dan tweeduizend fotografische platen, de Ster van Barnard een dronkenmansgang volgde omdat hij eerst de ene kant, dan weer de andere kant op werd getrokken onder invloed van een planeet die 60% zwaarder was dan Jupiter en in een baan van 24 jaar om de ster bewoog.[50]

Op het eerste gezicht leek Van de Kamps ontdekking de wetenschappelijke kritiek te kunnen doorstaan – de schommelingen die hij rapporteerde, leken echt, hoewel hij bij verschillende gelegenheden van mening veranderde over wat ze nu precies vertegenwoordigden. De in dertig jaar verzamelde dataset van de Nederlander was nauwelijks vanuit het niets te repliceren en het duurde dan ook tot midden jaren 1970 voordat anderen begonnen te rapporteren dat ze, ondanks hun eigen langdurige observaties, niet dezelfde schommelingen zagen. Tegenwoordig wordt de hele affaire gewoonlijk toegeschreven aan systematische fouten in het voetstuk van de telescoop in Swarthmore's Sproul Observatory (waarvan Van de Kamp van 1937 tot 1972 directeur was), maar zelf bleef hij tot zijn dood in 1995 bij zijn mening.

Van de sage van de Ster van Barnard hielden andere astronomen een bittere smaak in de mond over en vanaf de jaren 1980 raakte een nieuwe sceptische houding ingeburgerd – niet alleen over beweringen over de opsporing van sterrenbewegingen, maar ook over de mogelijkheid zelf van het bestaan van exoplaneten. Misschien was ons zonnestelsel een zeldzaamheid en bestonden er gewoon geen andere planeten.

En toen werd in 1983 IRAS gelanceerd, de Infrared Astronomical Satellite, de eerste permanente infraroodtelescoop in de ruimte. Een van zijn grote successen was de ontdekking van een aantal jonge sterren, die in het infrarood helderder leken dan verwacht. Dit zogenaamde *IR-excess*, het 'infraroodoverschot', suggereerde dat er grote hoeveelheden warm stof om ze heen zat. Beelden van een jonge ster in de buurt, Bèta Pictoris, bevestigde intussen het bestaan van een grote platte schijf, die er in een baan omheen draait. Deze beide signalen suggereren dat andere sterren uit zichzelf planetenstelsels vormen, hoewel echte planeten bleven opvallen door hun afwezigheid.[*51] Een obscure ster in Pegasus zou in dit alles echter verandering brengen.

De Russisch-Amerikaanse astronoom Otto Struve had al in 1952 op een oplossing gewezen met betrekking tot de uitdaging van het zoeken naar exoplaneten, maar zoals zo vaak het geval is moesten astronomen wachten op de technologie om die uit te voeren. Struve, die zich had gespecialiseerd in onderzoek naar meervoudige sterrenstelsels, wees erop dat planeten in een baan om een ster niet alleen een horizontale schommeling veroorzaken, maar hun ster ook naar de aarde trekken en weer wegduwen, waardoor kleine dopplerverschuivingen in de golflengte van het sterrenlicht zichtbaar moeten zijn, overeenkomstig met degene die te zien zijn in spectroscopische dubbelsterren als Mizar. Door die rood- en blauwverschuivingen van het sterrenlicht te meten en andere effecten weg te filteren, zou het volgens zijn theorie mogelijk moeten zijn de invloed van planeten op de 'radiale snelheid' van de ster op te sporen, dat wil zeggen de snelheid van de ster naar de aarde toe of ervan af.

Een groot voordeel van deze benadering met de radiale snelheid was dat die kon worden toegepast op het licht van elke ster dat helder genoeg was om een fatsoenlijk spectrum te vormen, ongeacht de afstand tot de aarde. Het grote probleem was evenwel dat de waarschijnlijke variaties in snelheid van zelfs de zwaarste planeten gemeten zouden worden in meters per seconde; de daarmee samenhangende dopplerverschuivingen zouden heel erg klein zijn vergeleken met degene die gewoonlijk veroorzaakt werden door de normale beweging van de ster door de ruimte.

---

* Een curieuze uitzondering was het zombie-zonnestelsel dat in 1992 werd ontdekt, dankzij kleine veranderingen in de metronomische hemelklok genaamd pulsar (zie de Krabpulsar voor meer over deze vreemde objecten). Dit kleine restant van een ster wordt heen en weer getrokken door drie objecten ter grootte van planeten, die vermoedelijk zijn ontstaan uit het afval dat na een supernova-explosie achterbleef.

Voor het meten van dergelijke minutieuze verschuivingen was het noodzakelijk dat het spectrum van sterrenlicht breder verspreid werd dan eerder was gedaan en het zou nog tot de beginjaren 1990 duren voordat de eerste instrumenten werden gebouwd waarmee dit mogelijk was. Het basisprincipe van een zogenaamde échellespectrograaf is om sterrenlicht één keer te splitsen in een breed regenboogspectrum om daarna elke kleur van die regenboog opnieuw te splitsen met behulp van een tweede optisch toestel (een heel precies gevormd diffractierooster). Dit werd al sinds de jaren 1940 gedaan met zonlicht en andere heldere lichtbronnen, maar het was pas in 1994 dat ÉLODIE, een échellespectrograaf die geschikt was voor het splitsen van zwak sterrenlicht en het ontdekken van exoplaneten, werd geïnstalleerd in het Observatoire de Haute-Provence in Frankrijk. De sleutel tot de gevoeligheid van het instrument was het gebruik van een glasvezel waardoor het licht direct werd doorgegeven vanuit het brandpunt van de grootste telescoop van deze sterrenwacht. Dit vermeed niet alleen verscheidene stappen in de reis van het licht, maar maakte het ook mogelijk de spectrograaf in een stabiele omgeving te plaatsen in plaats van heen en weer bewogen te worden aan het einde van het voetstuk van de telescoop.

ÉLODIE was het bedenksel van de Zwitserse astronoom Michel Mayor en zijn promotiestudent aan de universiteit van Genève, Didier Queloz. Mayor was medeontwerper geweest van een eerder instrument, CORAVEL, waarmee begeleiders met een kleine massa van verscheidene sterren in onze buurt waren opgespoord en de nieuwe spectrograaf was ogenschijnlijk bedoeld om de vraag te beantwoorden of deze objecten rode of bruine dwergen waren.

Jagen op exoplaneten was min of meer een bonus, maar toen Mayor en Queloz door een lijst interessante objecten gingen, zagen ze iets ongebruikelijks bij 51 Pegasi – een periodieke schommeling met een maximale waarde van 55 meter per seconde in iedere richting, die elke vier en een kwart dag werd herhaald. Er waren een paar maanden voor nodig om de nodige observaties te verzamelen om aan te tonen dat de schommeling een statistisch valide meting was en nog altijd koos Mayor ervoor – die zich het lot van eerdere claims maar al te goed herinnerde – om de data tot het volgende seizoen voor zich te houden. Dus toen Pegasus midden 1995 opnieuw in zicht kwam en de oscillaties, de schommelingen, van 51 Pegasi nog altijd hetzelfde bleken, waren ze ervan overtuigd dat ze hun exoplaneet hadden gevonden.[52]

De aankondiging van 51 Pegasi b, zoals het object tot dan toe bekend was, werd met grote opwinding verwelkomd. In de daaropvolgende jaren begonnen ÉLODIE en vergelijkbare instrumenten overal ter wereld meer exoplaneten te vinden, eerst druppelsgewijs, maar algauw aanzwellend tot een aanhoudende stroom. Rond de millenniumwisseling waren er zo'n 27 bekend.

Maar het was pas in 2002 dat de sluisdeuren echt openbraken toen de eerste exoplaneet werd ontdekt op een andere manier, bekend als de overgangsmethode ('transitmethode'). Bij deze methode, in principe heel eenvoudig, maar in de praktijk gecompliceerd, wordt gebruikgemaakt van het spotten van de verklikkende dip in de helderheid van de ster, die zich voordoet als de planeet – waarvan de baan toevallig voorlangs gaat – iets van het sterrenlicht blokkeert. Toen astronomen manieren vonden om deze overgangen waar te nemen met steeds ambitieuzere satellieten, zoals Frankrijks COROT (2006-2012) en NASA's Kepler (2009-2018) zijn zij een belangrijke bron geworden van ontdekkingen van exoplaneten.

* * *

De ontdekking van een planeet rond Helvetios maakte hem in één klap tot een bekendheid. De ster kreeg een eigen naam (Helvetios, naar het vaderland van Mayor en Queloz, Helvetia) toen de Internationale Astronomische Unie in 2015 haar eerste tranche namen uitdeelde aan exoplaneten. De planeet zelf is nu officieel bekend als Dimidium, een nogal fantasieloze verwijzing naar het feit dat hij ongeveer de helft van de massa van Jupiter heeft.[*]

---

[*] Een tijdlang zag het ernaar uit dat de pittoreskere naam Bellerophon (naar de Griekse held die Pegasus bereed) zou beklijven, maar de IAU besliste anders.

Het opmerkelijkste aspect aan Dimidium was ook het eerste dat de ontdekkers opviel en iets dat in het begin de alarmbellen van sceptici deed afgaan: de opvallend korte omlooptijd. De planeet beschrijft zijn baan in slechts 4,23 dagen en staat niet meer dan 7 miljoen kilometer boven de schroeiend hete fotosfeer van Helvetios (ter vergelijking: Mercurius staat, als hij het dichtst bij de zon staat, er nog altijd 45 miljoen kilometer vandaan).

Dimidiums korte baan en grote massa* versterken zijn zwaartekrachttrek aan Helvetios, waardoor hij vrij makkelijk op te sporen is. De korte omlooptijd die hiermee samenhangt, maakte het makkelijker hem *vlot* te ontdekken (voor planeten met een langere omlooptijd en/of kleinere schommelingen is veel meer geduld nodig om ze te verifiëren). Echter, ze roepen wel de vraag op wat een enorme gasplaneet zo dicht bij zijn ster doet.

Er zijn een heleboel goede redenen waarom reuzeplaneten zich zouden moeten vormen buiten de veilige 'sneeuwgrens' van een zonnestelsel (het gebied waarin het goed smeltbare materiaal dat het grootste deel van de planeetvormende schijf uitmaakt, stabiel kan blijven in plaats van te verdampen en de interstellaire ruimte te worden ingeblazen). Het is waar dat deze grotendeels zijn gebaseerd op modellen van straling, zonnewind en zwaartekrachteffecten in ons eigen jonge zonnestelsel, maar er is geen enkele reden waarom ze niet net zozeer van toepassing zouden zijn op andere zonnestelsels.

Dimidium werd toch algauw de vaandeldrager van een hele nieuwe klasse van planeten in dergelijke banen, bekend als 'Hete Jupiters'. Sommige van deze reuzen, die een massa kunnen hebben tot wel tien keer die van Jupiter zelf, hebben atmosferen die actief wegkoken in de ruimte, waarbij ze een spoor achterlaten van gassen die over het oppervlak van hun ster trekken en hun eigen absorptielijnen in zijn spectrum nalaten. Als grimmig voorteken van Dimidiums lot hebben

---

* In 2016 met andere middelen vastgesteld op 0,46 Jupiters: de methode van de radiale snelheid pakt alleen het element van de invloed van de zwaartekracht van de planeet dat de ster van of naar de aarde trekt, niet die van boven naar beneden of van links naar rechts of andersom. Dus afhankelijk van de hoek van de baan ten opzichte van de aarde kan de gemeten massa van een planeet behoorlijk variëren – radiale snelheid zelf geeft je alleen een *minimum*.

astronomen uitgebrande restanten met een massa als die van de aarde gevonden die Chtonische planeten* worden genoemd en die de blootgelegde kernen lijken van wat ooit gasreuzen waren. Als deze planeten in het begin gevormd zijn in gebieden buiten de sneeuwgrens van hun zonnestelsel, dan moet er duidelijk iets zijn dat er de oorzaak van is dat ze later in hun ontwikkeling in een spiraal naar hun ster zijn gaan draaien. Nu denken de meeste astronomen aan een of andere rem, die wordt veroorzaakt door de interactie met gas dat is achtergebleven in de planeetvormende schijf.

De variatie aan vreemde nieuwe werelden die nu ontdekt worden bij andere sterren, zou ons misschien moeten leren onze zegeningen te tellen. Terwijl ze hun spiraalvormig pad naar hun huidige baan volgden, hebben de Hete Jupiters waarschijnlijk de banen van elke rotsachtige, mogelijk bewoonbare wereld dichter bij hun ster verstoord. Met het groeiende aantal aanwijzingen uit computermodellen van ons eigen zonnestelsel dat Jupiter in het begin van zijn bestaan ook zo'n periode heeft gekend van zorgeloos rondzwerven, zouden wij dankbaar moeten zijn dat hij Dimidiums voorbeeld niet heeft gevolgd.

---

*   Van het Griekse *chthon*, 'aarde', en vooral geassocieerd met de onderwereld.

11. **ALGOL**

Variabele sterren en verborgen dubbelsterren

We hebben al een paar keer het onderwerp aangestipt van sterren waarvan de helderheid verandert, bijvoorbeeld toen we keken naar de spectaculaire vlammen die door Proxima Centauri worden uitgestoten en de onvoorspelbare variaties die samenhangen met pasgeboren sterren als T Tauri. Maar als je goed kijkt, dan zul je zien dat heel veel sterren aan de hemel op een of andere manier variabel blijken te zijn.

We hebben het niet over het twinkelen van het welbekende slaapliedje, dat je de meeste sterren van tijd tot tijd ziet doen en dat in het extreemste geval een heldere ster kan transformeren tot een veelkleurige discolamp, net als je je verrekijker of telescoop erop probeert te richten. Dat soort getwinkel wordt veroorzaakt door de turbulente aardatmosfeer, die zich kan gedragen als een vergrootglas, een prisma en een hoop ellende ineen en precies dan het sterrenlicht naar alle kanten afbuigt en in verschillende kleuren splitst, tot frustratie van sterrenkijkers overal ter wereld.* Juist daarom zetten professionals hun telescopen op de dichtstbijzijnde geschikte bergtop.

---

* Tip van een pro: twinkelen is nog vervelender als je objecten wilt zien vlak boven de horizon, aangezien je dan door een dikkere laag atmosfeer heen moet kijken. En het heeft alleen invloed op sterren omdat hun licht geconcentreerd is in één punt; met het blote oog zichtbare planeten, die overkomen als kleine schijfjes (ook al kun je ze als zodanig niet zien), zijn behoorlijk immuun.

Nee, in plaats daarvan zijn wij geïnteresseerd in de werkelijke variaties in de helderheid van sterren, die in verschillende smaken komen. Sommige pulseren regelmatig in cycli die variëren van minuten tot jaren; andere ondergaan af en toe al dan niet voorspelbare uitbarstingen, en weer andere vertonen een abrupte afname in helderheid gevolgd door een net zo plotseling herstel.

Algol was *vermoedelijk* de eerste van dit soort sterren die werd ontdekt, maar het hangt wel af van aan wie je het vraagt. De eerste veranderlijke ster die als zodanig in het westen werd beschreven, is Mira, die we hierna nog zullen bezoeken, maar Algols naam en zijn prominente plaats in het sterrenbeeld Perseus (en zijn oudere voorgangers) suggereren dat zijn merkwaardige gedrag ook in oude tijden moet zijn waargenomen, al blijft een definitieve uitspraak daarover uit.

Het sterrenbeeld Perseus staat midden in het noordelijk deel van de Melkweg. Voor sterrenkijkers halverwege het noordelijk halfrond staat het in mei en juni net boven de noordelijke horizon, maar in november en december recht boven hun hoofd. Voor zuidelijke sterrenkijkers is hij rond deze tijd het best te zien aan de noordelijke horizon.

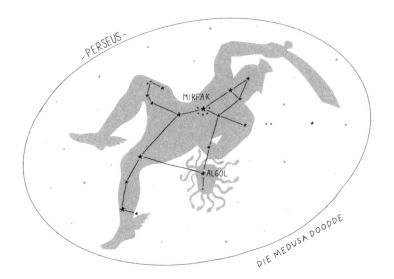

Hoewel het sterrenbeeld nogal vormeloos is (met misschien een beetje sportiviteit, zoals Perseus over de sterrenketens springt), is het vrij makkelijk te vinden – kijk recht ten noorden van de Plejaden of ten zuidwesten van Cassiopeia, en zie die duidelijke W-vorm die als tegenwicht dient voor de Ploeg aan de andere kant van de Poolster. Algol is de op een na helderste ster en staat ongeveer halverwege een rechte lijn van de Plejaden naar de eerste ster van Casseiopeia's W.

Perseus is, niet erg verrassend misschien, genoemd naar de Griekse held, wiens mythe met liefde werd gepikt door Ray Harryhausen voor zijn klassieker *Clash of the Titans* in 1981 (en de smakeloze remake van CGI in 2010). De Perseusmythe is een korte samenvatting waard, aangezien hij verbonden is met zoveel andere sterrenbeelden in dit deel van de hemel. Dus, er was eens...

Perseus werd geboren met die maar al te gebruikelijke Griekse profetie van noodlot – in dit geval dat hij op een dag zijn grootvader, koning Akrisios van Argos, zou vermoorden.* Akrisios had zijn dochter Danaë opgesloten om haar weg te houden van ieder die haar zwanger zou kunnen maken. Maar de immer wellustige koning der goden, Zeus, wist tot haar door te dringen als een regen van goudstof. De koning schrok terug van het idee van koelbloedige kindermoord en liet moeder en baby in een kist opsluiten en in zee werpen – waar ze natuurlijk werden gered door Diktys, een vissende prins van een nabijgelegen eiland.

De tijd ging voorbij en Diktys voedde de jongen op en maakte diens moeder het hof. Maar Diktys' broer, koning Polydektes, had ook zijn oog op Danaë laten vallen en Perseus stond een keer te vaak in de weg van het koninklijke voorrecht. Perseus werd ertoe overgehaald de woedende koning Polydektes te beloven wat hij maar wilde, waarop hij de opdracht kreeg het hoofd van Medusa te gaan halen, de enige sterfelijke van de drie zussen met de slangenharen, Gorgonen, wier blik je in steen kon doen veranderen.

---

* De Griekse stadstaat, niet het radioprogramma of de catalogus voor woninginrichting (maar geloof het of niet, winkelzegeltjesmagnaat Richard Tompkins was hier in de jaren 1970 op vakantie en kreeg toen het idee van Argos-de-winkel).

Er volgden allerlei verwikkelingen (nog drie monsterlijke zussen, geschenken van de goden enzovoort) voordat Perseus uiteindelijk Medusa's hoofd wist af te hakken door gebruik te maken van zijn befaamde trucje 'spiegelbeeld in een gepolijst schild'. Maar toen hij op zijn gevleugelde sandalen* terugvloog naar huis, werd hij afgeleid door een aantrekkelijke jongedame, die naakt aan een rots aan de zeekust was vastgebonden.

Andromeda, dochter van koning Cepheus en koningin Cassiopeia van Ethiopië, was daar achtergelaten als offer voor het vreselijke zeemonster Cetus op advies van een behulpzaam orakel. Het monster had het land verwoest en iedereen afgeslacht, maar Perseus versloeg het met een strategische blik van Medusa's verstenende kop. Andromeda (die eerlijk gezegd niet erg machtig was vergeleken met enkele andere klassieke heldinnen) viel daarop nogal snel in zijn armen, hetgeen tot een haastig huwelijk leidde voordat Onze Held naar huis vloog om Polydektes zijn welverdiende portie Medusablik te gunnen. Het verloop van de laatste akte is afhankelijk van wiens relaas je volgt, maar vaak krijgt koning Akrisios een afgedwaalde discus, die tijdens een sportwedstrijd door zijn kleinzoon werd geworpen, tegen zijn voet en sterft.

De mythe van Perseus verenigt minstens vijf grote sterrenbeelden – zes als je Pegasus meetelt, die volledig gevormd uit de nek van de onthoofde Gorgon ontsprong. En in het midden van het verhaal bevindt zich Algol, aangezien die het oog van Medusa zelf vertegenwoordigt.

Algols relatie met problemen was wijdverbreid: de oude Hebreeuwse astronomen noemden hem Satans Hoofd, of associeerden hem met de heksachtige figuur Lilith (weleens de eerste vrouw van Adam genoemd). Astrologen zagen hem als de meest turbulente ster in de hemel en er was eens een groep onderzoekers die zelfs beweerden dat de periodieke variaties overeenkwamen met de gelukkige en ongelukkige dagen van de Egyptische kalender van omstreeks 1200 v.C. De huidige naam Algol is afgeleid van het Arabische *ra's al-ghul***, wat hoofd van demon of oger betekent.

---

*   Te leen gekregen van Hermes, de snelste – en duidelijk de meest fantastische – van de goden.
** Een naam die fans van Batman wel iets zal zeggen.

In het licht van al deze indirecte bewijzen is het absoluut frustrerend dat, voor zover wij weten, geen enkele klassieke schrijver specifiek over Algols fluctuerende helderheid heeft geschreven en dat enkele eerbiedwaardige autoriteiten hem over het hoofd hebben gezien. Het meest frustrerend van deze is vermoedelijk al-Sufi, een Pers uit de tiende eeuw die niet zozeer de stoffige sterrencatalogus uit de tweede eeuw van Ptolemaeus, de *Almagest*, vertaalde, maar terugbracht tot het chassis en er een nieuwe carrosserie op bouwde met glimmende sierstrips van nieuwe legeringen, geheel op basis van zijn eigen, nauwkeuriger waarnemingen.

Het lijkt echter dat astronomen uit het pretelescopisch tijdperk een blinde vlek hadden voor veranderlijke sterren – misschien omdat erkenning ervan de aanname in twijfel zou trekken (die zo'n beetje iedereen van Aristoteles had geërfd) dat de hemel volmaakt was en, afgezien van de maan, onveranderlijk.* De eerste die de wiebelige aard van Algol noteerde was dan ook pas de Italiaanse jurist-die-sterrenkijker-werd, Geminiano Montanari.**

Vanaf de jaren 1660 zocht Montanari, een leerling in de wetenschap van Galilei toen dat in Italië nog steeds riskant was, de hemel af naar sterren die niet voldeden aan Aristoteles' strenge idealen. Rond 1666 noteerde hij voor de eerste keer dat de helderheid van Algol af en toe aanmerkelijk afnam: in hedendaagse termen schijnt hij met een constante magnitude 2,1, maar af en toe heeft hij een dip tot 3,4.

Montanari bleef Algol meer dan een decennium lang in de gaten houden totdat lucratieve maar giftige afspraken in het arsenaal en de munt van Venetië, die berucht waren om hun laksheid waar het gezondheid en veiligheid aanging op de werkplaats terwijl er zoveel giftige stoffen lagen, hem van het gezichtsvermogen beroofden. Tegen

---

* Kometen werden afgedaan als atmosferische verschijnselen, terwijl supernova's – schitterende 'nieuwe sterren' die absoluut de kat tussen de dogmatische duiven waren geweest – zo schaars waren dat ze geen probleem vormden. De astronomische revolutie die wordt toegeschreven aan Copernicus (overleden 1543) kreeg echter pas vaart nadat veel mensen de supernova van 1572 en de Grote Komeet van 1577 hadden waargenomen.

** Montanari verdient het beroemder te zijn – al was het maar om zijn stunt in 1685 om een 'astronomische almanak' te publiceren vol totaal willekeurige voorspellingen, om zijn geloofwaardiger rivalen de loef af te steken.

die tijd had hij al een honderdtal andere veranderlijke sterren geïdentificeerd, en toch lijkt het dat hij nooit inzag dat Algols geknipper periodiek van aard was. Noch, blijkbaar, deed zijn landgenoot Giacomo Maraldi dat, een immigrant in Parijs die een paar decennia later veel aandacht besteedde aan Algol. Het duurde daarom bijna nog een eeuw voordat Algols gedrag dan eindelijk echt werd vastgesteld en de oorzaak gevonden – een ontdekking die gewoonlijk wordt toegeschreven aan de buitengewone maar ongelukkige John Goodricke.

Goodricke, een telg van lage adel uit Yorkshire, was doof geworden door ziekte in zijn vroege jeugd en kreeg onderwijs aan de baanbrekende Academy for the Deaf and Dumb, die kort daarvoor in Edinburgh was gesticht door Thomas Braidwood. Toen hij in 1780 als slimme zestienjarige terugkeerde naar huis maakte hij algauw kennis met de nieuwe buren, de bekende astronoom Nathaniel Pigott (die naam had gemaakt met het meten van het voorbijschuiven van Venus voor de zon, de zogenaamde benedenconjunctie) en diens zoon, zijn vaak niet genoemde partner in het waarnemen, Edward.

Ondanks het leeftijdsverschil van tien jaar sloot Pigott junior vriendschap met Goodricke en liet hem algauw kennismaken met de wonderen van de moderne astronomie. Het paar ging een wetenschappelijk partnerschap aan, waarbij Pigott wees op een aantal veranderlijke sterren, die Goodrickes tijd waard konden zijn om eens naar te kijken – inclusief Algol. In die tijd dacht men dat de meeste veranderlijke sterren op Mira leken, de ster die we in het volgende hoofdstuk tegenkomen, die pulseert in een cyclus van honderden dagen. Door systematische observaties realiseerde Goodricke zich in 1783 dat Algol een veel kortere cyclus had – slechts 2 dagen, 20 uur en 45 minuten om precies te zijn. Algols verandering in helderheid was een plotselinge dip in plaats van een geleidelijke afname, met ongeveer tien uur later een net zo snel herstel.

Terwijl de jonge onderzoekers naar een verklaring zochten, schijnt het Pigott senior te zijn geweest die als eerste suggereerde dat er een schaduw over Algol trok van een zwakker object, dat af en toe iets van zijn licht afpakte. Maar in een opmerkelijk geval van wetenschappelijk altruïsme moedigde de oudere man zijn protegé aan dat idee verder te ontwikkelen en de ontdekking officieel bekend te maken door middel van een brief aan de Royal Society, die in mei 1783 werd voorgelezen.[53]

Binnen enkele weken hadden ook andere astronomen hun blik naar Algol gewend en konden ze de metronomische aard van de veranderingen bevestigen. Goodrickes observaties leverden hem algauw de prestigieuze Copley Medal van de Royal Society op – met zijn negentien jaar de jongste die hem ooit heeft ontvangen. Zijn dood aan een longontsteking in 1786, vlak voor zijn uitverkiezing tot lid van de academie, beroofde de Britse astronomie van een enorm talent.

Terwijl Goodrickes blijvende faam is gebaseerd op de ontdekking van wat we nu een 'bedekkingsveranderlijke' noemen, is de waarheid iets minder helder. Zonder verdere aanwijzingen dat Algol een dubbelster was, verdeelde Goodricke zijn inzet en suggereerde dat er ook een andere verklaring mogelijk was: dat het donkere sterrenvlekken konden zijn die periodiek zichtbaar werden aan het sterrenoppervlak.

Zoals we zullen zien was dit idee al geopperd als mogelijke verklaring voor de ritmische veranderlijkheid van Mira en ondanks dat dat niet echt werkte voor gevallen als Algol (waarom zouden vlekken slechts tien uur per drie dagen zichtbaar zijn, in plaats van de helft van de tijd als ieder halfrond in en uit beeld roteerde?) was dit gedurende een groot deel van de negentiende eeuw de standaardverklaring voor alle veranderlijke sterren. Andere problemen met deze theorie van een verduistering, een eclips, kwamen op in de vorm van veranderlijke sterren met geleidelijke in plaats van plotselinge overgangen van het ene niveau van helderheid naar het andere, en een nieuwe klap volgde in 1843 toen de slimme Pruisische astronoom Friedrich Wilhelm Argelander een kleine, maar onmiskenbare verandering waarnam in de periode tussen Algols dips in helderheid.

Het duurde tot in de jaren 1880 voordat iemand nieuw leven blies in het idee dat Algol een bedekkingsveranderlijke was toen de Amerikaanse astronoom Edward Pickering de harde cijfers inbracht om de verschillende mogelijke banen te berekenen en liet zien hoe de schijnbare helderheid van de ster gedurende zijn cyclus voorspeld kon worden tot binnen een fractie van een magnitude. De veranderende periode die door Argelander was waargenomen, zo toonde hij aan, kon worden verklaard als je de invloed van een derde ster op grotere afstand toeliet, die langzaam aan het centrale paar trok met een oscillatie van 32 jaar.[54] Een decennium later vond de Duitser Hermann Carl Vogel het definitieve bewijs in de vorm van dopplerverschuivingen die de golflengte van het licht beïnvloedden dat door Algol werd uitgezonden terwijl de helderder ster in verschillende richtingen wordt getrokken door zijn om hem heen draaiende begeleider.[55]

Licht van de secundaire ster bleef echter frustrerend moeilijk te zien. Terwijl spectroscopische dubbelsterren als Mizar spectraallijnen vertonen die uit elkaar gaan en weer samenkomen als de twee elementen van het systeem in tegengestelde richting bewegen, gingen Algols lijnen eenvoudigweg heen en weer, een aanwijzing dat het grootste deel van het licht van de dubbelster van een van de twee afkomstig was.

Een andere manier om de helderheid van de secundaire ster of begeleider te meten was, in theorie tenminste, het opsporen van het 'secundaire minimum' van het systeem: de veel kleinere dip in de totale output die ontstaat als de zwakkere ster achter de ander langs gaat, de zogenaamde secundaire eclips. Maar hoe ze het ook probeerden, niemand die dat ooit waarnam. Dit was een probleem waar een technologische oplossing voor moest zijn, in dit geval een ingenieus nieuw gereedschap voor de gereedschapskist van de astronoom: de foto-elektrische fotometer.

De fotometer werkt volgens dezelfde principes als de hedendaagse zonnecellen; ze maken gebruik van een halfgeleidermateriaal dat een elektrisch stroompje genereert aan het oppervlak als het wordt getroffen door afzonderlijke fotonen van invallend licht. Door dat stroompje te meten kun je van moment tot moment exact weten wat de helderheid van een ster is. Dat idee werd in de vroege jaren 1900 verkend door Joel Stebbins, de jonge, in Nebraska geboren directeur van de sterrenwacht van de universiteit van Illinois. Vanaf 1910 ging hij regelmatig metingen verrichten aan veranderlijke sterren, waaronder Algol, en kon hij uiteindelijk bevestigen dat het inderdaad een secundair minimum betrof – een afname in helderheid van nog geen 4% als de helderste ster voor de zwakste langs ging.

Fotometrie waarbij gebruik wordt gemaakt van filters voor specifieke golflengtes en kleuren maakt bepaalde slimme trucjes mogelijk. Zo vergeleek John Scoville Hall van Amherst College in 1939 bijvoorbeeld metingen van Algol die hij had gedaan met een infraroodfotometer met Stebbins resultaten van het blauwe uiteinde van het spectrum. Door aan te tonen dat de primaire eclips (de helderste van de twee gaat voor de zwakste langs) minder zichtbaar is in het infrarood en het secundaire minimum, afkomstig van de secundaire eclips, juist meer, bewees hij dat het licht van de begeleider een afwijking vertoont richting infrarood.[56] Als je je van ons bezoek aan Aldebaran de relatie herinnert tussen kleur en temperatuur van een ster, dan zul je je realiseren dat de secundaire ster dus veel koeler is dan de primaire. Dit werd in 1978 bevestigd toen astronomen van de universiteit van Austin in Texas er eindelijk in waren geslaagd het zwakke absorptiespectrum van de secundaire ster direct te meten.[57]

Dus wat weten we nu over dit stelsel? Bijna al het licht van Algol, zo lijkt het, is afkomstig van de hete blauwwitte ster met meer dan drie keer de zonnemassa en 180 keer diens lichtkracht, en hij staat op een afstand van negentig lichtjaar van de aarde. De koele geeloranje bege-

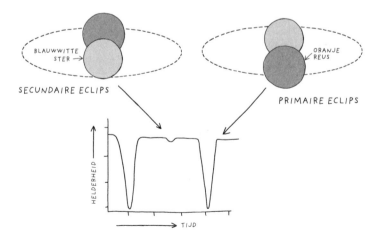

leider weegt ongeveer 0,7 zon, maar pompt nog altijd zeven keer zoveel energie naar buiten dan onze eigen ster. Wat is een ster die zeven tiende van de massa van de zon heeft en zo helder schijnt? Het blijkt dat de begeleider van de blauwe ster een oranje reus is: drieënhalf keer zo groot als de zon en dertig procent groter dan de heldere primaire ster.[*]

Als je hebt opgelet, dan kun je nu alarmbellen horen rinkelen: hoe is een ster met minder massa dan de zon erin geslaagd een oranje reus te worden, terwijl zijn zwaargewicht begeleider – die volgens alles wat we weten van de evolutie van sterren veel, veel sneller oud had moeten zijn geworden – nog steeds blij staat te stralen in de hoofdreeks? Het is gebleken dat nogal wat andere dubbelsterren ook deze 'Algol-paradox' vertonen, de paradox dat de evolutiestadia van de onderdelen met verschillende massa's verkeerd om lijken te verlopen.

Midden jaren 1950 kwamen twee astronomen onafhankelijk van elkaar met de oplossing voor deze warboel. De in Tsjecho-Slowakije geboren Zdeněk Kopal, hoofd van de faculteit astronomie van de universiteit van Manchester, en John Avery Crawford van de universiteit van Californië in Berkeley zagen allebei dat de minder massieve componenten een ongewoon kenmerk bezaten: hun diameter kwam precies overeen met de grenzen van hun zwaartekrachtbereik.[58]

In elk systeem waarin twee of meer zware sterren met elkaar strijden om ruimte, zullen de invloedssferen van hun zwaartekracht onvermijdelijk gedwongen worden tot druppelvormige zones, genaamd rochelobben.[**] Materiaal binnen de rochelob van een ster zal door de zwaartekracht daarmee verbonden blijven, maar komt het er toch buiten, dan kan het in de ruimte wegdrijven of worden opgenomen door een rivaliserende ster. Het feit dat de secundaire ster van Algol net zo groot is als zijn rochelob laat zien dat dit precies is wat er is gebeurd, en de onregelmatige uitbarstingen van hoogenergetische röntgenstraling – vermoedelijk te danken aan wegdrijvende gaswolken die worden

---

[*]   En alleen om volledig te zijn: de derde ster van het meervoudige stelsel is een witte ster, met iets meer massa dan de zon, die afstand houdt van het centrale paar in een baan om hen heen van 680 dagen.
[**]   Naar de negentiende-eeuwse Franse astronoom en wiskundige Édouard Roche.

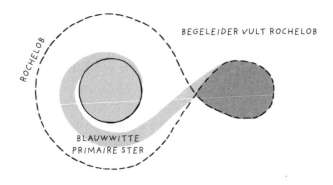

verwarmd door het intense magnetische veld rondom de dubbelster – suggereren dat dat proces nog altijd doorgaat.

Toen de sterren van het Algolstelsel ongeveer 570 miljoen jaar geleden werden gevormd, lag het zwaartepunt van de wip van het gewicht van beide sterren aan de andere kant van wat we nu zien. De zwaardere ster verbrandde zijn waterstof veel sneller en begon toen op te zwellen tot een rode reus, maar daarmee barstte hij uit tot buiten zijn rochelob en verloor hij zijn grip op zijn eigen buitenste lagen. Veel van dit hete gas dwarrelde neer op zijn naar verhouding kleine begeleider en gaf daarmee een kosmische proteïneshake af die hielp bij het oppompen van zijn bodymassa en waarmee hij (door toenemende druk in de kern) zijn eigen energieoutput een boost gaf. Tegen de tijd dat de verder ontwikkelde ster was teruggebracht tot zijn eigen rochelobgrens en zijn eigen materiaal kon vasthouden dat in zijn buitenste lagen achterbleef, was de status van de twee sterren van Algol omgekeerd.

Deze merkwaardige rolverwisseling, beter bekend als massaoverdracht, blijkt in kosmische termen verrassend algemeen te zijn, en we zullen vergelijkbare processen aan het werk zien als we over een paar hoofdstukken bij enkele van de gewelddadigste objecten in het heelal zijn aangekomen.

Er is nog één ding dat moet worden opgemerkt voordat we deze hoogst sinistere sterren achter ons laten: zuiver toevallig kan Algol weleens een verwoestende kracht hebben uitgeoefend op onze planeet. Terwijl hij nu op een veilige 90 lichtjaar van de aarde af staat, blijkt uit het terugdraaien van de kosmische klok door de bewegingen van naburige sterren na te gaan, dat Algol op slechts acht lichtjaar van ons zonnestelsel is gepasseerd. Rond die tijd moet het de helderste ster aan de sterrenhemel zijn geweest en dankzij de gecombineerde massa van drie sterren kan hij weleens de banen hebben verstoord van de ijzige kometen, die rondvliegen in de oortwolk, een reusachtige halo van kometen die ons zonnestelsel omringt op een afstand van ongeveer een lichtjaar. Een onderzoek suggereert dat meer dan anderhalf miljoen kometen hierdoor weleens in een andere baan door het binnenste deel van het zonnestelsel kunnen zijn gedwongen.[59] De aankomst van die binnenvallende kometen zou over honderden millennia verspreid zijn gebeurd, maar botsingen met de aarde en de andere planeten zijn onvermijdelijk geweest. Eventuele inslagkraters zouden al lang geleden van het oppervlak van onze veerkrachtige planeet zijn verdwenen, maar wie zal zeggen dat Medusa niet verscheidene miljoenen jaren geleden meer dan een onheilspellend knipoogje heeft gegeven richting aarde?

12. **MIRA**

Van rode reuzen en pulserende sterren

Terwijl Algol en familieleden variëren in helderheid door de bemoeienis van een nabije buurman, ondergaan veel andere sterren geheel onafhankelijk andere veranderingen. Een van die sterren is de merkwaardige Omicron Ceti, beter bekend als Mira.

Van al die vele veranderlijke sterren aan de hemel is Mira (althans een deel van de tijd) het makkelijkst te zien. En als hij dat niet is, dan kun je toch minstens het gat waarnemen waar hij zou moeten staan. De ster markeert de halsaanzet van het sterrenbeeld Cetus, het zeemonster dat door Perseus werd verslagen door Medusa's hoofd er een snelle blik op te laten werpen.

Voor sterrenkijkers ten noorden van de evenaar scheert Cetus tussen oktober en januari door de zuidelijke avondhemel (hoewel wie vroeg opstaat hem, zoals de meeste seizoenssterrenbeelden, al een paar maanden eerder 's morgens kan zien). Astronomen op het zuidelijk halfrond zien het monster in dezelfde periode op z'n kop aan de noordelijke hemel.

Hoewel het Latijnse *Cetus* gewoon 'walvis' betekent, heeft zijn silhouet toch meer weg van een zeedraak dan van wat dan ook, met een grote veelhoek van sterren als lichaam en in het noordoosten een kleinere, onregelmatige vijfhoek als kop. Mira is gewoonlijk te zien als een rode

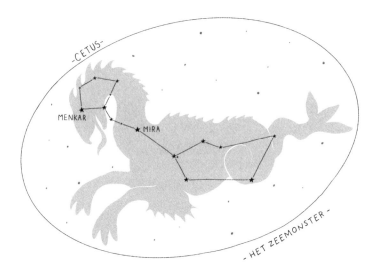

ster halverwege de nek die de twee verbindt. Op zijn hoogtepunt kan het de op twee na helderste ster van het sterrenbeeld zijn en is dan met magnitude 3,04 goed te zien.* Maar als de ster zijn periodieke verdwijntruc doet, dan laat hij het zeemonster achter als de onthoofde Medusa zelf. Terwijl de ster afneemt tot een minimale helderheid van magnitude 10, kan het een moeilijk vindbare plek zijn voor zelfs een fatsoenlijke verrekijker. De grootste kans heb je als je zoekt naar een kruis op z'n kant van met het oog zichtbare zwakke sterren: één arm loopt tussen 67 en 70 Ceti door, de andere tussen 66 en 81 Ceti, en het kruispunt van beide armen wordt gemarkeerd door de plaats waar Mira hoort te staan.

Terwijl van Algol een heleboel aanwijzingen bestaan die suggereren dat zijn vreemde gedrag al bekend was bij de klassieke sterrenkijkers, is dat met Mira niet het geval, al zou je denken dat zijn dramatische verdwijntruc midden in een behoorlijk prominent sterrenbeeld toch moet zijn opgevallen. Mira is echter zijn eigen ergste vijand: de cyclus van schommelingen duurt elf maanden, en dat betekent dat hij maanden achtereen onzichtbaar kan zijn.

---

* Mira had vermoedelijk een slechte dag toen Johann Bayer hem catalogiseerde als Omicron, de bescheiden vijftiende letter van het Griekse alfabet.

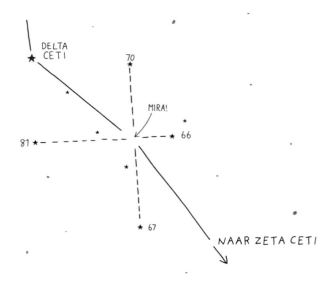

Sommige astrohistorici hebben geprobeerd Mira in verband te brengen met een van de 'gaststerren' die in Chinese kronieken worden opgesomd. Onverwachte verschijningen aan de hemel worden gewoonlijk toegeschreven aan nova's – sterrenexplosies op grote afstand die we nader zullen bekijken als we RS Ophiuchi bezoeken – en het regelmatige helder worden van Mira zou iemand kunnen foppen die hem maar één cyclus volgt. Het bewijs is echter frustrerend weinig overtuigend.[60]

Voor de ontdekking van Mira's variabiliteit gaat daarom de eer naar David Fabricius, een protestantse dominee met een parochie aan de Noord-Duitse Waddenkust. Hij zag de ster voor het eerst in de kleine uurtjes van een zomernacht in 1596 toen hij zocht naar goede coördinaten om zijn metingen aan de in de buurt staande Jupiter vast te knopen. Terwijl hij de planeet in de loop van de daaropvolgende maanden volgde, merkte hij op dat de ster die hij had uitgekozen om Jupiter mee te vergelijken, eerst helderder werd en toen in helderheid afnam tot hij uit het zicht verdween. Uiteraard dacht hij eerst dat hij een nieuwe nova had gevonden, maar toen hij de ster in 1609 op zijn oorspronkelijke plaats terugvond, begreep hij dat dit een heel ander hemellichaam moest zijn.

In de stroom nieuwe ontdekkingen die volgde op de uitvinding van de telescoop werd Mira daarop ruim twee decennia over het hoofd gezien, voordat hij in 1638 werd herontdekt door een echte Fries, Johannes Holwerda uit Franeker. Door systematisch te observeren stelde Holwerda vast dat de helderheid toe- en afnam in een zich almaar herhalende periode van ongeveer 330 dagen (sindsdien verfijnd tot 332 dagen).

Daarop kwijnde de ster weer weg totdat hij dan eindelijk terecht beroemd werd dankzij de beroemdste astronoom van zijn tijd, Johannes Hevelius. Hevelius was afkomstig uit Danzig, het huidige Gdansk, in Polen en een vroege vertegenwoordiger van die kleine maar edele traditie van brouwende astronomen, die zijn medeburgers overdag aan het bier hield en 's nachts de opbrengst besteedde aan steeds ambitieuzere activiteiten, waarvoor zowel een helder hoofd als een vaste blik nodig was. Terwijl hij de maatschappelijke ladder beklom en lid werd van het stadsbestuur van Danzig en later burgemeester werd, bouwde hij een particuliere sterrenwacht die de daken van drie huizen overspande, uitgerust met ambitieuze instrumenten die hij zelf had ontworpen. Hevelius wist koninklijke steun te verwerven in Polen en elders en correspondeerde met Europa's groten in de wetenschap. Dus toen hij in 1662 zijn *Historiola, Mirae Stellae* (*Een kleine geschiedenis van de wonderbaarlijke sterren*) publiceerde, werd dat opgemerkt.[61]

Hevelius begon Mira in 1659 regelmatig te observeren en bleef dat een kwart eeuw doen. Ondanks zijn toewijding leek hij een haat-liefdeverhouding met de ster te hebben en twijfelde hij aan Holwerda's idee van een regelmatige periode; soms vervloekte hij de ster als een bedrieger om voor op te passen. Uiteindelijk was zijn werk echter belangwekkend genoeg om de ster zijn naam te geven en bekend te maken bij anderen, die het onderzoek vervolgden. Mira werd met name een cause célèbre in de al zo lang durende cultuuroorlog tussen hen die de oude aristoteliaanse visie steunden van een onveranderlijk en volmaakt, door God beschikt heelal en de erfgenamen van Galileo Galilei, die geloofden dat het uitspansel onderhevig was aan veranderingen volgens de wetten van de natuur.

Prominent in de laatste groep was Ismaël Boulliau, de nestor van de Franse astronomie. Boulliau, na een calvinistische opvoeding tot het rooms-katholicisme bekeerd, had geleerd van Kepler en Galileo. Zorgvuldig onderzoek en systematische observaties overtuigden hem ervan dat Mira's variaties inderdaad volgens een regelmatig patroon verliepen en in *Ad astronomos monita duo* (*Waarschuwing twee voor astronomen*), dat in 1667 verscheen, deed hij de eerste poging die wisselende helderheid te verklaren. Nadat hij de mogelijkheid had verworpen dat Mira een baan volgde die hem afwisselend dichter bij en verder van de aarde bracht, en ook het idee dat de intensiteit van zijn 'interne vuren' een dergelijke voorspelbare regelmaat zou kunnen volgen, kwam hij met een inzichtelijk alternatief, namelijk dat zich aan Mira's oppervlak donkere vlekken bevonden, die periodiek zichtbaar werden door de rotatie van de ster.*

Deze theorie zou twee eeuwen lang de dominante interpretatie zijn van alle veranderlijke sterren, waarvan er door steeds systematischer verkenningen van de sterrenhemel steeds meer aan het licht kwamen.** Aan het einde van de negentiende eeuw waren al meer dan 250 zogenaamde Mira-veranderlijken – roodachtige sterren die regelmatige variaties vertoonden in cycli van honderd dagen of meer – gecatalogiseerd, hetgeen neerkwam op ongeveer drie van de vijf veranderlijke sterren die toen bekend waren. De snelheid waarmee ze werden ontdekt, nam vanaf de jaren 1890 reusachtig toe toen Williamina Fleming, het voormalige dienstmeisje dat astronoom was geworden en de eerste van de zogenaamde Harvard Computers (zie Aldebaran), in de donkere absorptiespectra aanwijzingen vond die konden helpen bij het identificeren van Mira-veranderlijken en andere nieuwe typen veranderlijke sterren, zonder al die saaie jaren van zorgvuldig observeren.

* * *

---

* Boulliau had het in dit geval bij het verkeerde eind, maar we weten nu dat sommige vormen van veranderlijke sterren hun gedrag wel degelijk te danken hebben aan dergelijke 'sterrenvlekken'.

** Zelfs John Goodrickes voorstel dat Algol een dubbelster was, waarbij de een regelmatig achter de ander langs vloog, werd grotendeels over het hoofd gezien ten gunste van het sterrenvlekmodel.

Maar hoe komt het nu dat Mira en andere 'langperiodieke veranderlijken' zo vreemd doen? Het bleek dat dit mysterie niet netjes kon worden opgelost met die handige sterrenvlekken of de dichtbij liggende *stella ex machina* van een periodiek verduisterende buurman. De oplossing lag, ondanks Boulliau's terughoudendheid, toch in Mira's interne vuren: de lichtgevende hogedrukpan van atomen die de kern is. Mira is zelfs het prototype gebleken van een hele familie van variabele sterren die hun inwendige instabiliteit dragen als ereteken.

Dankzij het werk van Hertzsprung, Russell en anderen aan het begin van de twintigste eeuw weten we dat Mira een veel lichtsterkere ster is dan de zon, met een enorme omvang waardoor hij een koel rood oppervlak heeft. Met spectraaltype M7 in het ingenieuze classificatieschema van Annie Jump Cannon is de oppervlaktetemperatuur ongeveer 2900 °C (gemiddeld – ze kan 150 °C warmer of kouder zijn, in samenhang met Mira's helderheid). Daarmee is hij een rode reus – een wat opgeblazen versie van de oranje reus Aldebaran die we in hoofdstuk 3 hebben ontmoet. Onze statistisch beste schattingen zijn dat Mira ongeveer 299 lichtjaar bij ons vandaan staat en een energieoutput heeft die varieert van 8400 tot 9360 keer die van de zon.[62]

Dat klinkt echter wel wat vreemd. Hoewel de periode van pulsering behoorlijk stabiel 322 dagen is, kunnen de extremen in helderheid behoorlijk variëren. Pieken gaan van magnitude 2,0 tot 4,9 en dalen van 8,6 tot 10,1. Tussen de twee extremen is dat een factor van meer dan duizend: hoe kan Mira's energieoutput dan variëren met maar 11%?

De oorzaak zit hem in het koele oppervlak van een rode reus. Die is zelfs zó koel dat een verandering van 300 graden een dramatisch effect kan hebben op de uitstraling: straalt hij in zichtbare golflengtes uit of in infrarood? Als Mira's zichtbaarheid afneemt, dan neemt de infrarode straling toe en andersom.

Dus al hebben we dan misschien geen ster die zijn energieoutput duizendvoudig verandert, we hebben nog wel te maken met een behoorlijk groot mysterie. Mira's variërende helderheid en oppervlaktetemperatuur laten zien dat hij moet opzwellen en krimpen in omvang; terwijl meer straling uit de ster komt, zetten de buitenste lagen van gas uit en koelt het oppervlak af. Dan neemt de lichtkracht af, trekt de zwaartekracht de fotosfeer weer terug en warmt het oppervlak weer op. Gemiddeld varieert Mira tussen 332 en 402 keer de diameter van de zon.

Om te begrijpen hoe sommige rode reuzensterren zo enorm variëren terwijl andere stabiel blijven, moeten we begrijpen wat een rode reus in feite is – en met name het feit dat ze er in verschillende smaken zijn. Aan het begin van de twintigste eeuw vroegen astronomen zich af of het sterren zouden kunnen zijn bij aanvang van hun vorming. Dit was niet zo'n slechte gok (in aanmerking genomen dat echte babysterren als T Tauri een paar eigenschappen gemeen hebben met rode reuzen, zoals de grote omvang en lichtkracht), maar in feite staan rode reuzen aan het andere uiteinde van hun levenscyclus. Nadat ze het grootste deel van hun leven constant hebben geschenen in de algemene hoofdreeks van de sterrenevolutie, zijn veranderingen in hun energieopwekking er de oorzaak van dat ze helderder worden en enorm in omvang toenemen.

In sterren als Mira, met massa's die aardig lijken op die van de zon, beginnen deze veranderingen als de voorraad brandstof in de vorm van waterstof in de kern opraakt. In dit stadium kan er nog veel waterstof in de buitenlagen van de ster aanwezig zijn, maar de stralingszone (aanwezig bij alle sterren groter dan een halve zonnemassa), vormt een barrière die voorkomt dat materiaal naar binnen of naar buiten gaat. In Mira's geval duurde het ongeveer zes miljard jaar om de waterstof in de kern grotendeels om te zetten in helium, het voornaamste afvalproduct van het fusieproces.

Terwijl de uitgeputte kernmotor van de ster stottert en stilvalt, verwacht je misschien dat een ster zwakker wordt, maar in plaats daarvan gebeurt er nu iets onverwachts. Zoals we in de zon al zagen worden de lagen van een ster in een delicaat evenwicht gehouden door de binnenwaartse trek van de aantrekkingskracht en het onderliggende materiaal aan de ene kant, en de buitenwaartse druk door straling die van de kern af wil aan de andere kant. Dit betekent dat als de straling van de kern wegvalt, de buitenste lagen naar binnen getrokken worden.

Dit is een zware last voor de laag die het dichtst bij de kern ligt, vastgeklemd tussen het gewicht van het materiaal van boven en de buitenwaartse druk van het restant van de kern. Samengeperst en verhit tot een temperatuur die hoger is dan die van de oorspronkelijke kern, ontbrandt de schil met zijn eigen fusiereacties, die veel sneller verlopen dan degene die eerder door de kern werden gegenereerd.

We zouden inmiddels gewend moeten zijn aan het idee dat grotere lichtkracht grotere buitenwaartse druk betekent en het is dus niet verrassend dat de lagen boven deze schil van brandende waterstof uitdijen en afkoelen en de kleur van de ster doen veranderen naar oranje en rode golflengtes. De ster zwelt op en wordt een rode reus.

Met gebruikmaking van een HR-diagram om de oppervlaktetemperatuur en de lichtkracht van sterren te meten is het mogelijk de ontwikkeling van een ster na te gaan zoals die zich tijdens zijn levenscyclus van de hoofdreeks af beweegt door de 'tak van de subreuzen' op te klimmen en uiteindelijk die van de echte reuzen. In de jaren 1950 werd echter opgemerkt door astronomen, die een beter inzicht kregen in hoe sterren verdeeld zijn in dit deel van het diagram,[*63] dat reuzen in bepaalde delen bij elkaar stonden en andere niet. Dat komt doordat na de eerste periode van groei tot rode reus nog meer fases volgen in de evolutie van de ster.

Terwijl de buitenste lagen blijven uitdijen tot een reusachtig omhulsel dat groot genoeg is om planeten die er misschien zijn, op te slokken, wordt de kern, beroofd van zijn ondersteuning door inwendige straling, langzaam in elkaar geperst onder zijn eigen gewicht. Terwijl hij steeds kleiner wordt, nemen temperatuur en interne druk toe totdat de omstandigheden uiteindelijk zo extreem[**] worden dat heliumkernen met zoveel kracht tegen elkaar botsen dat ze samensmelten.

Deze tweede fusiegolf spreidt zich snel uit door de kern in iets wat een 'heliumflits' wordt genoemd. We zouden kunnen denken dat die de rode reus aanzet tot opnieuw een enorme uitdijing, maar weer worden we door de fysica van sterren op het verkeerde been gezet. De

---

[*]   Door data te verzamelen over sterren in bolvormige sterrenhopen – die in een baan rond de Melkweg draaien en allemaal effectief op dezelfde afstand van ons – waren Halton Arp, Bill Baum en Allan Sandage in staat accuraat de posities van duizenden afzonderlijke sterren te plotten.

[**] Ongeveer 100 miljoen °C en een druk van 100 kg/cm³ – waardoor de 15 miljoen °C en 150 g/cm³ in de kern van de zon eerlijk gezegd vergelijkenderwijs nog heel redelijk lijken.

heliumflits herstelt weliswaar de buitenwaartse druk van de straling uit de kern, maar de schil van brandende waterstof daarboven wordt gedwongen verder uit te zetten waardoor die aan dichtheid verliest, afkoelt en bijgevolg zijn eigen energieproductie terugschroeft. Dus ondanks dat er nu twee krachtbronnen zijn, neemt de totale energie-output van de ster verrassenderwijs af. Dit zorgt er weer voor dat het buitenste omhulsel terugvalt en opwarmt, dus in vergelijking met het stadium van de rode reus die de ster eerder was, wordt hij heter en geler. Deze korte fase in het latere leven van een ster wordt gemarkeerd door een schaars bewoonde band in het HR-diagram die bekendstaat als (wat fantasieloos) de 'horizontale tak'.

Maar heliumfusie in het midden van een ouder wordende ster duurt niet lang.

De kern raakt algauw gevuld met afvalproducten die je krijgt als heliumkernen tegen elkaar knallen – vooral de elementen koolstof en zuurstof (zonder welke wij hier niet zouden zijn). Nu het overgebleven helium steeds dunner verspreid raakt, faalt opnieuw de energietoevoer van de kern – en deze keer (tenminste voor sterren als de zon en Mira) is er geen weg terug.

Mira is nu op weg naar haar laatste trucje en geeft ons daarmee een glimpje van wat onze zon over zo'n zeven miljard jaar ook door zal maken. Opnieuw beroofd van inwendige ondersteuning herhaalt de geschiedenis zich: de binnenste lagen storten weer ineen tot kern en warmen op. Waterstoffusie in de schil flakkert nog heftiger op en wordt nu vergezeld door een tweede krachtbron: een laag heliumfusie die er achteraan komt en zich voedt met de afvalproducten. De toegenomen straling blaast de buitenste lagen weer verder op, waardoor ze nog koeler worden dan ze al waren en de output van de ster naar de uiterst rode en de infrarode golflengtes duwt. In termen van het HR-diagram klimt de ster nu terug omhoog en naar links op de horizontale tak om daar rond te gaan hangen met een groep sterren genaamd 'asymptotische reuzen'.

De twee fusielagen in Mira en zijn asymptotische makkers balanceren in een wankel evenwicht: de heliumschil vertrouwt op de waterstoffusie er net boven om gevoed te blijven worden, maar als hij te veel energie en straling van zichzelf genereert, dan zorgt dat ervoor dat de waterstofschil uitdijt en tijdelijk zijn eigen brandstoftoevoer stopzet. Op de lange termijn zorgt dit ervoor dat de ster door een serie 'thermische pulsen' gaat – grote toenames in omvang en lichtkracht die in de loop van enkele decennia plaatsvinden en 10.000 tot 100.000 jaar uit elkaar liggen, in welke periode de ster langzaam krimpt.

Op een kortere tijdschaal veroorzaakt deze instabiliteit ook de kortetermijnpulsen van Mira en zijn neven. Het mechanisme lijkt wel wat op het regelmatig open- en dichtgaan van de deksel van een pan water, dat net aan de kook is. Waterstof in Mira's koele bovenlaag van de atmosfeer kan zich voordoen in een van twee staten: transparant en koel, of ondoorzichtig en warm. Als het warm is en niet doorzichtig, dan zorgt de straling die in de ster gevangen zit ervoor dat de waterstof opwarmt en uitdijt. Daardoor koelen de buitenste lagen af zodat ze weer transparant worden en de hitte kan ontsnappen. De hele ster krimpt

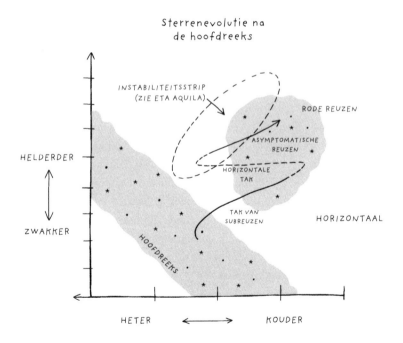

weer, waardoor de temperatuur in de bovenlaag van de atmosfeer weer stijgt tot het punt waarop de deksel weer wordt opgelicht en de cyclus opnieuw begint. Voor Mira betekent dit een regelmatige toename van de helderheid gedurende ongeveer honderd dagen, gevolgd door een afname die ongeveer twee keer zo lang duurt.

De instabiliteit waar rode reuzen doorheen gaan gedurende deze verschillende fases kan genoeg zijn om de quarantaineomstandigheden rond de kern te doorbreken en af en toe wat van de afvalproducten van de voorgaande fusie – gedomineerd door zuurstof en koolstof – naar het oppervlak door te laten dringen. Van een ster met die omvang kan de zwaartekracht nauwelijks zijn buitenste lagen bij zich houden en veel van dit verrijkte materiaal verdwijnt in de ruimte op sterrenwind, die vergeleken met het zonnebriesje orkaankracht heeft. In Mira's geval worden die winden zichtbaar als ze tegen het omgevende interstellaire gas aan waaien en dat tot tienduizenden graden verhitten – het resultaat, zichtbaar in ultraviolette golflengtes, is een uitgesproken boeggolf voor de ster en een komeetachtige staart van ruim 13 lichtjaar lang, die er achteraan komt.[64]

En Mira, onze Wonderbaarlijke Ster, heeft nog een trucje – hij is niet alleen. Dat er een metgezel was, werd al in 1918 verwacht en het bestaan van de blauwwitte Mira B, iets zwakker dan de rode reus als die op zijn zwakst is, werd in 1923 bevestigd door de succesvolle Californische dubbelsterrenjager Robert Grant Aitken.[65] In 1995, toen de ruimtetelescoop Hubble zijn blik richtte op het stelsel, zag hij een gasspoor dat uit de atmosfeer van de reuzenster werd getrokken naar Mira B. Terwijl het materiaal in een spiraal naar de kleinere ster vliegt, warmt het op en produceert het kleine variaties met een magnitude van ongeveer 0,2. Die, zo lijkt het, zijn een teken dat Mira B een heet, dicht object is, een zogenaamde witte dwerg – een ster die de turbulente fase van rode ster in zijn ontwikkeling al achter de rug heeft en is overgegaan naar een rustiger stellaire oude dag. In de volgende paar hoofdstukken zullen we deze merkwaardige hemellichamen een stukje beter leren kennen, maar *(ssst – spoilers!)*

13. SIRIUS (EN ZIJN BROERTJE)

De schitterende Hondsster en zijn stiekeme begeleider

En dan komen we nu eindelijk aan bij Sirius. De fameuze Hondsster, bijna twee keer zo helder als enige andere ster aan de sterrenhemel en in helderheid alleen overtroffen door de zon, de maan en een paar dichtbij staande planeten, scheert in de winter op het noordelijk halfrond langs de horizon en in de zuidelijke zomernacht hoog aan de hemel, vergezeld van zijn binaire begeleider, de fascinerende Sirius B. Tot nu toe hebben we Sirius grotendeels links laten liggen omdat die ongrijpbare metgezel het beroemdste voorbeeld is van een witte dwerg – het eindstadium van sterren als Mira en onze eigen zon. Maar daar komen we zo nog op. Laten we eerst nog even rond blijven hangen bij die heldere ster (Sirius zelf dus, zo je wilt).

Sirius staat in het sterrenbeeld Canis Major, Grote Hond, de grootste van de twee honden van de hemeljager Orion (vandaar zijn bijnaam Hondsster). Deze kosmische hond, die ten oosten en enigszins ten zuiden van Orion staat, is zo verstandig iets bij zijn baasje achter te blijven als die het gevecht aangaat met de angstaanjagende stier Taurus. Het sterrenbeeld komt wat later op en gaat wat later onder dan Orion, en omdat het ten zuiden van de hemelevenaar staat, zien de meeste sterrenkijkers op het noordelijk halfrond hem een paar maanden per jaar door de turbulente lagere atmosfeer; hij is van december

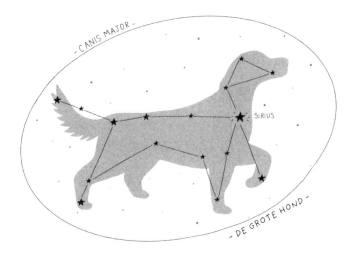

tot april een vaste waarde aan de avondhemel. In dezelfde maanden zien onze tegenvoeters Sirius hoog in de lucht.

Sirius' naam is afgeleid van het Grieks voor 'de verzengende'. Om voor de hand liggende redenen hebben veel culturen rond de wereld hem in verband gebracht met bijzondere, sterke godheden, maar het is raadselachtig waarom hij ook zo vaak verbonden is met een of andere hond. Ver buiten Europese invloeden beschouwden Chinese astronomen hem als de ster van de hemelse wolf, en de Blackfoot van Noord-Amerika noemden hem 'Hondenkop'. Een mogelijke verklaring is dat de Hondsster die associatie kreeg omdat mensen zich verbeelden dat hij trouw zijn baasje volgde – de nogal duidelijk mensachtige figuur Orion.

Een andere wijdverbreide associatie met Sirius – op het noordelijk halfrond tenminste – is dat hij de komst van de zomer aankondigt. Dat lijkt misschien vreemd, nu we eraan geweend zijn zijn aankomst vanaf november aan de avondhemel te verwelkomen, maar onze voorouders, die geen kunstlicht hadden, waren duidelijk van de school van 'vroeg op en vroeg weer naar bed'. Zij verwelkomden Sirius bij zijn eerste verschijnen in de ochtendschemering, ongeveer een uur voor zonsopkomst. Voor het grootste deel van het Middellandse Zeegebied en het Nabije Oosten was deze zogenaamde 'heliakische opkomst' een waarschuwing dat de piek van de zomer gauw zal plaatsvinden en dat het tijd werd het zonnescherm neer te laten.* In het oude Egypte, zo'n vijfduizend jaar geleden, was deze waarschuwing echter nogal belangrijk. Het verschijnen van de Hondsster begin juli was een betrouwbare aanwijzing dat het seizoen van overstromingen van de Nijl weer ging beginnen, een stortvloed van modderig water uit het Afrikaanse binnenland waarop het rijk van de farao's vertrouwde voor het behoud van hun landbouw en hun welvaart.**

Terwijl Sirius' helderheid hem in de laatklassieke tijd en de middeleeuwen erg populair maakte bij astrologen, was hij vanaf de Verlichting vooral van belang als potentieel doelwit voor parallaxmetingen van afstanden (zie 61 Cygni). In 1717, toen de beroemde Edmond Halley door Ptolemaeus' sterrencatalogus de *Almagest* uit de tweede eeuw bladerde, zag hij dat de genoteerde positie van Sirius dertig boogminuten was verschoven, de breedte van een vollemaan. Omdat deze eigenbeweging, samen met Sirius' opvallende verschijning aan de hemel, suggereerde dat de ster vermoedelijk dicht bij ons stond (en dus een zichtbare verschuiving in richting moest laten zien omdat de aarde om de zon draait), werden in de daaropvolgende eeuw verscheidene pogingen gedaan om zijn positie, dat wil zeggen de afstand tot de aarde, exact te meten, wat nooit lukte.

Sirius bleef hoog op de lijst staan van potentieel dichtbij staande sterren tot de jaren 1830, toen de technologie eindelijk de ambitie inhaalde en Bessel en Struve zich haastten om de eerste succesvolle parallaxmeting uit te voeren (zoals verhaald bij ons bezoek aan 61 Cygni). Maar beiden dwaalden af en het werd overgelaten aan de Schotse astronoom Thomas Henderson om de afstand naar de Hondsster te meten, hetgeen hem in 1839 lukte.[66] Met een afstand van 8,6 lichtjaar volgens moderne metingen bleef Sirius de dichtsbijzijnde ster op Alpha Cen-

---

* Vandaar de term 'hondsdagen' voor deze periode, en misschien ook wel Sirius' oorspronkelijke naam 'de Verzenger' – want dat was hij zeker!
** Niet verrassend dus dat de Egyptenaren de verering van Sirius behoorlijk serieus namen – de ster had een eigen vruchtbaarheidsgodin, Sopdet, en er werden talloze tempels gebouwd die waren uitgelijnd op de plaats aan de horizon waar hij opkwam.

tauri na, tot de ontdekking van de eerste zwakke rode dwergsterren begin 1900.

De helderheid en afstand van de Hondsster samen houden in dat de energieoutput in totaal 25 keer zo groot is als die van de zon, terwijl zijn massa maar twee keer zo groot is. Dit roept de interessante vraag op hoe het komt dat de lichtkracht van sterren zoveel groter kan zijn terwijl het verschil in massa naar verhouding klein is – als je de cijfers bestudeert, dan zie je algauw dat het niet te danken kan zijn aan een simpele toename in de snelheid van de 'standaard' proton-protonfusie (het type kernfusie dat in de zon plaatsvindt). Dus wat is hier aan de hand?

Het blijkt dat als je een ster vindt met veel meer massa dan de zon en als er in zijn gassen nog een paar extra ingrediënten zitten naast de gebruikelijke waterstof en helium, je een heel nieuwe vorm van waterstoffusie krijgt, die veel sneller verloopt dan het moeizame proton-protonproces van het stuk voor stuk bij elkaar brengen van vier waterstofkernen om helium te maken. Deze fusie, bekend als de koolstof-stikstof-zuurstofcyclus of, naar de Engelse termen *carbon-nitrogen-oxygen* afgekort tot CNO-cyclus, werkt enigszins als de katalysator in een chemisch experiment: kernen van zwaardere atomen (voornamelijk koolstof) nemen de lichtere protonen of waterstofkernen op en transformeren daardoor eerst tot stikstof en dan tot zuurstof. De stikstofkern scheidt dan twee protonen en twee neutronen af (een heliumkern), en wordt weer koolstof.

Door veel sneller waterstofkernen om te zetten in helium, zorgt de CNO-cyclus ervoor dat sterren als Sirius veel meer energie uitzenden per tijdseenheid en veel feller stralen. De cyclus is bijzonder temperatuurgevoelig: de reactiesnelheid neemt exponentieel toe als de temperatuur in de kern van de ster eenmaal een bepaalde waarde voorbij is. We zullen in een later hoofdstuk nog zien hoe sterren als Eta Carinae dit tot in het extreme opvoeren, maar nu is het de moeite waard op te merken dat aan de helderheid wel een prijskaartje hangt: ondanks dat er meer brandstof is om te verbruiken, werken sterren die de CNO-cyclus gebruiken zich daar in een enorm tempo doorheen. Daardoor staan ze veel korter stabiel schijnend in de hoofdreeks voordat hun kern is opge-

CNO-CYCLUS

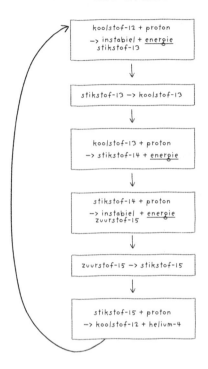

brand en ze tekenen van ouderdom gaan vertonen. Je weet toch wel dat vlammen die twee keer zo fel stralen, maar half zo lang meegaan? Voor sterren geldt dat meer dan voor wat dan ook.

We komen zo op dat verouderingsproces terug, maar laten we eerst terugkeren naar het midden van de negentiende eeuw. In 1844 kwam Bessel terug op het podium met een verrassende ontdekking over Sirius: hij was niet alleen.

Door de ster zorgvuldig te volgen en zijn observaties te vergelijken met eerdere, die teruggingen tot 1755, ontdekte Bessel dat de eigenbewegingen van zowel Sirius als een andere snel bewegende ster – Procyon in sterrenbeeld Canis Minor, de Kleine Hond – in de loop van de tijd veranderden. Ieder volgt een wat bochtig pad langs een rechte lijn door de ruimte, ze schommelen een beetje de ene kant op en dan weer de andere. Bessel kon maar één plausibele verklaring verzinnen voor dit verschijnsel: dat deze sterren deel uitmaakten van dubbelstersysteem en zo werden rondgeslingerd door begeleiders, die onzichtbaar bleven ondanks dat ze een behoorlijk gewicht, de massa van de zichtbare ster, in beweging wisten te brengen.[67]

Dat rond Sirius een begeleider wentelde, leek onweerlegbaar, maar het object zelf bleef nog een paar jaar ongrijpbaar. Het was in 1862 toen telescoopmaker Alvan Graham Clark, die bezig was met het testen van wat toen de grootste lens ter wereld was,* de ster zag die nu bekend is als Sirius B. De begeleidende ster met magnitude 8,44 zou allang gezien zijn als zijn hoofdster niet zo fel had geschenen. Toen Clarks verslag eenmaal verspreid was, ontdekten veel astronomen dat ze hem konden vinden, nu ze wisten waar ze naar moesten zoeken.**

Enkele ondernemende onderzoekers hadden Bessels metingen al gebruikt om de omloop van de net ontdekte begeleider te berekenen op vijftig jaar en dit werd algauw bevestigd door het intekenen van de veranderende positie van de begeleider zelf. De excentrische baan van Sirius B betekent dat, gezien vanaf de aarde, de ruimte tussen de twee sterren varieert tussen een nauwelijks waarneembare 3 boogseconden (ongeveer een munt van 5 eurocent van een afstand van anderhalve kilometer) en vier keer die afstand.*** De omlooptijd is inmiddels verfijnd tot 150,13 jaar.

Op grond van de afstand van de dubbelster en de eigenschappen van zijn baan is Sirius B 350 keer zo zwak als de zon, maar hij heeft wel bijna precies dezelfde massa. In 1915 was het spectroscopiespecialist Walter

---

* Clarks vader, eveneens Alvan geheten, was de oprichter van een gelijknamig bedrijf dat het modernste glaswerk leverde voor de reusachtige, op lenzen gebaseerde 'reflectoren', de telescopen die de astronomie van de negentiende eeuw domineerden. Deze lens in het bijzonder – van 18,5 inch, een zorgvuldig geslepen en gepolijst monster van 47 cm – was bedoeld voor de universiteit van Mississippi, voordat de Amerikaanse Burgeroorlog roet in het eten gooide. Hij werd toen opgepikt voor niet minder dan 11.187 dollar om het belangrijkste onderdeel te worden van een instrument van het Dearborn Observatory van de Chicago Astronomical Society.

** Decennia later beweerden twee Franse antropologen dat de Dogon in Mali een geheime overlevering hadden over niet één, maar twee verborgen begeleiders van de Hondsster. Jammer genoeg bleek de overlevering zo geheim dat latere bezoekers er geen spoor van konden vinden, maar toen was wel de geest uit de fles en was een hele industrie ontstaan van boeken die bovennatuurlijke kennis toeschreven aan 'oude astronauten' die de aarde hadden bezocht.

*** In 2023 zal de afstand het grootst zijn.

S. Adams die zich eindelijk waagde aan het analyseren van het licht van de 'Puppyster', waarvoor hij de reflector van 60 inch gebruikte van het Mount Wilson Observatory bij Pasadena, Californië. Uit het spectrum bleek dat Sirius B, ondanks zijn geringe helderheid, witheet is – heter zelfs dan zijn buurman en veel heter dan de zon. De naar verhouding lage lichtsterkte kan alleen verklaard worden als hij een kleiner oppervlak heeft om licht mee uit te stralen – een veel kleiner oppervlak.[68]

Sirius B, zo leek het, behoorde tot een zojuist ontdekte klasse van sterren – hemellichamen die we nu witte dwergen noemen.[*] De eerste hiervan, die deel uitmaakt van de drievoudige ster 40 Eridani op zo'n 17 lichtjaar van de aarde, was in 1910 geïdentificeerd door niemand minder dan Henry Norris Russell[**] en had even gedreigd al zijn theorieën omver te werpen over een keurig verband tussen de kleur en de lichtkracht van sterren.

Moderne cijfers laten zien dat de temperatuur van Sirius B een stuk hoger is dan die van Sirius A – rond 25.000 °C, wat heet genoeg is om ervoor te zorgen dat hij voor het oog onzichtbaar ultraviolet licht uitstraalt. Enig eenvoudig rekenwerk onthult dat B's diameter niet meer is dan 0,8% van die van de zon – zo ongeveer als die van de aarde dus.

Iets meer massa dan de zon, samengebald in een object ter grootte van de aarde, vereist dat de materie in een witte dwerg in een absurd grote mate is samengeperst. Toen Ernst Öpik in 1916 het cijferwerk deed voor 40 Eridani B, deed hij de schijnbare dichtheid van de ster – 25.000 keer die van de zon – af als absurd, maar toen Arthur Eddington in de jaren 1920 de geheimen van de bouw van sterren ging ontrafelen, stond hij er minder vooringenomen tegenover. Met gebruikmaking van de beste schattingen die hem ter beschikking stonden ontdekte Eddington dat de dichtheid van Sirius B nog groter moest zijn dan die van 40 Eridani B – zo'n 37.500 keer die van de zon. Met die dichtheid zou een monster van Sirius B ter grootte van het topje van je pink meer

---

[*]   © Willem Luyten, 1922.
[**]   Bij een bezoek aan Pickering in Harvard vroeg Russell of Williamina Fleming het spectraaltype kon uitzoeken van '40 Eridani B' en raakte van zijn stuk toen het een ster bleek te zijn van de hete witte A-klasse, terwijl hij een koele rode M had verwacht. Pickering voorzag echter wijselijk dat deze uitzondering op de regel tot mooie dingen kon leiden.

dan vijftig kilo wegen, maar de laatste cijfers laten zien dat hij er een factor dertig of meer naast zat: de werkelijke dichtheid van de Pup is ongeveer 1,7 ton per kubieke centimeter.

Eddington begreep dat materie in een ster met een dergelijke dichtheid niet meer de algemene 'gaswetten' volgt die astrofysici gewoonlijk toepasten bij het opstellen van modellen van het inwendige van sterren,* [69] maar hij had geen idee waardoor hij die dan zou moeten vervangen. Algauw kwam er een antwoord op die vraag, uit onverwachte hoek: de spannende (en vaak verwarrende) nieuwe wetenschap van de kwantumfysica. Voordat je gillend naar de uitgang rent beloof ik je dit zo snel en pijnloos te doen als ik kan, dus [haal even diep adem] ...

Kwantumfysica is de natuurkunde van het allerkleinste. We zijn al aardig gewend aan het idee dat lichtgolven zich kunnen gedragen als deeltjes (fotonen genaamd), maar op subatomaire niveaus kunnen deeltjes van materie zich ook als golven gedragen. Een van de gevolgen hiervan is dat veel van hun eigenschappen 'gekwantiseerd' zijn – net als noten van trillende snaren kunnen ze alleen bepaalde verschillende en afzonderlijke waarden hebben. Een elektron dat in een atoom zijn baan beschrijft bijvoorbeeld, heeft een energie die bepaald wordt door de omvang en vorm van die baan: het kan energie X hebben of energie Y, maar nooit iets tussen deze twee waarden in, net als een vioolsnaar alleen bepaalde aanhoudende noten kan maken door op bepaalde frequenties te trillen.**

In 1925 ontdekte de briljante Oostenrijkse fysicus Wolfgang Pauli het beroemde uitsluitingsprincipe dat zijn naam draagt. Dit zegt in wezen dat geen twee deeltjes in een systeem dezelfde set 'kwantumgetallen' kunnen hebben – ze worden gedwongen zich op manieren te schikken die voorkomen dat twee deeltjes een precies identieke set gekwantiseerde eigenschappen hebben. Dit verklaart waarom elektronen de verschillende mogelijke banen rond een atoomkern opvullen en ten gevolge daarvan in wezen de structuur van de materie zelf bepalen.

---

* De natuurkunde op de middelbare school geeft je alle verbanden tussen druk, volume en temperatuur van gassen.

** De snaartheorie, een van de mogelijke 'Theorieën van Alles' van de deeltjesfysica, neemt deze metafoor behoorlijk letterlijk.

[... en relax.]

Een jaar na Pauli's doorbraak paste Ralph Fowler, een natuurkundige die was afgestudeerd aan Cambridge en na de Eerste Wereldoorlog was onderscheiden voor zijn werk aan luchtafweerkanonnen, de nieuwe theorie toe op het inwendige van witte dwergsterren. Het basisidee achter Fowlers wat gewaagde artikel[70] was om deze superdichte sterren onder te brengen in één enkel reusachtig kwantumstelsel. Aangezien atomen vooral uit lege ruimte bestaan en temperaturen boven een paar duizend graden kernen en de daaromheen draaiende elektronen uit elkaar kunnen trekken, is het inwendige van een gewone ster in wezen een deeltjessoep van elektronen en kernen, die alleen niet in elkaar stort door de buitenwaartse druk van ontsnappende energie. Fowler besefte dat als je de energiebron afsluit, de ster naar binnen zal vallen onder zijn eigen gewicht totdat het uitsluitingsprincipe, dat ervoor zorgt dat elektronen in verschillende kwantumstadia blijven, een druk van zichzelf gaan uitoefenen om die ineenstorting te vertragen en uiteindelijk te stoppen. Een merkwaardig gevolg van deze situatie is dat witte dwergen met zo'n grote massa, zoals Sirius B, kleiner zijn en een heter oppervlak hebben dan die met een naar verhouding kleine massa zoals 40 Eridani B.

Maar waar komen die witte dwergen dan vandaan? Uit Fowlers werk bleek dat een ster alleen een witte dwerg kan worden als de eigen energietoevoer wordt afgesloten, en het zal dan ook geen heel erg grote verrassing zijn dat ze de laatste fase van de levenscyclus van veel sterren vertegenwoordigen en ook het uiteindelijke lot van onze zon voorspellen. In het voorgaande hoofdstuk hebben we gezien hoe een ster opzwelt en een rode reus wordt als de waterstofvoorraad in zijn kern opraakt, en uiteindelijk instabiel wordt als hij de afvalproducten van het helium uit zijn leven in de hoofdreeks heeft opgesoupeerd. Het eindresultaat is een ster die verrijkt is met de producten van de heliumfusie (voornamelijk koolstof en zuurstof), maar beïnvloed door steeds gewelddadiger pulsen als twee schillen van waterstof- en heliumfusie zich door de lagen van de ster rondom de opgebrande kern naar buiten werken. Uiteindelijk worden die pulsen zo sterk dat de ster zijn greep op de buitenste lagen verliest en tienduizenden jaren lang een serie koele kosmische rookkringen de ruimte in blaast. Het verdwijnen van die buitenste lagen betekent dat de ster minder warmte en druk genereert in zijn fases van samentrekking, zodat de fusie in de schillen minder fel verloopt.

In de laatste ademtocht van een rode reus verdwijnen de laatste lagen tegelijkertijd in twee richtingen – naar binnen dankzij de zwaartekracht van de kern (die almaar dichter is geworden sinds hij ophield energie te genereren) of naar buiten door het restant van de straling terwijl de fusieschillen stokken en stoppen. Materiaal dat in de kern stort, geeft witte reuzen het kenmerkende spectrum vol koolstof en zuurstof, terwijl nu ultraviolette straling ontsnapt aan de bloot gekomen oppervlakte, dat tot tienduizenden of zelfs honderdduizenden graden verhit is. Als deze uv-straling door de afgestoten buitenste schillen dringt, gaan die fluoresceren (op vergelijkbare wijze als het gas rondom hete, pasgeboren sterren in emissienevels). Het gevolg is een kortdurende gloeiende gaswolk die planetaire nevel genoemd wordt,* met in de kern een witte dwerg in ontwikkeling. Afhankelijk van omstandigheden rond de stervende ster kunnen planetaire nevels variëren van delicate ringen en bolle bubbels tot de vorm van een zandloper met twee lobben (in het midden vernauwd door een ring van dichter, langzaam bewegend materiaal) en zelfs verdraaide kosmische zeeschelpen onder invloed van sterren in de buurt. Vaak worden elkaar overlappende gassluiers in verschillende kleuren waargenomen als de elementen erin fluoresceren op verschillende golflengtes, waardoor sommige van de mooiste hemellichamen ontstaan in het nachtelijk uitspansel.

HET VINDEN VAN KOSMISCHE ROOKKRINGEN

Planetaire nevels mogen dan prachtig zijn, ze zijn ook moeilijk waar te nemen. De grootste kans hebben beginnende sterrenkijkers met de Halternevel, die aan het onopvallende sterrenbeeld Vulpecula, het Vosje, zuigt. Hoewel er niets vosachtigs

---

* Heeft natuurlijk niks van doen met planeten – aan het einde van de achttiende eeuw viel astronomen de overeenkomst op tussen hun kenmerkende bleke schijfvorm en wat zij waarnamen aan planeten als gasreus Jupiter.

te vinden is aan dit deel van de hemel, is het niet zo moeilijk te vinden, omdat het zich uitstrekt aan de zuidrand van de kruisvormige Cygnus, de Zwaan.

Maar het plaatsje waarin we zijn geïnteresseerd, kan het makkelijkst worden gevonden door te kijken naar het sterrenbeeld aan de zuidwestelijke flank van het Vosje, Sagitta, de Pijl. Deze smalle groep van vier sterren ziet er wel een beetje uit als een hemelse cursor, en als je dan noordwaarts (richting Cygnus) scant vanaf de heldere ster aan de punt van de Pijl, dan moet je bij een zwak lichtplekje uitkomen dat ongeveer zo groot is als een derde van de vollemaan (de afstand is kleiner dan de lengte van Sagitta zelf).

Door een verrekijker of een kleine telescoop doet de Halternevel zijn naam eer aan met twee heldere gaslobben die zich uitspreiden vanuit het centrum. Foto's die met een lange belichtingstijd zijn gemaakt en daardoor meer licht hebben opgenomen, laten zien dat deze lobben slechts de helderste delen zijn van een ovale gasbel, die wordt uitgestoten door een ster in het centrum met magnitude 13,5 die zich in het proces bevindt een witte dwerg te worden. Op basis van de afstand van de nevel van meer dan 1200 lichtjaar is deze bol bijna een lichtjaar breed. Door de snelheid van de uitdijing te meten hebben onderzoekers verder beredeneerd dat die zich ongeveer tienduizend jaar geleden is gaan vormen, waarmee het wel een jongeling is vergeleken met de meeste andere hemellichamen.

Terwijl Sirius B maar miezerig is naast zijn stralende buurman, kunnen we ervan verzekerd zijn dat hij in een ander stadium absoluut de sterkste van de twee was. Net als Sirius A vergeleken met de zon zijn brandstof snel verbruikt, moet broertje B het nog sneller hebben opgebrand en snel hebben geleefd in een zee van straling om jong te sterven als een spectaculaire rode reus. De beste gok is dat dat 120 miljoen jaar geleden is gebeurd, toen de dubbelster Sirius als geheel zo'n 115 miljoen jaar oud was.* Om een dergelijk stadium in de sterrenevolutie zo snel te bereiken, moet de Pup wel zijn begonnen met een massa van vijf keer die van de zon. Sirius A heeft intussen nog een paar honderd miljoen jaar te gaan voordat hij opzwelt tot rode reus, zijn lagen in de planetaire nevel afscheidt en uiteindelijk krimpt om zelf een witte dwerg te worden.

---

* Dit, samen met het opmerkelijke ontbreken van enig uitgestoten gas in de omgeving, slaat een gat in de verder zeer verleidelijke theorie dat Sirius B in historische tijden een rode reus was. Zeker, verscheidene Romeinse schrijvers, onder wie de filosoof Seneca en de Griekse astroloog Ptolemaeus zelf, beschreven Sirius als rood, maar de oplossing van deze puzzel ligt vermoedelijk meer op het gebied van de menselijke waarneming dan op dat van de astrofysica.

14. RS OPHIUCHI

Een ster die af en toe knettert,
en op een dag uit elkaar knalt

Onze volgende ster is een beetje een vreemde figuur – het grootste deel van de tijd die je besteedt aan het zoeken ernaar met behulp van minder dan een niet heel erg goede telescoop, vind je slechts een lege plek in de ruimte. Maar doe het op het juiste moment of houd de twitterfeed van de American Association of Variable Star Observers* in de gaten en je kunt de korte opflakkering van een van de indrukwekkendste gebeurtenissen in de ruimte waarnemen.

RS Ophiuchi (de letters zijn afkomstig van dezelfde geïmproviseerde benadering van het catalogiseren van heldere variabelen waaraan we T Tauri te danken hebben) ligt binnen de grenzen van het grote sterrenbeeld Ophiuchus, de Slangendrager. Dit zwakke, wat grove sterrenbeeld staat voor een reus die met een slang worstelt (het nabijgelegen sterrenbeeld de Slang**) en is wel geassocieerd met mythische figuren als de Griekse god Apollo en zijn verdoemde Trojaanse priester Laokoön, aan Asklepios, de mythische protoarts wiens staf met de kronkelende slang het symbool voor artsen is. De voornaamste sterren van het beeld hebben wel iets van de voor- of achtergevel van een stal met een schilddak.

---

* @AAVSO.
** Serpens wordt wel verdeeld in Serpens Caput (de kop) ten westen van Ophiuchus, en Serpens Cauda (de staart) aan de oostzijde, waardoor dit het enige gespleten sterrenbeeld aan de hemel is.

Voor wie op het noordelijk halfrond kijkt, glijden ze van mei tot oktober voorbij aan de zuidelijke avondhemel, terwijl wie vroeg opstaat ze vanaf februari kan zien. Sterrenkijkers op het zuidelijk halfrond kunnen zien hoe Ophiuchus in dezelfde maanden de noordelijke hemel doorkruist – en hoewel het sterrenbeeld op z'n kop staat, is het patroon misschien nog wel makkelijker te zien als je naar de vorm van een groot schild zoekt.

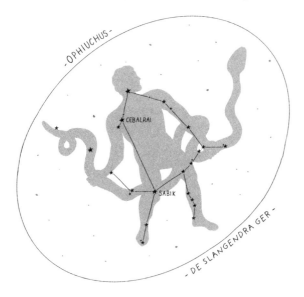

De sterren van de Slangendrager zijn niet direct de helderste, maar de grootste kans om onze doelster te vinden (of dan tenminste zijn locatie) is om met een verrekijker of kleine telescoop naar beneden te scannen langs de oostzijde van het hoofdpatroon (gemarkeerd door de geelachtige Cebalrai aan het noordelijke uiteinde en de zuiver witte Sabik aan het zuidelijke). Iets ten noorden halverwege tussen deze twee in en iets oostelijker zou je een vage bol moeten zien – een verre bolvormige sterrenhoop genaamd Messier 14.* Ga nu naar het zuidoosten langs een lijn tussen M14 en Nu Ophiuchi aan de rand met Serpens – RS ligt bijna halverwege.

---

* Een vroege ingang in de lijst van vage objecten van de Franse kometenjager Charles Messier uit 1771, die later sterrenhopen, nevels en sterrenstelsels bleken te zijn.

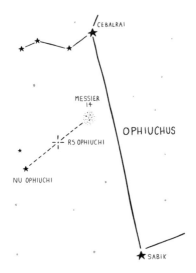

Zoals we al zeiden is het echter wijs niet al te veel hoop te koesteren – gewoonlijk is de magnitude van deze ster slechts 11,5 (al vari-
eren de rustige periodes behoorlijk). Maar eenmaal per verscheidene
decennia is het een paar maanden lang een duidelijk met het blote
oog zichtbare ster met uitbarstingen die gewoonlijk pieken rond magnitude 3 of 4. RS Ophiuchi is het schoolvoorbeeld van een klasse van
sterren die hedendaagse professionele astronomen 'cataclysmisch variabele sterren' noemen. De meeste amateurs geven echter nog steeds
de voorkeur aan een term met een paar duizend jaar geschiedenis achter de rug: nova's.

Je hoeft geen klassieke talen gestudeerd te hebben om te raden dat
nova uit het Latijn komt en 'nieuw' betekent – in dit geval een nieuwe ster aan de hemel. De oudste genoteerde nova werd rond 134 v.C.
zichtbaar in sterrenbeeld Scorpius, de Schorpioen, en werd toen waargenomen door de astronoom Hipparchus, die toen op Rhodos woon-
de. Volgens Plinius de Oude, die enkele eeuwen later leefde, was het
zien van een onverwacht nieuw licht aan de hemel, dat zich heel anders gedroeg dan een planeet, de inspiratiebron van Hipparchus om

de eerste gedetailleerde sterrencatalogus samen te stellen.*

Chinese astronomen legden vermoedelijk al eeuwen voor Hipparchus nova's vast, maar hun oudste werken zijn verloren gegaan, met dank aan de revolutionaire Qin Shi Huangdi, de almachtige eerste keizer die in de derde eeuw v.C. een grote boekverbranding gebood – en geleerden die probeerden hun kennis te bewaren, levend liet begraven. Toen China herstelde van deze bloedige uitwas werd het vastleggen weer opgepakt en het grootste deel van onze kennis over nova's van vóór de Renaissance is afkomstig van verslagen over *kèxīng*, 'gaststerren'. Afgezien van een enkele vage verwijzing is er in Europese klassieke en middeleeuwse bronnen niets te vinden over het onderwerp, tot de Renaissance aanbreekt – misschien omdat geleerden in de ban bleven van Aristoteles' idee dat de hemel buiten de maan volmaakt en onveranderlijk was (volgens dezelfde redenering werden kometen, die duidelijk wel veranderden, geacht verschijnselen te zijn uit de bovenste laag van de atmosfeer).

Maar toen in november 1572 een schitterende nieuwe ster verscheen in Cassiopeia werden de onvolmaaktheden van de steeds moeilijker te aanvaarden aristoteliaanse visie wel erg duidelijk voor iedereen die zijn ideologische oogkleppen niet al te stevig op had. Deze ster (technisch gesproken eerder een supernova dan een nova, hoewel dat onderscheid pas eeuwen later zou worden gemaakt), die door de laatste generatie sterrenkijkers van voor de telescoop werd opgemerkt, plaveide de weg voor een breder debat over de hypothese van het heliocentrische heelal, dat pas goed op gang kwam na Copernicus' manifest van 1543, vlak voor zijn dood.**

Voor astronomen uit het nieuwe, verlichte tijdperk waren nova's intrigerende maar evenzeer frustrerende onderzoeksobjecten. Binnen

* Jammer genoeg verloren gegaan, net als het grootste deel van Hipparchus' werk. Historici bekvechten nog over hoeveel Ptolemaeus heeft overgenomen voor zijn *Almagest* uit het midden van de tweede eeuw, en er doet een heerlijke (zij het betwiste) theorie de ronde dat Hipparchus' hemelkaart bewaard is gebleven op de Atlas van Farnese, een beeld uit de tweede eeuw van de Griek Atlas, zoon van de Titaan Iapetos, die het gewicht van het hemelgewelf op zijn schouders draagt.

** Toen in 1577 een stralende komeet verscheen en de Deense meestersterrenkijker Tycho Brahe definitief aantoonde dat die achter de maan langs door de hemel trok, zou dat het einde hebben moeten betekenen voor Aristoteles – maar net als de Zwarte Ridder van Monty Python bleef zijn theorie maar rondzingen met uitspraken als, ''t was maar een klein dingetje' en werd er tot ver in de zeventiende eeuw geruzied met Galileo en anderen.

misschien maar enkele dagen kwamen ze vlammend tot leven en het duurde maanden voordat hun schittering weer was afgenomen tot er niet meer over was dan een klein, sterachtig lichtpuntje. Er werden verschillende theorieën geopperd om ze te verklaren – misschien waren het echt nieuwe sterren (maar waarom bleven ze in dat geval dan niet?) of volgden ze banen die ze heel snel richting aarde brachten en dan langzaam er weer vandaan. Een van de meest vooruitziende ideeen was afkomstig van meesternatuurkundige, astronoom en soms ook scheikundige Isaac Newton in 1713. Hij bedacht dat een nova weleens een uitgebrande en uitgedoofde ster kon zijn die kort oplichtte dankzij de inslag van kometen op zijn oppervlak.

De eerste concrete doorbraak in het begrijpen van nova's werd gedaan door ieders lievelingsechtpaar spectroscopiepioniers William en Margaret Huggins, toen zij het spectrum wisten te meten van een nova die in 1891 verscheen in het sterrenbeeld Auriga, de Voerman.[71] Het licht van de ster vertoonde zowel heldere emissielijnen als donkere absorptielijnen, die van hun gebruikelijke plaats door dopplereffecten verschoven naar en van de aarde. Het hele ding kon het best worden geïnterpreteerd als een enorme gaswolk die met honderden kilometers per seconde uitdijde en waarvan de delen reusachtig varieerden in temperatuur, met andere woorden: althans deze nova was een gigantische explosie.

RS Ophiuchi zelf werd een paar jaar later ontdekt – en niet met behulp van een telescoop, maar in het fotoarchief van het Harvard College Observatory. Hier zag de onvermoeibare dienstmeid-die-astronoom-werd Williamina Fleming in 1899 de onmiskenbare signalen van nova-achtige activiteit in het spectrum van een verder onopmerkelijke ster. Toen ze naar de verschillende platen keek die eerder van het spectrum van de ster waren gemaakt, zag ze dat dat sinds 1894 aanmerkelijk veranderd was. Flemings collega-Harvard Computer, Annie Jump Cannon, ging door foto's van het gebied, en door de veranderende helderheid in de loop van de tijd in een grafiek af te zetten (waardoor een patroon ontstaat dat astronomen een 'lichtcurve' noemen) en die te vergelijken met die van andere nova's, kwam ze erachter dat hij in 1898 moest zijn ontvlamd.[72]

Het is kenmerkend voor nova's dat de helderheid slechts een paar dagen op zijn hoogtepunt is, maar dat het afnemen van dat licht weken of zelfs langer duurt en er achteraf vaak onvoorspelbare kleine variaties optreden. Sommige (maar niet alle) ondergaan zelfs een korte opleving van de helderheid voordat het afzwakken verdergaat. Dit wat onvoorspelbare gedrag heeft hen lang geliefd gemaakt onder amateursterrenkijkers die ook wel enige echte wetenschap wilden bedrijven. De professionals kunnen niet overal tegelijk zijn, maar dankzij organisaties als AAVSO (in 1911 opgericht door William Tyler Olcott en nog altijd kan iedereen waar ook ter wereld lid worden) en alarmsystemen voor snelle reacties als het Central Bureau for Astronomical Telegrams,* kunnen hobbyisten al heel lang doen aan wat we nu 'burgerwetenschap' noemen. Daardoor was het mogelijk dat, toen RS Ophiuchi in 1933 opnieuw fel ging schijnen, die uitbarsting snel werd waargenomen** en het nieuws de hele wereld overging.

Dankzij het werk dat aan Harvard werd verricht, beseften astronomen al in 1902 dat sterren meer dan eens nova's konden worden,*** maar RS Ophiuchi is een van de slechts twee van dergelijke sterren die zo helder worden dat ze dan met het blote oog zichtbaar zijn. Sinds 1933 is RS uitgebarsten in 1945, 1958, 1967, 1985 en 2006 en hij verdient dan ook volledig zijn aanduiding als recurrente nova. Zijn rivaal waar het helderheid aangaat, T Coronae Borealis (in het sterrenbeeld Noorderkroon) treedt in verhouding maar zelden op, tot nu toe alleen in 1866 en 1946. Dankzij de helderheid en de frequentie van de uitbarstingen is RS vermoedelijk meer bestudeerd dan enig ander novastelsel; hij heeft een belangrijke rol gespeeld in het opbouwen van het beeld dat we hebben van hoe deze vreemde sterren werken.

* * *

Dus wat gebeurt er nu precies als een ster een nova wordt? De verklaring ligt niet eens zo heel ver af van Newtons theorie van 'heropleving
door kometen'. Een sleuteldoorbraak vond plaats in 1955 toen een jonge astronoom aan Caltech, Merle F. Walker, een blik wierp op wat er
over was van DQ Herculis, een nova die twee decennia eerder was ont-
brand.[73] Walker gebruikte elektronische fotometers bevestigd aan de
reusachtige spiegeltelescoop van 100 inch in het Mount Wilson Observatory in Californië om daarmee kleine fluctuaties waar te nemen in
het licht van de ster met magnitude 15, en ontdekte een duidelijk patroon in de vorm van regelmatige, abrupte afnames in helderheid. Dit
was een onmiskenbaar kenmerk: DQ was een dubbelster die overeenkomst vertoonde met Algol, waarbij een zwakke ster in een baan voor
een heldere ster langs gaat en iedere keer het licht verduistert. Algauw
werd echter duidelijk dat er twee enorme verschillen waren. Ten eerste waren de vervagingen van DQ heel klein vergeleken met die van de
meeste dubbelsterren met een eclips, wat suggereert dat het object dat
de verduistering veroorzaakte heel klein was; en ten tweede herhaalde
de eclips zich heel erg snel: om de 4 uur en 39 minuten. Omdat de
snelheid waarmee sterren om elkaar heen draaien samenhangt met de
zwaartekracht die tussen hen heerst en de zichtbare ster een lichtgewicht rode dwerg was, moest de onzichtbare begeleider wel een behoorlijk indrukwekkende massa hebben.

Geïntrigeerd door deze ontdekking ging Robert Kraft, een jonge onderzoeker die op Mount Wilson werkte, systematisch op jacht
naar signalen dat novastelsels dubbelstelsels waren waarvan de sterren dicht bij elkaar stonden. Walker had geluk gehad met DQ Herculis, die toevallig in de juiste hoek stond om vanaf de aarde eclipsen
te zien, maar zelfs als andere novastelsels binair waren, dan zou de
meerderheid daarvan dat niet zomaar prijsgeven. Kraft ging daarom de
schommelingen meten in hun radiale snelheid – signalen in de spectraallijnen van de sterren dat de voornaamste lichtbron heen en weer
getrokken werd door een onzichtbare begeleider (een vroege toepassing van een methode die hedendaagse planetenzoekers gebruiken om
buitenaardse werelden te vinden bij sterren als Helvetios).

Het kostte Kraft, die als jonge academicus zonder vaste aanstelling van sterrenwacht naar sterrenwacht trok, behoorlijk wat tijd om alle data te verzamelen, maar begin jaren 1960 had hij een heel dossier samengesteld van aanwijzingen dat een heel scala aan nova- en andere stelsels die erop lijken – waaronder eenmalige nova's, recurrente nova's en 'dwergnova's' (sterren met kleinere, maar frequentere uitbarstingen) – in feite dubbelstersystemen waren.[74] Bovendien waren het dubbelstersystemen met enkele zeer specifieke eigenschappen: de ster die al het licht verschafte tijdens de saaie 'rustige' fase, werd heen en weer getrokken door een zware, onzichtbare begeleider.

In de grote meerderheid van de gevallen is er slechts één kandidaat die voldoet aan de beschrijving van Krafts onzichtbare metgezel: een witte dwerg. Maar wat voor rol zou de kern van een opgebrande ster kunnen spelen in het op gang brengen van de uitbarsting van een nova? Het antwoord daarop kwam pas in 1971, dankzij een verkennende toepassing van computermodelbouw door Sumner Starrfield aan het Yale University Observatory.

Op dit moment onderwierpen astronomen, hiertoe geïnspireerd door Krafts werk, 'oude nova's' (sterren met een nova-uitbarsting in het verleden) aan een grondig onderzoek. Ze ontdekten dat normale sterren in ieder stelsel aanmerkelijk konden variëren – van rode dwergen via heldere hoofdreekssterren helemaal tot aan rode reuzen – maar dat er een verband bestond tussen het type ster en de omloopperiode: nova's met kleine sterren hadden extreem korte omloopperiodes, terwijl die met reuzen veel langer waren. Zo bestaat RS Ophiuchi zelf bijvoorbeeld uit een rode reus en een witte dwerg die om elkaar heen draaien in een omloopperiode van ongeveer 454 dagen.[75] Intussen werd bij ander onderzoek ontdekt dat waterstof door de hoofdster verloren werd en rond het stelsel dreef voordat het door de witte dwerg werd opgenomen en zo voor een nieuwe 'atmosfeer' zorgde rond de uitgeputte kern van de ster.

Herinner je je nog ons bezoek aan Algol waar we zagen hoe de paradox van de twee leeftijden van sterren alleen opgelost kon worden als een van de twee de grenzen van zijn zwaartekrachtbereik had weten te overwinnen en materiaal naar de ander had overgebracht? Algauw werd duidelijk dat een overeenkomstig proces aan de gang is bij nova's: de begeleider is altijd groter dan de veilige rochelob en daardoor lekt er altijd gas van de buitenste lagen weg dat wordt opgezogen door de enorme zwaartekracht van de witte dwerg met zijn enorme dichtheid.* Als deze waterstof de dwerg nadert, dan klontert het samen, duwt en stoot tegen elkaar en wordt heet om uiteindelijk tot rust te komen in een platte 'accretieschijf' (ongeveer als de ringen van Saturnus) waardoor materiaal geleidelijk in een spiraal ronddraait tot het neerkomt op de witte dwerg zelf.

Maar welk element van dit complexe sterrengegoochel produceert nu eigenlijk die novaexplosie – en hoe? Verschillende onderzoekers hebben beweerd dat ze bewijs hadden dat de dwerg dat doet, of de accretieschijf, of de begeleider, maar het was pas het computermodel van Starrfield dat de definitieve oplossing gaf.[76]

Uit de cijfers blijkt dat nova-explosies het gevolg zijn van een wilde uitbarsting van kernfusies, bekend als een *thermal runaway*, op het oppervlak van de witte dwerg. Dit is alleen mogelijk vanwege een vreemde eigenschap van zijn ineen geperste materie: hoe groter de massa van de dwerg en hoe meer materie hij bevat, hoe kleiner hij is. Dus als er waterstof op hem terechtkomt, wordt dat verhit door het gloeiendhete materiaal dat er al is, maar het is zo in elkaar geperst dat het niet weg kan koken, de ruimte in. Terwijl meer en meer waterstof van de ene ster naar de andere wordt gezogen, ontstaat rond de witte dwerg een gelaagde atmosfeer, waarvan de binnenste regionen heter en heter worden en steeds dichter.

Je kunt misschien wel raden wat er dan gebeurt: de dicht opeengepakte waterstof wordt uiteindelijk zo heet dat het een nieuwe golf kernfusies op gang brengt. Bovendien zijn warmte en druk zo groot dat dat geen gewone proton-protonkettingreactie is zoals we die van de zon kennen – in plaats daarvan kan deze fusie de veel snellere

---

* Het bereik waarbinnen dit kan gebeuren is niet alleen afhankelijk van de massa van de witte dwerg, maar ook van de omvang en dichtheid van de begeleidende ster – vandaar dat rode reuzen kwetsbaar zijn voor de grote waterstofroof over afstanden waarbij een normale ster veilig zou zijn.

CNO-cyclus volgen (die we hebben zien opkomen bij Sirius). Een op hol geslagen reactie schiet door het waterstofomhulsel en een proces dat gewoonlijk diep in de kern van sterren geschiedt, wordt nu zichtbaar en verlicht het heelal.

Volgens een ruwe schatting wordt de gemiddelde nova-uitbarsting op gang gebracht als een witte dwerg ongeveer 1/10.000ste van een zonnemassa aan materiaal op zijn oppervlak verzameld heeft. Slechts een fractie van deze superdichte atmosfeer (hooguit 5 procent) wordt omgezet van waterstof in helium voordat de druk zo hoog is dat de rest de ruimte in wordt geblazen, maar een paar dagen lang gaan de fusiereacties zo snel dat een nova 100.000 keer meer energie kan uitstoten dan de zon. Astronomen denken dat dit in onze Melkweg gemiddeld ongeveer vijftig keer per jaar plaatsvindt,[77] maar dat er zelfs met de sterkste telescopen nog geen dozijn worden ontdekt (geef de schuld aan alle wolken van sterren, gas en stof die in de weg zitten – de Melkweg is een vuile plek en had allang grondig schoongemaakt moeten worden).

Ondanks het geweld van hun uitbarstingen zijn nova's echter zelden sterk genoeg om de bases van de stelsels die ze voortbrengen, te verstoren.* Na enige tijd herstellen de sterren zich, wordt de band tussen de witte dwerg en zijn begeleider hersteld en wordt de 'dienstregeling' hervat. Slechts een tiental recurrente nova's is tot nu toe betrapt op herhaalde uitbarstingen, maar onderzoek aan andere 'postnova' sterrenstelsels hebben al bevestigd dat nieuwe lagen waterstof worden opgebouwd op de dwergster van de twee. Iedere nova, zo lijkt het, is een recurrente nova in afwachting van de volgende ontploffing – er kan alleen wel een paar millennia overheen gaan.

Zowel de periode waarin een nova zich herhaalt en de sterkte van de uitbarstingen hangt van verscheidene factoren af, en RS Ophiuchi's unieke set eigenschappen zorgt ervoor dat hij eerder redelijk frequente, heldere uitbarstingen meemaakt dan enige andere ster in de hemel.

---

* Wel genereren ze een uitdijende halo van gas die novarestant genoemd wordt en zich met duizenden kilometers per seconde voortbeweegt. Na de uitbarsting in 2006 van RS waren radioastronomen in staat de afstand van de nova te bepalen door de snelheid van de uitdijing van de halo (vastgesteld door het spectrum te meten) te vergelijken met zijn groeiende diameter in het heelal. Ze kwamen tot de conclusie dat hij 4600 lichtjaar van de aarde staat.

Hoewel de sterren van het dubbelstersysteem behoorlijk ver uit elkaar staan (ongeveer 10 procent meer dan de afstand van de aarde tot de zon) betekent het feit dat de begeleider een opgeblazen rode reus is dat zijn buitenste lagen ruim binnen bereik liggen van de hongerige witte dwerg. De zwaartekracht van de dwerg is ook bijzonder sterk omdat hij precies zo zwaar is, 1,4 keer de zonnemassa, als een witte dwergster maximaal kan zijn. Een sterkere zwaartekracht betekent niet alleen een snellere opeenhoping van gas uit de omgeving, maar ook een bijzonder stevige greep op zijn atmosfeer gedurende uitbarstingen waardoor kernfusie kan aanhouden en de nova helderder kan schijnen voordat de verscheurde buitenste lagen van de atmosfeer eindelijk ontsnappen en een einde maken aan de uitbarsting.

Als je je afvraagt waarom witte dwergen nooit veel zwaarder kunnen zijn dan 1,4 keer de zonnemassa, dan is het eenvoudige antwoord dat sterren met zwaardere kernen ineenstorten tot kleinere, dichtere objecten als neutronensterren en soms zelfs zwarte gaten. Die beide hemellichamen zullen we in latere hoofdstukken bezoeken, maar het is de moeite waard eerst naar de levens van de zwaarste sterren te kijken voordat we ons richten op hun dood.

Intussen moet er nog één ding worden gezegd over RS Ophiuchi. Terwijl hij op het randje balanceert van de bovengrens van de massa van een witte dwerg laat iedere cyclus van opeenhoping, uitbarsting en verspreiding een beetje meer materiaal achter op het oppervlak en duwt dat de ster een beetje verder naar de rand van de afgrond waar de druk tussen elektronendeeltjes (het inwendige ondersteuningsmechanisme van alle witte dwergen) de aantrekking van de zwaartekracht niet langer kan weerstaan. Op een dag, vermoedelijk binnen de komende 100.000 jaar of zo, zal RS Ophiuchi in de afgrond storten in een plotselinge, dramatische en totale ineenstorting. De energie die bij die gebeurtenis vrij zal komen, genaamd een Type Ia supernova, zal zelfs de helderste nova-uitbarstingen in de schaduw stellen en absoluut pieken met een verbijsterende 5 *miljard* keer de output van de zon. We zullen over dit proces nog veel meer te vertellen hebben als we bij onze laatste ster zijn aanbeland.

Anders gezegd, ondanks de afstand van duizenden lichtjaren zal

RS Ophiuchi ooit een baken worden aan de aardse hemel en zeshonderd keer zo fel schijnen als Sirius op dit moment. Alleen al daarom is het zeker de moeite waard er een oogje op te houden.

15. BETELGEUZE

De grootste sterren aan de hemel en hoe die te meten

Engelssprekenden schrijven niet alleen de naam van een van de helderste sterren aan de sterrenhemel anders dan wij, Betelgeuse, ze spreken hem ook anders uit. Tim Burton speelt hiermee in de titel van zijn culthorrorfilm *Beetlejuice* uit 1988: het Engelse Betelgeuse lijkt op die titel. Maar wij zeggen wat er staat, maar met een z, dat wel: Betelgeuze.* Hij is echter niet alleen door zijn helderheid makkelijk te vinden, hij heeft ook een sleutelrol gespeeld in het verbeteren van ons inzicht in de allergrootste sterren en hij was de inspiratiebron voor onze methoden om de fijnere details van de kosmos te bestuderen.

En Betelgeuze is echt een van de makkelijkst op te sporen sterren aan het firmament. Zoek ernaar op de schouder van Orion, de Jager, terwijl hij tussen november en maart zijn gracieuze boog beschrijft door de avondhemel (of vanaf juli aan de ochtendhemel, als je er vroeg voor opstaat). Ten noorden van de evenaar is Orion een duidelijke mensenfiguur met een ketting van drie sterren (zijn fameuze riem) om zijn middel. Recht voor de aanvallende stier Taurus (een sterrenbeeld dat

---

*   De naam Betelgeuze is afkomstig van het Arabische yad al-Djoeza, de 'hand van die in het midden' of 'de reus'. Vroege Arabische astronomen schilderden deze reus af als een vreesaanjagende vrouwelijke krijger, en volgens sommigen kan al-Djoeza een voor-islamitische godheid zijn geweest die was overgenomen van de Mesopotamische godin van seks en oorlog, Isjtar.

je ook niet over het hoofd kunt zien) staat hij als een held met zijn ene been voor het andere in een krachtige houding, die een politicus zou doen blozen. De heldere blauwwitte ster Rigel markeert zijn voorste knie, terwijl Betelgeuze de tegenoverliggende schouder aangeeft van een bovenlichaam dat de meeste gewichtheffers jaloers zou maken. Ga weg van de stadsverlichting en je zult ketens van zwakke sterren zien in de vorm van een opgeheven schild, een knuppel, en natuurlijk het zwaard dat aan zijn riem hangt (en waar de beroemde Orionnevel en het Trapezium aan hangen, zoals we eerder al zagen).

Voor toeschouwers op het noordelijk halfrond staat Orion keurig in het midden van een groot tableau aan sterrenbeelden, met een aanvallende stier voor hem, de twee jachthonden Canis Major en Minor achter hem (beide gemarkeerd met helderwitte sterren, waaronder Sirius, de helderste van allemaal) en de doodsbange Lepus de haas, die

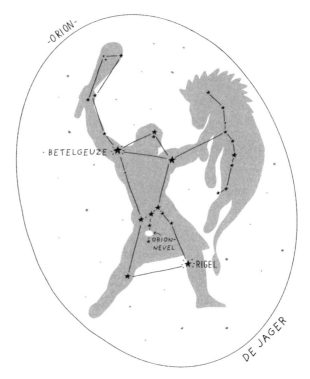

vlucht voor de scène aan zijn voeten. Ten zuiden van de evenaar zul je dit heldendicht andersom moeten interpreteren, met Betelgeuze onder en rechts van Orions riem.

Maar vanuit welke hoek je ook kijkt, Betelgeuze is niet te missen – niet alleen vanwege zijn helderheid, maar ook dankzij zijn duidelijk rode kleur. Hij is zichtbaar roder dan Aldebaran, het oog van de in de buurt staande Taurus en zo opvallend dat de negentiende-eeuwse Italiaanse astronoom Angelo Secchi, die een van de eerste classificatieschema's opstelde voor de kleuren van sterren, hem gebruikte als uitgangspunt voor oranjerode sterren. In moderne termen plaatst zijn kleur Betelgeuze in spectraalklasse M1 of M2, wat een temperatuur suggereert van ongeveer 3300 °C, wat zo koud is als een ster maar kan zijn.

Zoals we al zagen kunnen koele rode sterren een van twee uitersten zijn. Ze zijn óf zwakke rode dwergen als Proxima Centauri, veel zwakker dan de zon en onzichtbaar als je niet op onze kosmische drempel staat, óf schitterende rode reuzen als Mira, alleen maar koel omdat ze in de laatste stadia van hun leven tot enorme omvang zijn opgeblazen. Aangezien Betelgeuze een van de helderste sterren aan de sterrenhemel is, zal het geen verrassing zijn dat hij in de laatste categorie valt – maar als het op omvang aankomt, is deze ster in wezen van een heel andere categorie.

Astronomen beseften dat Betelgeuze wel een kanjer moest zijn toen Hertzsprung, Russell en anderen begin vorige eeuw de relatie begonnen te ontrafelen tussen helderheid, kleur en omvang van sterren. In die tijd waren de eerste pogingen om de parallax van de ster te meten – de kenmerkende jaarlijkse verschuiving in perspectief die de werkelijke afstand verried – al ondernomen. Sir David Gill, die werkte aan het Cape Observatory in Zuid-Afrika, vond geen waarneembare beweging, maar William Lewis Elkin kwam met 0,024" (24/1000ste van een boogseconde of iets meer dan 1/200.000ste van een graad), hetgeen wees op een afstand van minstens 135 lichtjaar.[78] Hoe vaag deze metingen ook waren, ze lieten wel duidelijk zien dat Betelgeuze véél meer lichtkracht bezat dan de zon – en als een zo lichtsterke ster ook nog eens koel en rood was, dan moet hij wel een héél erg groot oppervlak hebben waaruit al die energie kon ontsnappen. Als die koele, oranje Aldebaran een reus was, dan moest die verder weg staande, rode Betelgeuze wel nog reusachtiger zijn.

In een toespraak voor de British Association in 1920[79] vatte de immer scherpzinnige Arthur Eddington dit allemaal samen en voorspelde dat Betelgeuze de ster was met de grootste hoekdiameter, zichtbaar vanaf de aarde, wat de grootste kans bood een andere ster echt als een meetbare schijf te zien in plaats van een oneindig klein lichtpuntje.

Het voornaamste obstakel voor het werkelijk meten van die diameter, zo werd duidelijk, was niet de vergroting of het oplossend vermogen van de telescopen van die tijd, maar het vervagende effect van de atmosfeer (die onvermijdelijk licht uitsmeert, waardoor sterren twinkelen, en niet de allerscherpste beelden toestond, zelfs niet in de helderste nachten). Eddingtons voorspelling kwam echter op het juiste moment, want slechts enkele maanden later waren wetenschappers van het Mount Wilson Observatory in staat de diameter van Betelgeuze te meten (zij het niet direct waar te nemen) met een nieuw, revolutionair instrument: de allereerste grote astronomische interferometer.

Een wat? Interferometrie is lastig uit te leggen, niet in het minst omdat het een veelzijdige techniek is die op vele manieren kan worden ingezet en talloze toepassingen kent op verschillende wetenschapsgebieden. Het basisidee is echter dat je extra informatie over een lichtbron kunt krijgen door stralen te combineren die langs verschillende 'optische paden' zijn gegaan en waar te nemen hoe ze met elkaar interacteren.[*]

Omdat licht bestaat uit snel bewegende energiegolven, ontstaat door het combineren van twee stralen interferentie, aangezien de golven elkaar op sommige plaatsen versterken en op andere plaatsen opheffen. Het resultaat is een reeks 'interferentieranden' waarvan het patroon hypergevoelig is voor de lengte van de paden waarlangs de twee

---

[*] Je kunt de techniek ook omkeren en over andere dingen leren door een straal van een lichtbron die je al begrijpt (een laserstraal bijvoorbeeld) te splitsen en de twee iets andere avonturen laten beleven voordat je ze weer bij elkaar brengt – dat is bijvoorbeeld het principe dat wordt gebruikt om zwaartekrachtgolven op te sporen.

golven hebben gereisd. Je kunt een interferometerapparaat uitrusten om op uiteenlopende manieren dergelijk fijne verschillen te meten. De interferometer van Mount Wilson bijvoorbeeld was ontworpen om twee beelden naast elkaar te produceren die door één oculair konden worden waargenomen: een controlebeeld dat altijd die randen zou vertonen als alles correct werkte, en een ander, het testbeeld, waarin de randen zouden verdwijnen als de ster een hoekdiameter van een zekere grootte had.

Met het 6,1 meter brede stalen onderstel van de interferometer ervoor gemonteerd was de modernste telescoop, de Hooker Telescope van 100 inch, tijdelijk gedwongen tot het leveren van hulp – behoorlijk letterlijk, aangezien het nu zijn voornaamste taak was de interferometer in de juiste richting te richten. Er werden twee spiegels in de hoeken in een hoek van 90° tegenover elkaar op het frame gemonteerd en nog twee, eveneens in een rechte hoek, daarbinnen, die heen en weer geschoven konden worden om de onderlinge afstand te regelen en daarmee de gevoeligheid van het instrument.

Het hele apparaat was het geesteskind van de vermaarde fysicus

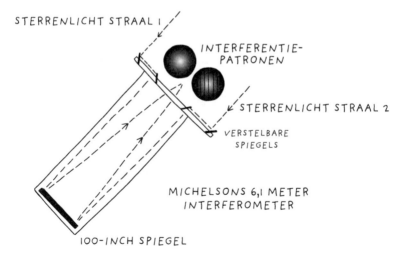

Albert Michelson* en de wat minder bekende astronoom Francis G. Pease. Op 13 december 1920 wierpen ze hun eerste blik op verscheidene sterren via de beweegbare spiegels die 229 centimeter uit elkaar stonden. Hun eerste twee doelen produceerden randen in beide beelden, maar precies zoals ze hadden gehoopt verdwenen bij Betelgeuze de randen op het testbeeld: ook al konden ze dat met het blote oog niet zien, het beeld van deze ster was een schijf in plaats van een oneindig klein stipje.

Michelson en Pease wierpen zich op de cijfers en vonden dat Betelgeuze een hoekdiameter moest hebben van 0,047″. Gecombineerd met de meest recente parallaxmetingen van die tijd betekende dit dat de ster een verbijsterende 386 miljoen kilometer breed was, dat wil zeggen 278 keer zo groot als de zon en slechts weinig kleiner dan de baan van Mars.[80]

Op de kwestie van de *precieze* diameter komen we nog terug, maar deze eerste meting was zeker voldoende om te bevestigen dat Betelgeuze de eerste en dichtstbijzijnde was van een nieuwe klasse van sterren, die nu superreuzen worden genoemd. Algauw werden nog veel meer van dergelijke sterren geïdentificeerd (zij het vaker na analyse van hun spectra dan directe meting van hun omvang). Ze deelden een ongelooflijke lichtkracht en afmetingen, maar waren verspreid over een breed scala aan kleuren met rode superreuzen als allergrootste (kijk nog even naar het HR-diagram van eigenschappen van sterren op bladzijde 77 als je wilt weten hoe ze daarin passen). Astronomen verschilden van mening over waar deze monsters in het algehele patroon van de evolutie van sterren pasten en het was pas in de jaren 1940 toen er een einde begon te komen aan de verwarring.

We hebben al iets gelezen over de stuiptrekkingen van de stervende ster toen we naar Mira keken, maar daar hebben we het vooral gehad over sterren van ruwweg de zonnemassa. En we stellen een

---

* Michelson was de eerste Amerikaanse Nobelprijswinnaar dankzij zijn ontwikkeling van andere precieze optische metingen. Een van de experimenten die hij deed bracht Einstein op de gedachte van de speciale relativiteitstheorie en de lichtsnelheid. Nogal onverwacht was hij het onderwerp van een aflevering van de Amerikaanse cowboyserie *Bonanza* in de jaren 1960.

gedetailleerdere blik op de inwendige werking van echte monsters als Betelgeuze van twaalf zonnemassa's en de net zo zware Eta Carinae nog even uit; beide sterren zijn gedoemd hun leven te eindigen in cataclysmische supernova-explosies. Voor nu is het voldoende om te weten dat de grotere massa van deze monsters betekent dat hun interne machines een veel hogere temperatuur en druk produceren en veel meer brandstof veel sneller verbranden. Daardoor schijnen ze nog helderder dan normale rode reuzen, en de druk van de naar buiten gerichte straling doet hun buitenste omhulsel van waterstofgas, waarvan het gloeiende oppervlak de zichtbare fotosfeer van de ster bepaalt, uitdijen tot een diameter van miljarden kilometers.

De ijle aard van de buitenste lagen van een rode superreus maakt het echter bijzonder moeilijk om te bepalen hoe groot precies. Terwijl gas in een ster als de zon van ondoorzichtig binnen een betrekkelijk dunne laag naar transparant gaat en daardoor een lichtgevend oppervlak met scherpe randen lijkt, zijn de randen van sterren als Betelgeuze veel zwakker. Licht kan van verschillende dieptes uitbreken afhankelijk van de golflengte, met als gevolg variërende hoeveelheden 'randverzwakking', dat wil zeggen dat het licht van het centrum naar de rand schijnbaar afneemt.

Michelson en Pease deden een ruwe gok: Betelgeuzes werkelijke hoekdiameter, rekening houdend met bovenstaande effecten, was vermoedelijk iets van 0,055 boogseconde. In 2000 gebruikte een team de Infrared Spatial Interferometer van Mount Wilson* om van Betelgeuze golflengtes van het midden-infrarood te meten (waar de randverzwakking het kleinst is en de gemeten diameter op zijn grootst zou moeten zijn) en kwamen op precies dat getal uit. Een paar jaar later echter kwamen metingen in het bijna-infrarood op een aanmerkelijk kleiner resultaat van 0,043". Het team dat deze meting verrichtte, suggereerde dat het verschil te danken was aan een koelere gaslaag boven de wer-

---

* Dit instrument verschilt nogal van de interferometer van 1920. Het bestaat uit drie infraroodtelescopen van 1,65 meter en er wordt een techniek gebruikt genaamd diafragmasynthese uit de radioastronomie om een oplossend vermogen te bereiken van een 70-meterspiegel – iets meer hierover vind je in het hoofdstuk over 3C 273 hierna.

kelijke fotosfeer, die in het zichtbare en midden-infrarood gloeit, maar verder transparant is.[81]

Dus als we een schatting willen maken van de werkelijke diameter van Betelgeuze op grond van zijn fotosfeer, is het kleinste resultaat het accuraatst. Gekoppeld aan de laatste en accuraatste parallaxmeting van 0,0045" (die de ster op ongeveer 720 lichtjaar bij ons vandaan situeert), dan is Betelgeuzes diameter 1,3 *miljard* kilometer – voldoende om de hele planetoïdengordel van ons zonnestelsel te verslinden en slechts iets kleiner dan de baan van Jupiter.

* * *

Het met slimme trucjes meten van de diameter van sterren is allemaal goed en wel, maar het produceren van echte beelden en het waarnemen van details aan hun oppervlak is een uitdaging van heel andere aard. Gelukkig heeft een andere vorm van interferometrie er de laatste decennia voor gezorgd dat op aarde geplaatste telescopen de beperkingen die de atmosfeer oplegt, kunnen overwinnen en gedetailleerde beelden verschaffen.

De basis van deze techniek werd al in 1963 gelegd toen de Franse telescoopbouwer Jean Texereau zijn analyse publiceerde van wat er echt gebeurt als licht door de turbulente atmosfeer van de aarde dringt.[82] Hij wees erop dat als je van moment tot moment naar het zwakke beeld van een ster zou kijken, je een enkel lichtpuntje zou zien dat heen en weer danst rond de werkelijke positie van de ster door de lensachtige effecten van de golvende atmosfeer.

Een paar jaar later toonde een andere Fransman, de astronoom Antoine Labeyrie, aan dat je (in theorie) een niet-verstoord beeld kon krijgen van een bewegend stipje.[83] Een duivels stukje wiskundig gegoochel genaamd een fouriertransformatie* kan de verschillende bewegingen van de dans van het stipje afbreken tot periodieke verschuivingen van verschillende frequenties. Heeft de fouriertransformatie eenmaal de

---

*   Vraag maar niets. Echt, alleen vragen als je bereid bent een paar jaar wiskunde op doctoraalniveau te volgen – ik heb er nog nachtmerries van.

verborgen orde onder de verschijningen van het stipje gevonden, dan is het opnieuw combineren ervan tot een haarscherp beeld grotendeels een zaak van het toepassen van computerkracht.

Betelgeuze was een voor de hand liggend proefkonijn voor de nieuwe techniek en werd in de jaren daarna gebruikt voor verschillende tests. Het was echter pas in 1989 dat het verwerken van alle gegevens een stadium bereikte waarin iets als een coherent beeld ontstond met gebruikmaking van de William Herschel Telescope op La Palma, een van de Canarische Eilanden.[84]

Er zijn verschillende manieren om de interferometrie van stipjes in de praktijk te brengen,* maar David Buscher en zijn mede-Betelgeuzebroeders gebruiken een methode die ze 'randmaskering' noemen. Hierbij werd voor de 4,2-metertelescoop een plaat geplaatst met slechts enkele gaatjes op strategische plekken. De lichtstralen die daar doorheen vielen, werden dan gecombineerd en het resulterende interferentiepatroon werd gebruikt om het beeld te reconstrueren.

Tegen de tijd dat het door een vintage computer van eind jaren tachtig was gehaald, leek de afbeelding van Betelgeuze meer op een profielkaart dan op een foto – maar dat was voldoende om de duidelijk asymmetrische vorm van de superreus te onthullen, met een heldere plek naast het middelpunt. Op dat moment vroegen sommigen zich af of dit een tot nu toe onontdekte begeleider was die voor Betelgeuze langs reisde, maar de meesten accepteerden de meer voor de hand liggende verklaring dat ze keken naar de top van een enorme heldere vlek van opstijgend gas, heter dan de rest van de buitenatmosfeer van de ster.

Dit werd een paar jaar later bevestigd toen NASA's ruimtetelescoop Hubble (die een directere oplossing had voor het probleem van de verstoring) in 1996 Betelgeuze hoog boven de aardse atmosfeer wist te fotograferen. Het eerste echt direct geschoten beeld van een sterrenop-

---

*   In deze tijd van responsieve CCD's en een supercomputer in ieders broekzak gebruiken amateurastronomen een eenvoudiger methode, *shift and add*, 'stapelen'. Je neemt een video op van heldere objecten, zoals planeten, die dan worden geselecteerd en beeld voor beeld over elkaar geschoven om een scherpe afbeelding te krijgen.

pervlak, genomen met de simpele methode van 'richt-en-druk-af' in plaats van interferometrie, onthulde een enorm uitgestrekte atmosfeer en een grote 'hotspot' in de fotosfeer, waar het 2000 °C heter was dan gemiddeld op het oppervlak.

In de afgelopen twee decennia zijn talloze beelden van Betelgeuze gemaakt. De op aarde toegepaste interferometrie en het gebruik van computers zijn sindsdien enorm verbeterd, zo veel zelfs dat er kleurenafbeeldingen van Betelgeuze en een handjevol andere sterren mee gemaakt kunnen worden. Ze hebben laten zien dat heldere hotspots aan het oppervlak binnen een paar weken komen en gaan en onthuld dat grote gaswolken zich tot wel een biljoen kilometer rondom Betelgeuze uitstrekken – een zeker teken dat de ster regelmatig enorme gaswolken afscheidt als golven straling uit het inwendige van de ster aan de zwakke greep van de zwaartekracht in de verre buitenatmosfeer weten te ontsnappen.

* * *

Met een ijle buitenatmosfeer en verscheidene lagen waarin kernfusie zich voordoet is het geen verrassing dat Betelgeuze een beetje onvoorspelbaar is en de eerste die dat onder de wijdverbreide aandacht bracht, was John Herschel in 1840.[*] Vergeleken met het bijna constante licht van Rigel die er vlakbij staat, noteerde hij dat Betelgeuze gewoonlijk zwakker was (met een minimum magnitude van ongeveer 1,2), maar soms ook een beetje helderder en dan zelfs magnitude 0,1 kon hebben.[85] Misschien dat Johann Bayer hem op een goede dag trof toen hij Betelgeuze de toppositie in het Griekse alfabet gaf en hem Alpha Orionis noemde.

Sindsdien heeft bijna twee eeuwen observeren laten zien hoe Betelgeuze rustige periodes waarin hij naar verhouding zwak is, afwisselt

---

[*] Wijdverbreide *westerse* aandacht – er is een grote kans dat de Australische Aboriginals de veranderlijke aard van Betelgeuze al eeuwen, of zelfs millennia geleden opmerkten en opnamen in hun orale traditie over de wellustige jager Nyeeruna en zijn knots, die zich periodiek zou vullen met 'vuurmagie' en die weer verliezen als hij het opnam tegen Kambugudha (de Hyaden), de oudere broer die zijn mooie zussen (de Plejaden) verdedigde.

met actievere tijden waarin hij fluctueert en de hoogste helderheid bereikt. Astronomen classificeren hem als een semireguliere variabele ster – de snel op elkaar volgende pulsen zijn vermoedelijk te danken aan een overeenkomstige balanceeract tussen verschillende fusieschillen, die we in de dramatische variabele ster Mira ook zagen. De pulsen op lange termijn zijn vooralsnog een raadsel, maar kunnen samenhangen met welk proces dan ook dat diep in de ster die enorme hotspots produceert.

Net als bij Mira gaat Betelgeuzes veranderlijke helderheid gepaard met verandering in omvang, en metingen van de dopplerverschuiving in licht uit zijn atmosfeer laten periodieke uitdijing en inkrimping zien. Hierbuiten is het jammer genoeg moeilijk er veel meer over te zeggen – Betelgeuzes neiging om tegengestelde resultaten te leveren die veranderen met golflengte en observatietechnologie strekt zich uit tot andere kenmerken dan alleen de diameter. In een onderzoeksverslag uit 2009 na zestien jaar observeren van Betelgeuze bijvoorbeeld, wordt geconcludeerd dat de ster met grote snelheid aan het krimpen was en nu 15 procent kleiner was dan hij in 1993 was geweest, maar twee jaar later besloten twee van dezelfde auteurs dat een waarschijnlijker verklaring de veranderlijke transparantie van een gasbel boven het werkelijke oppervlak van de ster was.[86]

Het is daarom misschien wel verstandig om verslagen over dramatische veranderingen met een korreltje zout te nemen. Zo werd bijvoorbeeld de stille periode na Kerstmis 2019 verlevendigd door rapporten over het dramatisch afzwakken van onze favoriete superreus waardoor hij voor het eerst buiten de top 20 van helderste sterren aan het uitspansel viel. Journalisten speculeerden al enthousiast dat de Big B op sterven lag en op het punt stond een supernova te worden, waarbij ze de bewijzen negeerden dat er nog een paar fases van kernfusie te gaan waren (die misschien nog een honderdduizend jaar gingen duren) voordat hij op dat punt kwam. Wat er in werkelijkheid gebeurde, zo waren nog knappere koppen het eens, was dat er een toevallige overlap plaatsvond tussen een regelmatige puls van de lange termijn en een van de korte, wat leidde tot een extra grote afname van de lichtuitstoot. Daarbovenop lijkt de ster te hebben geleden aan een bijzonder heftige uitbraak van donkere sterrenvlekken in zijn buitenste lagen.

Terwijl Betelgeuzes vele sluiers onze pogingen om ze te begrijpen geregeld in de war heeft gestuurd, maken de enorme omvang van de ster, zijn relatieve nabijheid en zijn ongebruikelijke plaats in het grote schema van sterrenevolutie hem moeilijk te weerstaan. Amateurs kunnen nog steeds bijdragen door de veranderende helderheid te meten, terwijl hij voor de professionals een inspiratiebron is geweest en een testbank voor de ontwikkeling van bijzonder nauwkeurige waarnemingstechnieken – maar ondanks alles wat we van hem hebben geleerd, bewaakt Betelgeuze veel van zijn geheimen nog bijzonder goed.

16. **ETA CARINAE**

Het noodlot van monstersterren

Verreweg de meeste sterren komen aan hun levenseind door te evolueren tot instabiele rode reuzen als Mira, door hun buitenste lagen af te stoten in een planetaire nevel en uiteindelijk te transformeren tot een langzaam afkoelende witte dwerg als Sirius B. Maar voor een select aantal heeft het heelal iets anders in petto – de spectaculaire destructie van een supernova.

De sleuteldiagnose voor het voorspellen van dit gewelddadige einde is een soort morbide stellaire obesitas – als een ster de hoofdreeks bereikt met een massa van meer dan acht keer die van de zon, dan gaat die vermoedelijk met een knal uit, als er verder niets gebeurt. De rode superreus Betelgeuze, die een massa ter waarde van twaalf zonnen bijeengepakt heeft, is tot dit lot veroordeeld (vermoedelijk binnen de komende miljoen jaar of zo), maar is daar nog niet helemaal. Sterrenkijkers ten zuiden van 30° N kunnen hun ogen echter nu al richten op een ster die signalen vertoont van een sissende lont en zo ongeveer ieder moment kan ontploffen.

Ten tijde van het schrijven van dit boek was Eta Carinae een onbetekenende ster met een gemiddelde helderheid in het sterrenbeeld Carina, de Kiel. Carina is het restje van wat ooit het grootste sterrenbeeld aan de hemel was, Argo Navis, het Schip Argo. Dit was het schip waarmee de held Jason (de Griekse Tony Stark) met een superteam oude Grieken de epische zoektocht naar een vergeelde schapenvacht of zoiets (nog even nakijken) volbracht.*

Het idee van een schip als sterrenbeeld was vermoedelijk rond ongeveer 1000 v.C. door de Grieken overgenomen uit Egypte. Voor de Egyptenaren was dit deel van de hemel de Boot van Osiris, de veelzijdige groene god met als opdracht te zorgen voor de landbouw en het hiernamaals. Toen de samenstellers van de eerste moderne sterrencatalogus in de vroege jaren 1600 in zuidelijke richting keken, zagen ze dat de Argo niet meer zo zeewaardig was. Het zat volgepropt met meer dan honderd met het blote oog zichtbare sterren, veel te veel voor het systeem van de Griekse letters dat door Johann Bayer was verzonnen. In 1763 catalogiseerde Nicolas-Louis de Lacaille, de onverbeterlijke uitvinder van kleine saaie sterrenbeelden rond de zuidelijke hemel-

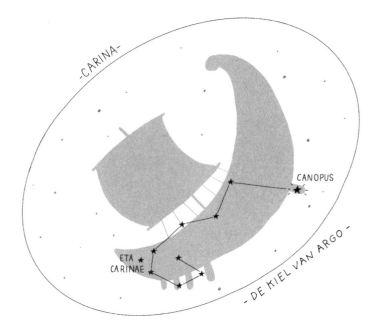

pool, Argo's sterren aan de hand van hun positie op de zeilen van het schip, het achterschip of de kiel. In de jaren 1840 stelde de invloedrijke alleskenner John Herschel voor Argo langs deze lijnen op te delen en ontstonden de moderne sterrenbeelden Vela (Zeilen), Puppis (Achtersteven), en die waar onze belangstelling nu naar uitgaat, Carina (Kiel).*

Als het zuidelijkste deel van Argo is Carina voor het grootste deel van het zuidelijk halfrond circumpolair; het sterrenbeeld stijgt in de avondhemel in april tot zijn hoogste punt, als dat hele enorme schip recht boven je hangt. Sterrenkijkers in tropische streken ten noorden van de evenaar zien het rond dezelfde tijd hoog in hun zuidelijke hemel, maar hoelang precies hangt af van hoe ver zuidelijk je bent.

Als ik dit schrijf, heeft Eta Carinae een magnitude van ongeveer 4 – wat niet erg spectaculair klinkt, maar hij is makkelijk te vinden omdat hij in het middelpunt ligt van een heldere nevel waarin stervorming plaatsvindt en die nog indrukwekkender is dan Messier 42, waar Orions fameuze Trapezium in te vinden is. De Carinanevel, gecatalogiseerd als NGC 3372,** is helderder dan de Orionnevel en neemt ongeveer vier keer zoveel hemelgebied in beslag.

Door een verrekijker of een kleine telescoop is de nevel tot in zijn vele details te bekijken. Op een afstand van zo'n 7500 lichtjaar van de aarde staat hij bijna zes keer zover weg als M42, wat je een idee geeft van hoe werkelijk indrukwekkend het moet zijn om op zo grote afstand toch nog op te vallen. Eta staat in een helder gebied van gloeiend gas, ingeklemd tussen twee brede kloven van schaduwbeelden van stof die een donkere, ondiepe V vormen over het hele aangezicht van de nevel (net boven het midden op de foto). Er vlakbij staat een kleinere donkere wolk, de Sleutelgatnevel, terwijl Eta zelf vanuit een merkwaardige, tweelobbige wolk schijnt genaamd de Homunculusnevel (waarover later meer).

---

*   En toch deden sommige astronomen nog steeds alsof Argo een geheel was gebleven, totdat in de jaren 1930 een officiële moderne lijst van 88 sterrenbeelden werd samengesteld.

**   De Eurocentrische catalogus van zwakke hemellichamen van Charles Messier had in 1784 iets meer dan honderd ingangen, maar een eeuw later kwam de in Denemarken geboren John Louis Emil Dreyer met een enorm uitgebreide versie, de New General Catalogue (NGC) met daarin duizenden nevels, sterrenhopen en sterrenstelsels uit alle delen van het uitspansel.

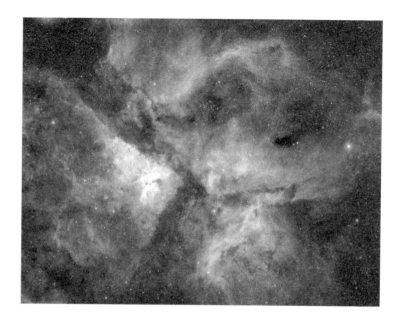

Eta heeft onze reis langs de sterren gehaald; hoewel ze weleens erg onopvallend kan zijn, was dat niet altijd het geval. De ster werd voor het eerst vastgelegd in 1677 door komeetgoeroe Edmond Halley tijdens een verblijf op het afgelegen Zuid-Atlantische eiland Sint-Helena.[*] Halley vroeg zich af waarom Ptolemaeus van Alexandrië Eta had overgeslagen in zijn *Almagest* en speelde met het idee dat de helderheid sinds de klassieke oudheid weleens veranderd kon zijn.[87]

John Herschel hield Eta tijdens een waarnemingsverblijf op Kaap de Goede Hoop in Zuid-Afrika goed in de gaten en noteerde dat de ster in januari 1838 een helderheid kreeg van ongeveer magnitude 0 (en daarmee feller scheen dan Rigel in Orion en de nabijgelegen Alpha Centauri) en daarna weer wat zwakker werd. Nadat Herschel naar Engeland was teruggekeerd, kreeg hij verslagen van Thomas Maclear, Her Majesty's Astronomer op de Kaap, die een nieuwe uitbarsting in 1843

---

[*] Kort daarvoor veroverd door de British East-India Company na een onfatsoenlijke ruzie met hun Nederlandse tegenhanger en tegenwoordig vermoedelijk vooral bekend als de wel heel erg afgelegen gevangenis van Napoleon en andere vijanden van het negentiende-eeuwse Britse rijk in opkomst.

had vastgelegd waarbij Eta korte tijd de op een na helderste ster aan de hemel was met een magnitude van -1.0.* Hierna nam de ster langzaam in helderheid af, al bleef hij nog ruim een decennium magnitude 1 behouden, voordat de helderheid vanaf 1857 enkele decennia lang steeds verder afnam. Hij was op een gegeven moment niet meer met het blote oog zichtbaar tot een korte opleving in 1887, waarna een betrekkelijk stabiele periode aanbrak met magnitude 6 of 7, die het grootste deel van de twintigste eeuw heeft geduurd. Er was duidelijk iets aan de hand met Eta Carinae – terwijl vele nova's opvlamden en uitdoofden, was Eta's gedragspatroon totaal anders.

De complexe nevel die hem omgaf, droeg slechts bij aan de verwarring. Aan het einde van de negentiende eeuw verscheen deze tweelobbige vorm die we nu de Homunculusnevel noemen en ontwikkelde zich snel. Eerst kon deze blijkbaar nieuwe verschijning nog worden geweten aan verbeterde waarnemingstechnieken – of niemand had er eerder nog aandacht aan besteed, of ze waren domweg niet in staat geweest hem waar te nemen. Aan het begin van de twintigste eeuw waren veel astronomen tot de conclusie gekomen dat wat ze zagen, feitelijk een dubbelster was.

Maar terwijl de nevel groter en helderder werd (ter compensatie van het zwakker worden van de centrale ster zelf), werd duidelijk dat de nieuwe nevel in de loop van de tijd fysiek veranderde. De Argentijnse astrofysicus Enrique Gaviola (een leerling van Einstein, Bohr en andere groten van de vroegtwintigste-eeuwse fysica) maakte in 1950 een schatting van de groeisnelheid van de nevel door foto's te vergelijken die met een speciaal daarvoor ontworpen camera waren gemaakt. Daarna ging hij algauw door met spectroscopische metingen om de dopplerverschuiving van blauwe en rode lijnen in het centrum van de nevel te meten, waarmee hij aantoonde dat de expansie de gasbellen waaruit elke lob bestaat, naar buiten dreven met een snelheid van honderden kilometers per seconde.**[88]

---

*   Waarmee hij Canopus met -0,7 inhaalde, die toevallig aan de andere, de westelijke kant van Carina ligt.
**   Gaviola was ook degene die de naam Homunculus bedacht, suggererend dat de wolk de vorm had van een grof gevormd menselijk wezen. Maar jij kunt hier anders over denken.

Deze expansiesnelheid bood een nette manier om de afstand tot Homunculus, en in het verlengde daarvan die naar de hele Carinanevel, te schatten. Door de dopplermetingen van de expansie te vergelijken met de snelheid waarmee de grootte van de hoek van de nevel in de hemel verandert (ongeveer vijf boogseconden per eeuw), kun je uitrekenen dat hij ongeveer 7500 lichtjaar hiervandaan moet staan.

Om het licht van de ster Eta te kunnen scheiden van dat van de omringende Homunculusnevel hebben astronomen een trucje gebruikt genaamd spleetspectroscopie, waarmee slechts een beetje licht van het kleine gebied waar ze meer van willen weten, wordt vastgelegd op een plaat of sensor. Eta's uitgestraalde licht blijkt, als het wordt uitgespreid in een spectrum van verschillende golflengtes, anders dan dat van bijna alle andere lichtbronnen: een regenboogachtig 'achtergrond-continuüm' waarop banden liggen van een lichtgevende kleur op bepaalde golflengtes, en weinig of geen tekenen van donkere absorptielijnen die kenmerkend zijn voor een sterrenspectrum. Specialisten interpreteren dit als een teken dat licht dat van een centrale ster lijkt te komen, in werkelijkheid is geabsorbeerd en opnieuw uitgestraald door het gas en stof eromheen – een schema van het recyclen van energie dat het heel moeilijk maakt het spectrum te interpreteren.

Dit betekent dat we andere aanwijzingen moeten vinden over de aard van de centrale ster, en hier hebben we geluk. We hebben een goede afstandsschatting naar Eta waaruit blijkt dat de ster op het hoogtepunt van de uitbarsting van 1843, miljoenen keren zoveel licht moet hebben uitgestraald als de zon – een energieoutput die we verwachten van een superreus als Betelgeuze of van een nova-uitbarsting. Toen astrofysici in de twintigste eeuw meer gingen begrijpen van de complexiteit van sterrenevolutie, kwamen ze tot de slotsom dat Eta een van de zwaarste sterren is die we kennen, een zeldzaam type superreus genaamd Lichtsterke Blauwe Variabele of LBV.

Je kunt je misschien herinneren van ons kijkje in de zon dat toen Arthur Eddington in de jaren 1920 de regels van de bouw van sterren uitwerkte, hij liet zien dat iedere laag in de ster in evenwicht werd gehouden door buitenwaartse druk van straling uit de kern en de binnenwaartse trekkracht van de zwaartekracht. Dit heeft een interessant gevolg: het toenemen van de massa van een zwaargewichtster (het soort sterren dat schijnt dankzij de superefficiënte CNO-fusiecyclus, waarvan we zagen hoe die in Sirius werkte) heeft een onevenredig effect op de energieoutput. Doe er een beetje meer massa bij en terwijl de trekkracht van de zwaartekracht daardoor een klein beetje sterker wordt, neemt de naar buiten gerichte stroom straling enorm toe. Dit betekent uiteindelijk dat er een bovengrens is aan de massa van sterren, een punt waarboven een ster zichzelf opblaast.

In extreme gevallen is die grens absoluut – probeer maar eens één enkele ster te maken van veel meer dan een paar honderd zonnemassa's aan materiaal, erg ver zul je niet komen.* Maar als we te maken hebben met tientallen zonnemassa's, dan bevinden we ons in een grijs gebied waar de zwaarste levensvatbare sterren aan het begin staan van hun korte, maar oogverblindende carrière (beperkt tot slechts een paar miljoen jaar door de beschikbaarheid van waterstof in hun kern), om vervolgens te zien dat hun plannen onderweg in de war worden geschopt. Deze zogenaamde Wolf-Rayet- of WR-sterren** stoten grote hoeveelheden massa af waardoor hun buitenste lagen geleidelijk verdwijnen en materiaal dat steeds dichter bij de kern zit, zichtbaar wordt. Hun spectra komen vol te staan met felle emissielijnen, het bewijs van blootgestelde oppervlakken die vol helium, stikstof en andere producten van CNO-fusie zitten.

Komt de kern van een WR-ster eenmaal zonder brandstof in zijn kern te zitten en vangt de fase aan waarin de schil opbrandt (waarbij de meeste sterren zich ontwikkelen tot rode reus of rode superreus), dan worden de gevolgen van dit radicale gewichtsverlies zichtbaar. Nu het grootste deel van het buitenste lichtgewicht omhulsel van waterstof al weg is, gaat de toenemende helderheid van de ster niet gepaard met de gebruikelijke dramatische toename van omvang en hij wordt niet rood:

---

* De zwaarste ster die we kennen, die met de weinig belovende naam R136a1, staat in het sterrenstelsel de Grote Magelhaense Wolk en heeft een massa van om en nabij de 265 zonnen.
** In de jaren 1960 geïdentificeerd aan de hand van hun ongebruikelijke spectra door Charles Wolf en Georges Rayet van de sterrenwacht van Parijs.

hij zwelt veel minder op en wordt een lichtsterke superreus terwijl het oppervlak geel- of witheet wordt, of misschien zelfs blauw blijft en mogelijk door een heldere, blauwe variabele fase gaat.

Geschat wordt dat de huidige oppervlaktetemperatuur van Eta ongeveer 40.000 °C bedraagt, wat erop wijst dat hij nu het grootste deel van zijn energie uitstraalt in de vorm van felblauw en violet licht, samen met overvloedige hoeveelheden onzichtbaar ultraviolet. Maar ondanks hun naam kunnen LBV's niet alleen in helderheid veranderlijk zijn, maar ook in kleur. Hoewel ze het grootste deel van hun tijd in dit hete, blauwe stadium verkeren, gaan ze periodiek door een fase van expansie in een cyclus die varieert van een paar jaar tot tientallen jaren. Hierdoor koelt het oppervlak af en wordt meer energieoutput naar zichtbaar licht verschoven voordat de ster weer krimpt, heter wordt en opnieuw naar het ultraviolet schuift.

Als dit mechanisme je ergens aan doet denken, dan komt dat vermoedelijk doordat we iets vergelijkbaars zagen gebeuren in Mira en andere variabele rode reuzen (zij het bij het koelere, infrarode uiteinde van het spectrum). Astronomen nemen aan dat de drijvende kracht achter de meeste LBV's dezelfde is als degene die werkzaam is in Mira, met veranderingen in de transparantie van een inwendige laag, die een cyclus van uitdijing en inkrimping aan de gang houdt.

Ondanks dit alles was de reusachtige uitbarsting van Eta Carinae in 1830 van een heel andere orde van grootte doordat heel andere krachten aan het werk waren – een signaal dat voor de ster de laatste aftelling naar de totale vernietiging begonnen is.

We kunnen de klok niet terugdraaien om te zien in welk stadium Eta precies was op de vooravond van zijn grote uitbarsting, maar we kunnen wonderlijk genoeg wel iets anders doen, en dat is het schitterende licht analyseren van de explosie zelf. Aangezien de uitbarsting een paar decennia eerder plaatsvond dan de spectroscopie werd uitgevonden, lijken de details die verborgen zijn in dit licht misschien voorgoed verloren, maar dan reken je buiten het zuivere vernuft van sommige astronomen. In 2012 wist een team met behulp van de 4-metertelescoop Blanco van het Cerro Tololo Inter-American Observatory in het noorden van Chili het spectrum vast te stellen van het licht van de explosie, en dat bijna 170 jaar nadat het voor de eerste keer op aarde was waargenomen.[89] Het team deed dat door de 'lichtecho's' van de uitbarsting na te gaan – stralen die hun wachtende telescopen binnenvielen nadat ze in een totaal andere richting waren gegaan, maar waren afgeketst op een muur van gas elders in de enorme Carinanevel. Het scheiden van het spectrum van het licht van een ster van dat van het materiaal dat het heeft weerkaatst is een moeilijke zaak, maar het onthult informatie die anders voor altijd verloren zou zijn; nu laat het bijvoorbeeld zien dat Eta's uitbarsting vermoedelijk plaatsvond toen de ster zich in zijn koelere, gele fase bevond.

EEN LBV VOOR NOORDELIJKE STERRENKIJKERS

Terwijl Eta Carinae niet op het menu staat van astronomen ten noorden van de tropen, biedt de noordelijke hemel als troost P Cygni, een LBV die aan het begin van de zeventiende eeuw een vergelijkbare uitbarsting meemaakte als Eta.

P Cygni, die zich in de volle sterrenwolk van de noordelijke Melkweg bevindt, is betrekkelijk eenvoudig te vinden. Zoek eerst de bekende kruisvorm van Cygnus, de Zwaan. Het punt waar de vleugels van de zwaan zich uit zijn lichaam uitstrekken wordt gemarkeerd door Sadr, een blauwwitte ster van magnitude 2,2, waarvan de naam is afgeleid van het Arabische woord voor 'borstkas'.

Volg nu een lijn van Sadr naar het zuiden maar blijf een beetje aan de oostkant van de officiële 'hals' van de zwaan en over vijf maanbreedtes zou je over P Cygni moeten struikelen. Het is een blauwe ster met magnitude 4,8 en is makkelijk te zien onder een betrekkelijk donkere hemel, maar als je last hebt van lichtvervuiling, kan een verrekijker helpen.

P Cygni liet figuurlijk van zich horen toen hij in 1600 zó helder werd dat hij het op kon nemen tegen Sadr. Het duurde een paar jaar voordat de helderheid weer was afgenomen, maar hij flakkerde weer op in 1655 en 1665 voordat hij begin achttiende eeuw zijn huidige helderheid kreeg. Op ongeveer 5500 lichtjaar van de aarde kunnen wij misschien niet genieten van de spectaculaire omgeving zoals Eta die heeft, maar het kan de moeite waard zijn P Cygni in de gaten te houden.

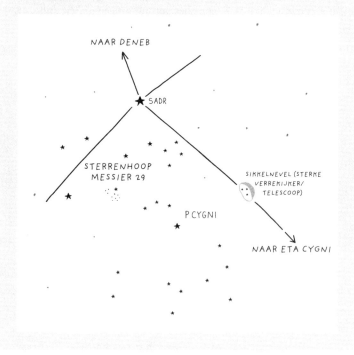

We zagen in het geval van Mira hoe een ster met een uitgeputte kern niet één, maar twee fusieschillen om zich heen kan produceren – de buitenste die waterstof verbrandt en helium produceert, en de tweede die dat helium transformeert tot zwaardere elementen als koolstof en zuurstof. Voor de meeste sterren betekent dit het einde, een laatste uitstoot van kernenergie voordat de buitenste lagen in het heelal verdwijnen en alleen een uitgebrande witte dwerg rest. Alleen sterren met een massa van meer dan acht keer die van de zon kunnen nog een stapje verder gaan: terwijl de opgebrande, koolstofrijke kern langzaam voor de tweede keer instort onder zijn eigen gewicht, worden druk en temperatuur zó groot dat de elementen in de kern op hun beurt gaan samensmelten. De details van dit proces werden voor de eerste keer in 1954 geschetst door de in Yorkshire geboren astronoom Fred Hoyle.* Hij beschreef hoe koolstof- en zuurstofkernen samensmelten met overgebleven heliumatomen in verschillende combinaties, waarmee steeds zwaardere elementen ontstaan, zoals neon en magnesium, silicium en zwavel.[90] Deze laatste stadia van kernfusie genereren uiteindelijk een hele reeks fusielagen rond de kern, die ieder naar buiten bewegen in een langzame, maar vraatzuchtige achtervolging van de producten die door zijn volgende, lichtere buurman worden voortgebracht.

Dit proces kan echter maar een bepaalde tijd doorgaan; met iedere generatie nieuwe elementen is er minder brandstof en bij de kernfusie zelf komt minder energie vrij dan daarvoor.** De superreus wordt een act op het slappe koord: de meervoudige lagen worden van onderaf ondersteund door een steeds zwakker wordende kernfusie die in de kern plaatsvindt.

Iedere fase van de kernfusie wordt onderbroken door een periode van rust waarin de kern krimpt onder het gewicht van buiten, totdat de motor opnieuw tot leven komt en weer een beetje meer energie gaat produceren. Maar uiteindelijk – als in de laatste fase van siliciumfusie een kleine kern is ontstaan van ijzer en nikkel – gaat er iets kapot.

Terwijl de ster probeert ijzer samen te laten smelten, loopt hij voor de eerste keer op tegen een element dat tijdens de fusie energie *opneemt* in plaats van *loslaat*. De gevolgen zijn spectaculair – terwijl de

---

* De beruchte dwarsligger Hoyle werd later beter bekend om zijn sciencefictionboeken (met als bekendste *A for Andromeda* uit 1962), en om het verdedigen van de steady-statetheorie van het heelal (verworpen), zijn eigen zwaartekrachttheorie (onzin) en de theorie van panspermie: leven komt overal in het heelal verspreid voor en wordt door kometen verdeeld over meer werelden (nog onbeslist).

** De oorzaak hiervan heeft te maken met 'kernbindingsenergie' die de atoomkern bijeenhoudt: fusie steunt op de neiging bij lichte elementen dat bindingsenergie afneemt met massa, zodat bij het samensmelten van twee atoomkernen om een derde, zwaardere kern te vormen een beetje energie vrijkomt, waardoor de ster blijft stralen.

buitenwaartse druk vanuit de kern ophoudt, valt het enorme gewicht van de hele ster plotseling naar binnen, om dan terug naar buiten te stuiteren met een reusachtige explosie die we een supernova noemen. Terwijl sterren met een massa van tussen acht en veertig zonnen in de aanloop naar dit moment zullen zijn opgezwollen tot rode superreuzen, is van sterren met een nog grotere massa het uitdijen ingeperkt door een combinatie van zwaartekracht en massaverlies en naderen zij hun einde als LBV's.

In het volgende hoofdstuk zullen we tot in detail kijken naar supernova's (en wat ze achterlaten), maar nu is het voldoende om te vertellen dat Eta zich in de richting spoedt van precies dat einde en naarmate hij er dichterbij komt, steeds instabieler wordt. Geschat wordt wel dat het totale massaverlies gedurende de uitbarstingsjaren die in 1843 hun piek bereikten, een verbijsterende twintig zonnen zou zijn (waarvan het meeste in de vorm van de uitdijende Homunculusnevel), wat de voor de hand liggende vraag opwerpt hoe zwaar deze ster dan eigenlijk is.

Tot de jaren 1990 werd algemeen aangenomen dat Eta een enkele monsterlijk grote ster was met een massa van minstens honderd zonnen. Aan het einde van de twintigste eeuw echter, terwijl het gas en het stof van de uitbarsting van 1843 geleidelijk ijler werden, werd Eta langzaam weer helderder. En terwijl astronomen de langzaam stijgende 'lichtkromme' van de ster met de modernste instrumenten in een diagram afzetten, begonnen ze een patroon te vermoeden in ten minste enige van de onvoorspelbare variaties, een complexe versie van de periodes van vervaging door periodieke eclipsen in dubbelsterren als Algol. In 1996 analyseerde de Braziliaanse onderzoeker Augusto Damineli dergelijke veranderingen in Eta's spectrum en stelde voor dat Eta weleens een dubbelster zou kunnen zijn. Zijn theorie heeft sindsdien steun gekregen van een heel scala aan onderzoeken op verschillende golflengtes, hoewel de twee sterren veel te dicht bij elkaar staan om zelfs met de sterkste telescoop afzonderlijk te kunnen waarnemen.[91]

Schattingen van de massa's van de twee monsters lopen enorm uiteen, maar een conservatieve aanname zou die van de primaire ster op

100+ zonnen zetten, en die van zijn begeleider op ongeveer 45 zonnen. Zware sterrenstormen die van het oppervlak van iedere ster waaien, botsen tussen hen in tegen elkaar en scheppen een 'hotspot' van een miljoen graden of meer, die intense en gevaarlijke röntgenstralen uitzendt. In iedere baanomloop is de hotspot van de aarde af gezien verduisterd waardoor de bron van de röntgenstraling aan en uit knippert.

Terwijl het gegeven dat Eta een dubbelstersysteem is, het begrijpen van deze raadselachtige ster nog complexer maakt en zijn gedrag nog moeilijker te voorspellen, is zijn lot op de lange termijn bezegeld. Beide sterren zijn, ondanks dat het nog kleuters zijn in de stellaire kinderkamer waarin ze zijn geboren, met grote snelheid op weg naar hun vroege dood. Met name de instabiele primaire ster kan binnen de komende 100.000 jaar best weleens ontploffen, en die explosie zal minstens helderder zijn dan Venus en kan weleens (afhankelijk van de precieze massa en omvang van de ster) twintig keer zo helder aan de aardse sterrenhemel verschijnen. Eta's uitbarsting van 1843, die nu wordt geclassificeerd als een 'supernovabedrieger', was slechts een preview van wat er te gebeuren staat.

17. DE KRABPULSAR

Een beroemde supernova en wat ervan over is

Vroeg in de morgen van 4 juli 1054 merkte Yang Weide, hofastronoom van keizer Renzong van de Chinese Noordelijke Songdynastie, een verandering op aan de ochtendhemel. Tussen de afnemende maan en de gloed van de opkomende zon straalde een nieuwe ster, een ster die zo fel scheen dat hij nog helderder was dan Venus. De ster was 23 dagen lang zelfs overdag te zien en nadat hij slechts langzaam weer in helderheid afnam, bleef hij nog twintig maanden zichtbaar aan de nachtelijke hemel.

Hedendaagse astronomen geven dit kosmische spektakel de wat fantasieloze naam SN1054, maar voor vrienden is het de Krabsupernova. Het is een van de helderste sterrenexplosies in de geschreven geschiedenis en voorzichtig wordt geschat dat hij een magnitude heeft bereikt van -6, terwijl hij een nog altijd uitdijende wolk van flarden superheet gas heeft achtergelaten die wij nog steeds kunnen waarnemen, en een geheim met zich meedraagt.

Het spoor van SN1054 brengt ons voor de laatste keer terug bij het machtige sterrenbeeld Taurus. Dit best herkenbare en oudste van alle sterrenbeelden was al de Hemelstier in Mesopotamië, gezonden door de godin Isjtar om op te treden tegen de held Gilgamesj, die maar niet inging op haar avances. In de klassieke wereld was het Zeus in een van zijn vele zoölogische vermommingen op weg naar het verleiden van de Fenicische prinses Europa.

De nieuwe ster verscheen net ten noordwesten van Zeta Tauri, een opvallende ster met magnitude 3,0 die de punt van de zuidelijke hoorn van de stier markeert. Net als duizend jaar geleden wordt Taurus in de ochtendschemering zichtbaar als de zon op zijn jaarlijkse oostelijke lus door de hemel eind juni het aanliggende sterrenbeeld Cancer, Kreeft, binnengaat. In oktober komt Taurus midden op de avond op en blijft een duidelijk zichtbaar deel van de nachthemel totdat het in april in de zonsopkomst verdwijnt.

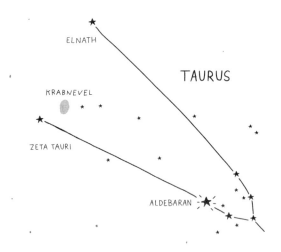

De plaats van het ongeval wordt nu afgeschermd door de beroemde Krabnevel. Je hebt een goede verrekijker en een heldere, donkere nacht nodig (of een kleine telescoop) om hem te zien, maar heb je eenmaal Zeta Tauri in het vizier, dan moet het niet al te moeilijk zijn – een zwakke lichtplek van ongeveer een kwart van de diameter van de vollemaan op een paar maanbreedtes afstand van de ster. Met een kleine telescoop en de juiste vergroting kun je zelfs de afzonderlijke flarden gloeiend gas langs de randen zien.

De Krab werd in 1731 ontdekt door John Bevis, arts en parttime astronoom in Londen, maar pas een generatie later befaamd toen de Franse sterrenkijker Charles Messier erover struikelde toen hij in 1758 op zoek was naar het opnieuw verschijnen van de komeet Halley. Hij was al uitermate populair vanwege zijn beroemde catalogus van nare komeetachtige objecten als 'Messier 1', zijn benaming voor de nevel, en daardoor werd die nu algauw een belangrijk doelwit van sterrenkijkers – en een frequent onderwerp van onenigheid over of hij nu uit gas bestond of dat het een enorme wolk was van nog onbekende sterren.

De naam van de nevel werd een paar decennia later bedacht door William Parsons, de derde Earl of Rosse. Deze rijke telg van de Anglo-Ierse adel staarde naar de nevel door een enorme, 72-inch spiegeltelescoop die bekend was als de Leviathan van Parsonstown – een monster dat eind jaren 1840 oprees uit de grond van zijn huis Birr Castle, terwijl de beruchte Grote Hongersnood vanwege de aardappelziekte in de omgeving heerste. De Leviathan was zo log dat hij alleen langs een enkele as naar boven en beneden kon worden bewogen, waardoor er alleen door kon worden waargenomen wat er toevallig op dat moment door die bepaalde strook van de hemel vloog. Toch was hij een van de wetenschappelijke topinstrumenten van zijn tijd en Parsons kon er, zich in evenwicht houdend op een gevaarlijk hoog waarnemingsplatform, voor de eerste keer de vezelachtige structuur van de nevel door waarnemen.[92]

Terwijl de eerste foto's van Messier 1, genomen in de jaren 1890, een einde maakten aan het nog altijd bestaande idee dat het een sterrenwolk zou kunnen zijn, werd de ware aard van de Krab pas duidelijk in 1913, toen Vesto Slipher (over wie we nog behoorlijk wat meer zullen gaan horen) in Arizona erin slaagde het vluchtige spectrum te vangen. Dit bleek echter een echte puzzel – een continu zwakke achtergrond met een aantal heldere emissielijnen die bij nadere bestudering ieder twee pieken bleken te hebben van intensiteit, elk aan een kant van hun verwachte positie. Slipher had enige tijd nodig voordat hij besefte dat hij emissielijnen zag van beide kanten van een grote uitdijende wolk van gas die, zichtbaar door het dopplereffect, in verschillende richtingen wordt geduwd: de Krabnevel, zo leek het, zette snel uit.

Deze uitdijing werd met andere middelen bevestigd in 1921 toen Sliphers collega aan het Lowell Observatory, Carl Lampland, de resultaten publiceerde van een afmattende zoektocht door de fotoarchieven.

Foto's die gedurende bijna een decennium waren genomen, lieten zonder enige twijfel zien dat de nevel in de loop van de tijd veranderd was.[93]

Dat er verband bestond tussen de nevel en de explosie van 1054 werd in 1928 verondersteld door Edwin Hubble. We zullen nog zien waarom Hubble zo belangrijk is in de geschiedenis van de astronomie als we in een later hoofdstuk zijn aangekomen bij Andromeda, maar intussen is zijn waarneming van de Krab een nogal briljante losse opmerking geweest. Terwijl Hubble een inleidend artikel schreef over nova's, merkte hij op dat je, op grond van de gemeten snelheid van uitdijing van de nevel en zijn hoekdiameter, terug kon gaan in de tijd en zien dat hij ongeveer 900 jaar eerder was ontstaan. Aangezien de nova van 1054 de enige bekende uitbarsting binnen Taurus was rond die tijd, leek het redelijk de twee met elkaar in verband te brengen.*[94] Hubble kwam nooit op het onderwerp terug, maar binnen enkele decennia hadden andere astronomen zijn veronderstelling bewezen.

* * *

Je hebt misschien opgemerkt dat Hubble naar de explosie verwees als naar een nova in plaats van een supernova – tot de jaren 1930 maakten astronomen hiertussen geen werkelijk onderscheid. Sterren die af en toe plotseling zichtbaar werden en geleidelijk weer in helderheid afnamen werden behandeld als een enkel soort objecten en aangezien niemand er veel vanaf wist, deed dat er ook weinig toe.

De kiem van verandering in die opvatting was echter al in 1885 gelegd toen een heldere ster opvlamde in wat toen de Andromedanevel heette. S Andromedae, zoals de uitbarsting genoemd ging worden, was op haar piek nauwelijks met het blote oog zichtbaar, maar ze werd van belang na doorbraken in het meten van kosmische afstanden (overigens aangevoerd door Hubble) eind jaren 1920. Als je niet wilt weten wat de resultaten zijn voor Bedrieger 2, sla dan het volgende even over…

---

*   De eer moet deels ook gaan naar de Zweed Knut Lundmark, die in de vroege jaren 1920 het moeizame werk deed om oude Chinese verslagen over 'gaststerren' door te pluizen en de eerste catalogus samenstelde van mogelijke historische nova's.

Toen de Andromedanevel een onafhankelijk sterrenstelsel bleek te zijn op meer dan twee miljoen lichtjaar van de aarde, werd S Andromedae naar een heel andere klasse geschoten dan die van huis-, tuin- en keukennova's. In 1934 berekenden de Duitser Walter Baade en de Zwitser Fritz Zwicky, beiden werkzaam aan het Mount Wilson Observatory, dat de explosie op zijn hoogtepunt minstens een miljoen keer zo helder was geweest als de zon, en bedachten ze de term 'supernova' om hem te beschrijven.[95]

Niet veel wetenschappelijke artikelen verdienen echt de titel 'oorspronkelijk', maar Baade & Zwicky (1934) vermoedelijk wel. Op nauwelijks zes bladzijden tonen de auteurs aan dat supernova's een aparte klasse van explosies zijn en komen ze met ruwe cijfers op grond waarvan ze uit elkaar te houden zijn. Zo schatten ze dat pieken van nova's tot wel 20.000 keer de helderheid hebben van de zon, terwijl supernova's ongeveer vijftig keer zo helder zijn als dat. Daarna identificeerden ze S Andromedae en de beroemde nova van 1572 (zie RS Ophiuchi) als leden van de supernovaklasse en wezen ze erop dat sterren die betrokken zijn bij supernova's in de nasleep van de explosie niet konden worden opgespoord, in tegenstelling tot normale nova's. Door een combinatie van schattingen en wiskundige durf kwamen ze zelfs op een grof cijfer van de enorme hoeveelheid energie die tijdens een ontploffing van een supernova vrijkwam.*

Als kers op de taart bevatte het artikel ook een berekening voor het efficiëntst mogelijke middel om energie te genereren: de directe omzetting van massa in energie à la Einsteins $E = mc^2$. Hoewel hier een vergissing in zit, bleek hieruit toch dat een supernova-explosie het equivalent was van het *compleet* omzetten van een ster van één zonnemassa in energie. De auteurs concludeerden correct dat een supernova een zeldzame overgang betekende van een ster met een grote massa in een object met een veel kleinere massa.

Baade en Zwicky waren zich er maar al te goed van bewust dat hun

---

* Het cijfer waarmee ze kwamen, had een heleboel nullen, 48 om precies te zijn, en een niet heel bekende eenheid, de erg. Maar ze gaven ook een makkelijker te begrijpen schatting: bij een supernova komt binnen een paar maanden net zoveel energie vrij als de zon uitstraalt in tien miljoen jaar.

dataset voor supernova's beperkt was tot slechts twee objecten en dat ze zich waarschijnlijk dood zouden vervelen als ze gingen zitten wachten op de volgende op onze kosmische drempel. Dus samen met hun collega Rudolph Minkowski (net als Baade een in Duitsland geboren immigrant in de Verenigde Staten) begonnen ze een verkenning van afgelegen sterrenstelsels volgens de redenering dat, als de Melkweg één supernova produceert per paar eeuwen* het in de gaten houden van een paar honderd sterrenstelsels er weleens één per jaar zou kunnen opleveren.

De zoektocht was veel succesvoller dan de drie mannen ooit hadden kunnen dromen en in 1941 hadden ze al ruim tien supernova's opgespoord. Nu waren Minkowski en Zwicky in staat onderscheid te maken tussen verschillende typen explosies naar aspecten van hun spectrum en de lichtcurve die hun helderheidstoe- en afname weergeeft.** Baade was intussen ook door historische archieven gegaan op zoek naar mogelijk genegeerde supernova's en dit leidde hem tot de bevestiging dat de nieuwe ster van 1054 niet gewoon een nova was, maar een supernova, met de Krabnevel als zijn snel uitdijende restant.[96]

* * *

Zoals we zagen bij ons bezoek aan Eta Carinae ontstaat een supernova als een monsterster met meer massa dan acht keer die van de zon aan het einde van zijn leven komt. In de voorgaande fase is een complex stelsel rondom de kern van dunne schillen opgebouwd ver onder het omhulsel van waterstof van de hele ster. Elke schil is een aparte fusiefabriek, maar als de kern opgevuld wordt door onbruikbaar ijzer en nikkel, dan wordt de voornaamste krachtbron van de ster plotseling uitgezet. Nu ze ineens beroofd zijn van de stralingsdruk waardoor de

---

* Recentere berekeningen suggereren dat er gemiddeld eens per vijftig jaar een zou plaatsvinden in onze Melkweg, dus als we bedenken dat de laatste supernova van die aard in 1604 plaatshad, dan zijn we al ver over tijd...
** Voor ons doel is het belangrijkste onderscheid dat tussen supernova's van 'Type Ia' en de rest. Terwijl de meeste supernova's explederende sterren zijn van het type waarover we het in dit hoofdstuk hebben, zijn die van Type Ia iets totaal anders (zie het hoofdstuk over Supernova 1994D voor meer details).

lagen in een delicaat evenwicht in de lucht bleven, storten ze nu sneller in elkaar dan je je voor kunt stellen. Ze spoeden zich naar de kern met een snelheid van wel 70.000 kilometer per seconde.

Deze beginimplosie duurt echter niet lang – als de binnenste schillen de ijzerrijke kern raken, worden ze teruggekaatst en produceren ze een verwoestende schokgolf die zich een uitweg door de ster baant. Alles wat in de weg komt van deze schokgolf wordt ineen geperst tot een onvoorstelbaar hoge druk en verhit tot immens hoge temperaturen, waardoor een enorme golf kernfusies aanvangt met temperaturen die veel hoger zijn dan temperaturen die heersen in de kernen van zelfs de grootste superreuzen. Met zoveel extra energie beschikbaar kunnen uit kernfusie zelfs kernen ontstaan die zwaarder zijn dan die van ijzer – elementen die gewoonlijk 'onbereikbaar' zijn door hun neiging energie te absorberen in plaats van uit te stoten terwijl ze gevormd worden. Ten gevolge daarvan verbrandt de ster in enkele dagen net zoveel materiaal als van een paar zonnen voordat hij de uiteengerukte resten over de buurt verspreidt als een kosmische illegale afvallozing.

Dat is althans de korte versie – de werkelijkheid is een beetje ingewikkelder, aangezien computermodellen suggereren dat het grootste deel van de energie van die eerste schokgolf diep onder het oppervlak van de ster al verbruikt is en de uitweg door de schillen al die kernen van zware elementen die zo zorgvuldig in het afgelopen miljoen jaar of zo zijn gevormd, nu weer afbreekt. Dan gebeurt er *iets* om de schokgolf een nieuwe impuls te geven zodat die zijn weg uit de ster kan vervolgen en uit niets een nieuw brood van zware elementen kan bakken. En wat dat iets is, hangt samen met wat er in de kern gebeurt.

* * *

Je herinnert je misschien van Sirius B dat een witte dwerg het laatste levensstadium is van een ster met ongeveer de massa van de zon. Deze uitgebrande sterrenkern ter grootte van de aarde heeft een enorme dichtheid (stel je een olifant voor die in een lucifersdoosje is geperst) en wordt gesteund tegen verdere ineenstorting door een merkwaardig

222 DE GESCHIEDENIS VAN HET HEELAL IN 21 STERREN

soort druk die op zeer korte afstand werkt om afzonderlijke elektronen van elkaar te houden. Goed, in 1931 kwam Subrahmanyan Chandrasekhar, een jonge Indiase astrofysicus die zich had ondergedompeld in de laatste ontwikkelingen in de kwantumfysica, met de theorie dat er een bovengrens moest zijn aan de massa van een witte dwerg, waar deze druk niet meer zou werken en de uitgebrande ster totaal ineen zou storten (waarvan hij dacht dat daaruit een zwart gat zou ontstaan). Chandra, zoals hij algemeen bekend is, berekende dat die grenswaarde ongeveer 1,4 zonnemassa moest zijn. Aangezien een ster een totale massa van minstens 8 zonnen moest hebben als hij de latere stadia van kernfusie wilde betreden en een supernova produceren, is het waarschijnlijk dat de kern van elke exploderende ster boven deze 'chandrasekharlimiet' ligt.

Wat Chandra toen niet kon weten (maar Baade en Zwicky een paar jaar later correct raadden) is dat er een veiligheidsnet wachtte om de ineenstortende witte dwerg op te vangen voordat hij ineenschrompelt tot een zwart gat. Dit wordt wel 'neutronendegeneratie' genoemd (jargon uit de kwantumfysica, geen moreel oordeel).

Neutronen waren de laatste van de drie hoofdtypen van subatomaire deeltjes die nog ontdekt moesten worden, en dat gebeurde in 1933. Als protonen de belangrijkste zijn en waarvan het aantal bepaalt tot welk element een bepaald atoom behoort, en elektronen zijn de nuttigste omdat ze buiten de kern rondzoeven en het mogelijk maken dat het atoom met andere atomen interactie aangaat, dan zijn neutronen opvulling; ze zijn goede maatjes met protonen in de atoomkern en doen gewoonlijk niet veel meer dan massa toevoegen. Maar neutronen hebben een geheim – in bepaalde omstandigheden kunnen ze veranderen in protonen en elektronen en in *extreme* omstandigheden (in een instortende sterrenkern bijvoorbeeld) kunnen protonen en elektronen in neutronen veranderen.

Dus terwijl de kern van de supernova krimpt tot hij kleiner is dan de aarde en dan de maan enzovoort, worden elektronen en protonen met ongelooflijke kracht tegen elkaar aan geperst om neutronen te vormen waarbij zo goed als ongrijpbare deeltjes vrijkomen, neutrino's.[*] Uiteindelijk blijft van de kern niets anders over dan neutronen – en net als we zagen dat het uitsluitingsprincipe van Pauli op het laatste moment op kwam dagen om Sirius B te redden van de totale ineenstorting, laat het zichzelf hier opnieuw gelden om verzet te creëren tussen neutronen terwijl ze steeds meer tegen elkaar aan geduwd worden.

De neutronenster die hieruit volgt, is een object ter grootte van een stad waarin elk speldenknopje materiaal de massa heeft van een volle olietanker, terwijl de oppervlaktetemperatuur een miljoen graden Celsius is of meer. Het oppervlak schreeuwt straling in een breed elektromagnetisch spectrum van röntgenstralen tot zichtbaar licht en verder. Maar zoals we zagen bij witte dwergen is temperatuur alleen geen garantie voor zichtbaarheid in het grotere heelal – een ster moet ook een zeker formaat hebben om gezien te worden. Het idee om objecten van een paar kilometer doorsnee te kunnen zien op een afstand van vele lichtjaren scheen eerst nog onmogelijk en lange tijd leek het dat neutronensterren in de wereld van de speculatie zouden moeten blijven, voor altijd buiten de grenzen van zelfs de allersterkste telescoop.

Dat veranderde op slag in november 1967 toen de jonge promotiestudent Jocelyn Bell over iets struikelde op een veld in de buurt van Cambridge. Dat veld stond vol met honderden radioantennes die samen het Interplanetary Scintillation Array vormden, een hypermoderne radiotelescoop die was ontworpen om de positie te bepalen van onvoorspelbare radiobronnen genaamd quasars (waarover meer als we bij een van de beroemdste aankomen, 3C 273). Maar toen Bell zich boog over de uitdraaien van data die in augustus van dat jaar waren verzameld, ontdekte ze iets totaal anders – een signaal dat vanuit het uitspansel met metronomische precisie pulseerde.

---

[*] Neutrino's worden ook uitgestraald als een manier van een neutronenster om snel de enorme hoeveelheid energie die wordt gegenereerd tijdens de ineenstorting kwijt te raken, en gedacht wordt dat die de schokgolf van de supernova die nieuwe impuls geeft. Ze hebben nauwelijks massa, zijn door niets tegen te houden en bewegen zich bijna met de lichtsnelheid en ontsnappen aan de explosie op het moment dat die inzet. Als ze opgespoord kunnen worden, dan kunnen ze als kosmisch vroeg alarmsysteem dienen dat waarschuwt tegen een aanstormende supernova.

De bron van het merkwaardige signaal, dat eerst nog LGM-1 werd genoemd (de afkorting voor Little Green Man) bevond zich in sterrenbeeld Vulpecula, Vosje, en pulseert iedere 1,337 seconde – zo snel dat het niet kon worden veroorzaakt door welke bekende ster dan ook. Bell moest haar best doen om haar supervisor Antony Hewish ervan te overtuigen dat de signalen natuurlijk waren en niet werden veroorzaakt door kunstmatige interferentie; uiteindelijk zou Hewish zijn bedenkingen opzij schuiven. De eerste snel pulserende radiobron (later bekend als pulsar) werd bekendgemaakt met de behoorlijk saaie aanduiding CP 1919.[97]

Het was stom toeval dat slechts enkele weken voor de bekendmaking van deze blijde boodschap de Italiaanse onderzoeker Franco Pacini een model had gepubliceerd van hoe neutronensterren precies zo'n verschijnsel konden produceren.[98] Dankzij het behoud van impulsmoment (een natuurkundige wet die we eerder tegenkwamen bij de geboorte van sterren als T Tauri) veroorzaakt het in elkaar persen van de kern van een ster tot een formaat ter grootte van een stad, dat hij als een hyperactieve wasmachinetrommel gaat rondtollen. Op hetzelfde moment wordt het oorspronkelijke magnetisch veld van de ster in elkaar geperst tot een fractie van zijn normale omvang én tegelijkertijd vindt een enorme versterking van de intensiteit plaats. Deze twee effecten samen, liet Pacini zien, zouden iedere straling van het oppervlak van de ster en nabije omgeving leiden naar twee sterke, in elkaars verlengde liggende bundels die van de magnetische polen de ruimte in schieten. Aangezien het onwaarschijnlijk was dat de stralen exact in het verlengde van de rotatie-as zouden liggen, zouden ze door de ruimte schieten als een kosmisch vuurtorenlicht en snelle flitsen veroorzaken op wie er maar in de weg stond.

Maar hoe goed theorie en praktijk ook samen klopten, wetenschap heeft meestal meer bewijs nodig voor een doorbraak dan een enkele set radiosignalen van een enkel object, zelfs als dat zo iconisch is als CP 1919.* De ontdekking van meer pulsars met overeenkomstige

---

* Dankzij de hoes van het debuutalbum van Joy Division uit 1979, *Unknown Pleasures*, is het pulsprofiel van de pulsar vermoedelijk op meer T-shirts verschenen dan de baby van Nirvana.

kenmerken hielp zeker, maar het was de Krabnevel die het doorslaggevende bewijs zou leveren. Nauwelijks een jaar na Bells ontdekking vonden onderzoekers die gebruik maakten van de Green Bank Radio Telescope in West Virginia en de enorme schotelantenne in Arecibo in Puerto Rico het signaal van een pulsar in de Krab, dat zich een ongelooflijke dertig keer per seconde voordeed. Deze ontdekking bood de ontbrekende schakel tussen pulsars en supernova's en gezien de recente datum van de explosie in Krab suggereerde dit dat pulsars snel beginnen en in de loop van de tijd geleidelijk aan snelheid en kracht verliezen.*

Sinds de ontdekking van de Krabpulsar is hij onophoudelijk onderwerp van onderzoek. In 1969 bevestigden astronomen dat hij altijd al in het volle zicht verborgen was geweest toen ze ontdekten dat een van de twee zwakke sterren die samenvielen met het centrum van de nevel, iedere 33 milliseconde een flitsje gaf. Ironisch genoeg was dit flitsen in de loop der jaren al enkele keren eerder door waarnemers met scherpe ogen gemeld, maar altijd door alwetende professionals afgedaan. Meer recent hebben spectaculaire foto's van Hubble en andere satellieten de verborgen structuur laten zien die door de pulsar in de Krabnevel is bevochten, met stralen materie die uit een onbeheerst draaiende top komen en hun omgeving van energie voorzien.

Er is een beroemd aforisme (vaak toegeschreven aan Geoffrey Burbidge, die met Fred Hoyle en anderen samenwerkte om de oorsprong van zware elementen binnen supernova's te verklaren) dat zegt dat astronomie ingedeeld kan worden in onderzoek naar de Krabnevel en onderzoek naar al het andere in het heelal. Gezien hoeveel de Krab en zijn pulsar hebben onthuld over hoe een ster sterft, is makkelijk in te zien waarom het is blijven hangen.

---

* Hewish en pionier van de radioastronomie Martin Ryle ontvingen hiervoor de Nobelprijs terwijl Bell schandelijk genoeg over het hoofd werd gezien.

18. CYGNUS X-1

Op zoek naar een zwart gat in een donker heelal

En nu komen we aan bij een van de vreemdste objecten in de kosmos – een ding dat we per definitie niet rechtstreeks kunnen zien, maar dat toch ergens rondhangt aan de zijlijn van de astrofysica, af en toe dingen omver schopt en moeilijkheden zoekt als een onhandelbare kosmische klopgeest. Met andere woorden, een zwart gat.

Een zwart gat is eenvoudig gezegd een object met een zwaartekracht die zo sterk is dat niets uit zijn klauwen kan ontsnappen, ook licht niet dat met een snelheid van 300.000 kilometer per seconde reist. Alles wat te dichtbij komt en te traag beweegt, wordt onvermijdelijk naar zijn ondergang toe getrokken, maar in tegenstelling tot wat sommige sciencefictionfilms je willen doen geloven staat het daar maar en houdt het alleen dreigend het omringende heelal in de gaten.

Het zwarte gat waar we nu met name belangstelling voor hebben, is bekend als Cygnus X-1 en neemt een bijzondere plaats in de geschiedenis in – als eerste ontdekt object van zijn soort zorgde het voor een theoretisch curiosum. Zoeken naar een object dat je niet kunt zien, klinkt als een zoektocht die Lewis Carroll voor Alice kon hebben verzonnen, maar gelukkig is X-1 niet alleen in de ruimte – het heeft een begeleidende ster wiens gedrag de aanwezigheid van het zwarte gat verraadt.

Je hoeft geen genie te zijn om te begrijpen dat X-1 binnen het sterrenbeeld Cygnus, de Zwaan, staat. De Zwaan vliegt op de avonden van augustus en september hoog langs de noordelijke hemel en strekt zijn hals langs een heldere veeg van de Melkweg naar de zuidelijke horizon. Voor sterrenkijkers op het zuidelijk halfrond lijkt het in dezelfde maanden boven de noordelijke horizon te vliegen.

De ster waar we naar zoeken is gezegend met de weinig bevallige naam V1357 Cygni en staat ongeveer halverwege de hals van de Zwaan, maar je hebt vermoedelijk wel een kleine telescoop nodig om hem te kunnen zien. Kijk halverwege de heldere ster Sadr op de zwanenborst en Albireo, de prachtige dubbelster die de snavel markeert, en daar zul je Eta Cygni vinden, met magnitude 3,9 vrij bescheiden. V1357 ligt ongeveer een maanbreedte ten noordoosten daarvan. Je kunt de tekening volgen om hem op te sporen, maar erg spectaculair om te zien is hij niet – gewoon een blauwige ster met een gemiddelde magnitude (ongeveer 8,9) waardoor hij met een goede verrekijker net zichtbaar is.

Dat saaie uiterlijk verdoezelt echter een ster die eigenlijk behoor-

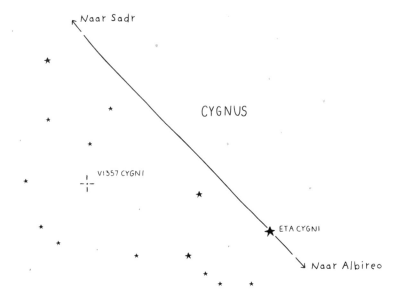

lijk indrukwekkend is. Met spectraaltype O9 behoort hij aan het hete (en daardoor zeer lichtkrachtige) uiteinde van de band sterren van de hoofdreeks. Om redenen die we in eerdere hoofdstukken hebben verkend betekent dit dat hij waarschijnlijk een grote massa heeft (geschat wordt achttien zonnen) en een naar verhouding kort leven van misschien een paar miljoen jaar. De variërende helderheid van de ster is te danken aan een mechanisme dat we nog niet eerder zijn tegengekomen – het is er een uit een behoorlijk zeldzame klasse van zogenaamde ellipsoïdale variabelen. Dit zijn sterren met een duidelijke verdikking rond het middenrif die op verschillende momenten ons delen van hun oppervlak laten zien die in grootte verschillen. In de meeste gevallen ontstaat dit soort variabiliteit als een ster zo snel om zijn as draait dat het gebied van de evenaar en omgeving probeert de ruimte in te vliegen, maar zoals we zullen zien is de verstoring in dit geval grotendeels te danken aan de invloed van het zwarte gat dat in de buurt staat.

Ten slotte is het nog de moeite waard op te merken dat de eigenbeweging van V1357 door de ruimte aardig overeenkomt met die van een groep sterren die de Cygnus OB3-associatie genoemd wordt – een losse sterrenhoop met een overeenkomstige oorsprong, net als de Ursa Major Moving Group waar Mizar deel van uitmaakt. Men vermoedt dat Cygnus OB3 ongeveer vijf of zes miljoen jaar geleden gevormd is, wat later in ons verhaal relevant zal blijken.

In de vroege jaren 1970 werd de aandacht van astronomen naar deze niet zo opmerkelijke ster getrokken door iets wat wél opmerkelijk is: een van de sterkste bronnen van röntgenstralen aan de hemel. De meesten van ons zijn alleen bekend met röntgenstralen in de huis-, tuin- en keukenvorm (zoals gedurende een vervelend bezoek aan de tandarts), maar deze magische stralen die met beledigend gemak door vel en vlees gaan zijn ook een natuurlijk fenomeen. Ze maken deel uit van hetzelfde elektromagnetisch spectrum als gewoon licht, infrarood en ultraviolet, maar hebben een veel kortere golflengte en een hogere frequentie dan al die andere. Dit betekent dat ze veel meer kracht hebben en alleen geproduceerd kunnen worden door een heleboel *energie* te verwerken.

Gewoonlijk komt deze energie in de vorm van warmte – we hebben al van sterren als Eta Carinae gezien dat gas dat wordt verwarmd tot duizenden graden, ultraviolette stralen gaat genereren, en als je dat op een of andere manier weet op te voeren tot een miljoen graden of daaromtrent, dan kun je beginnen behoorlijke hoeveelheden röntgenstralen te produceren.*

Het feit dat het heelal tjokvol zit met materiaal met dit soort extreme temperaturen werd pas in de jaren 1960 duidelijk toen röntgenstraaldetectoren naar de rand van de ruimte werden gebracht met behulp van slanke, suborbitale raketten (raketten die geen baan om de aarde beschrijven, maar eerder terugvallen) genaamd Aerobees. Deze vroege uitstapjes naar astrofysica vanuit de ruimte lieten zien dat overal in de ruimte röntgenbronnen verspreid liggen met verschillende golflengtes en energie. Veel ervan worden geproduceerd door superheet gas in de buitenatmosfeer van de zon. Gelukkig voor degenen die niet de hele tijd doorgelicht willen worden, worden bijna alle stralen uit de ruimte tegengehouden door de aardatmosfeer.

Cygnus X-1, de op twee na helderste röntgenbron aan de hemel, werd tijdens een van deze wetenschappelijke sensatietochtjes in 1964 ontdekt, maar het detectiesysteem (dat gebaseerd was op een geigerteller die uit een raam keek aan de zijkant van de langzaam draaiende raket als een vliegtuigpassagier die zijn nek verrekt om een alp te kunnen zien) kon voor de bron alleen een breed gebied van de hemel aanwijzen.[99] In 1970 werd na de lancering van NASA's eerste echt gerichte röntgensatelliet Uhuru het gebied wel verkleind, maar werd het mysterie van de stralingsbron almaar groter.**

Cygnus X-1 bleek bijzonder variabel en veranderde zijn intensiteit een paar keer per seconde. Omdat de helderheid abrupt toe- en afnam in plaats van geleidelijk, moest de bron van de röntgenstraling aardig klein zijn. Basisnatuurkunde zegt dat fysieke veranderingen zich niet

---

* Röntgenapparatuur die in laboratoria en ziekenhuizen wordt gebruikt, genereert overigens kleine hoeveelheden van de hoogenergetische botsingen die nodig zijn om röntgenstralen te produceren door geladen elektronen door sterke elektrische velden van heel hoge voltages te sturen.

** Uhuru is Swahili voor 'vrijheid', een knikje naar de lanceerbasis van de raket in Kenia. En ja, trekkies, hetzelfde woord had de naamgeving geïnspireerd van de verbindingsofficier van de USS *Enterprise*, luitenant Uhuru, een paar jaar daarvoor.

sneller door een object kunnen verplaatsen dan de lichtsnelheid, dus bepalen plotselinge veranderingen aan het object de omvang ervan. In het geval van Cygnus X-1 moesten de röntgenstralen wel komen van een gebied met een doorsnede van nog geen 100.000 kilometer.

Astronomen op de grond begonnen algauw te zoeken naar een mogelijke tegenhanger in zichtbaar licht. Eerst zagen ze niets – niets althans in dit deel van het uitspansel dat schreeuwde om hun aandacht. Maar in 1971 ontdekten radioastronomen van de Universiteit Leiden en van het US Radio Astronomy Observatory onafhankelijk van elkaar dat Cygnus X-1 ook radiogolven produceerde. De bron van deze signalen was een stuk makkelijker te vinden dan die van de röntgenstralen en daar, wachtend op ontdekking, stond de ster die nu bekend is als V1357 Cygni.

Maar algauw werd duidelijk dat V1357 niet zelf de bron kon zijn van de stralen. Deze doodnormale ster was misschien een beetje aan de grotere, heldere en hete kant, maar absoluut niet in staat röntgenstralen honderden lichtjaren de ruimte in te stralen. Was er misschien dan toch nog iets anders?

Zoals zo vaak het geval is, werd de oplossing door twee teams onafhankelijk van elkaar gevonden. In de herfst van 1971 begonnen Louise Webster en Paul Murdin, beiden van het Royal Greenwich Observatory,* en Tom Bolton van de universiteit van Toronto aan het meten van het spectrum van de zichtbare ster in de hoop in het sterrenlicht periodieke dopplerverschuivingen te vinden van het aantrekken en wegduwen van een onzichtbare röntgenbron.[100] Wat ze vonden was verrassend en opwindend: de dopplerverschuivingen waren er niet alleen, ze waren sterk. Zo sterk zelfs dat eenvoudige modellen van de banen van het stelsel suggereerden dat de bron zes keer of meer de massa van de zon moest hebben.[101] Een onzichtbaar object met een dergelijk grote massa kon maar één ding zijn.

---

* Dit RGO was in 1675 gesticht en in de jaren 1950 verhuisd naar Herstmonceux, Sussex, terwijl de eerdere vestigingsplaats in Greenwich hernoemd werd tot Old Royal Observatory. Later verhuisde het nogmaals, nu naar Cambridge, voordat het in 1998 werd gesloten en de oorspronkelijke plaats opnieuw een nieuwe naam kreeg, Royal Observatory Greenwich, hetgeen allang niet meer hetzelfde is.

* * *

Dat er iets zou kunnen bestaan als een zwart gat werd al opmerkelijk vroeg in de geschiedenis van de moderne astronomie geopperd – in 1783 om precies te zijn. In dat jaar gaf John Michell, geestelijke en filosoof met een vooruitziende blik, een voordracht voor de Royal Society in Londen waarin hij het idee schetste van een 'donkere ster' waarvan de zwaartekracht zo sterk was dat hij zijn eigen licht vasthield.[102] Spijtig genoeg bleef Michells idee ruim een eeuw lang verborgen en toen het idee in 1915 weer opdook als een mogelijke consequentie van Einsteins algemene relativiteitstheorie, werd Michells eerdere bewering dan ook over het hoofd gezien.

Dus even een kort – en hopelijk pijnloos – woordje over de algemene relativiteit. Het basisidee is dat wat wij de drie afzonderlijke di-

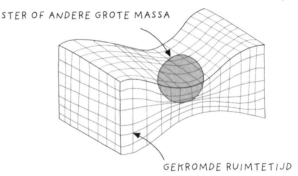

STER OF ANDERE GROTE MASSA

GEKROMDE RUIMTETIJD

mensies van ruimte noemen en één van tijd, in feite met elkaar zijn verbonden in een soort flexibele, vierdimensionale structuur (door Einsteins leermeester Hermann Minkowski de 'ruimtetijd' genoemd). De structuur wordt in de buurt van grote massa's ingeduwd en vervormd, waardoor de paden van objecten die er voorbij bewegen, zullen afwijken en de effecten ontstaan van wat wij als zwaartekracht ervaren. De hele set verbanden is beschreven als een reeks wiskundige formules die einsteinvergelijkingen worden genoemd.

Toen de Duitse astronoom Karl Schwarzschild deze vergelijkingen kort na hun publicatie nader bestudeerde, kwam hij erachter dat er niets in zat dat expliciet het bestaan verhinderde van die merkwaardige punten die singulariteiten werden genoemd: stop de juiste reeks getallen in de vergelijkingen en ze konden een enkel punt in de ruimte aanwijzen met oneindige dichtheid.* En wat in eerste instantie een foutje leek in de theorie, was in werkelijkheid een kenmerk: de eigenschappen zelf van singulariteiten die in strijd leken met de natuurwetten betekenen *ook* dat ze uit het heelal wegblijven om er niet de strijd mee aan te binden en achter de ondoordringbare barrière zitten waaruit zelfs licht niet kan ontsnappen.[103] Klinkt bekend?

Schwarzschild liet ook zien dat als je enig zwaar object in elkaar perste tot onder een bepaalde grootte (nu bekend als zijn schwarzschildstraal), je een singulariteit kon scheppen, maar zijn ideeën werden toch vooral beschouwd als een curiositeit van de wiskunde – die je makkelijk kunt negeren aangezien niemand zich kon voorstellen hoe zo'n singulariteit zou kunnen ontstaan.

Maar daar kwam in 1931 verandering in toen de jonge Subrahmanyan Chandrasekhar, die we in het voorgaande hoofdstuk over de Krabpulsar ook al tegenkwamen, een manier ontdekte om die vervloekte dingen te maken. Chandra, wiens oom Chandrasekhara Raman de eerste Indiase winnaar van de Nobelprijs voor de Natuurkunde was, was op weg van zijn vaderland naar Trinity College, Cambridge, om er aan het onderzoek voor zijn proefschrift te beginnen, toen een inzicht hem trof: singulariteiten konden van nature ontstaan uit de ineenstorting van kernen van sterren met een massa groter dan 1,4 keer die van de zon. Bij deze extreme voorvallen van sterrendood zou de sterke zwaartekracht voorkomen dat zich een stabiele witte dwerg vormde, en dus zou de kern maar blijven instorten tot één enkel superdicht punt. Chandra's idee bracht hem algauw in contact, en conflict, met de grootste astrofysicus van die tijd.

Arthur Stanley Eddington had zijn reputatie verdiend met zijn verdediging van de algemene relativiteitstheorie en als aanvoerder in 1919

---

* Beschouw een singulariteit als de relativiteitsversie van het op hol slaan van je rekenmachine als je 'delen door nul' intypt.

van een expeditie die een verbazingwekkende demonstratie gaf van de theorie in werking. In de jaren 1920 had hij ideeën ontwikkeld over de structuur van sterren die het fundament vormen van veel van de wetenschap in dit boek. En nu in de jaren 1930 richtte hij zijn aandacht op manieren om de relativiteitstheorie te combineren met die vreemde nieuwe wetenschap van de kwantumfysica. Je zou zeggen dat Chandra's ideeën precies in zijn straatje pasten, maar toch verwierp hij ze niet alleen – hij deed dat met grote vooringenomenheid en gebruikte het gewicht van zijn reputatie en zijn behoorlijk groot retorisch talent om de theorie van de jongeman belachelijk en onaanvaardbaar te doen lijken.* Waarom hij zich zo hevig tegen zwarte gaten verzette, is niet helemaal duidelijk; er is wel gesuggereerd dat het idee botste met ideeën die hij aan het ontwikkelen was, of dat hij een bijna filosofisch bezwaar had tegen het idee van singulariteiten en van sterren die in het niets verdwenen. Chandra zelf geloofde dat racisme een rol speelde en verliet uiteindelijk de verstikkende sfeer in Cambridge en ging naar Chicago.

Midden jaren 1930 leek de ontdekking van neutronensterren (zoals de Krabpulsar) ruimte te bieden voor een compromis – misschien waren zwarte gaten toch niet noodzakelijk? Maar uiteindelijk won de wetenschap. Aan het einde van het decennium stond de realiteit van de singulariteit weer op de agenda dankzij werk van Robert Oppenheimer (ja, die van het Manhattan Project) en de Russisch-Canadese natuurkundige George Volkoff. Met gebruikmaking van werk van de wiskundige Richard C. Tolman maakten zij een eerste schatting van de massa waarbij zelfs neutronendegeneratiedruk (opnieuw, zie de Krabpulsar) het walgend op zou geven – de zogenaamde Tolman-Oppenheimer-Volkofflimiet, kortweg de TOV-limiet.**[104]

---

* Ironisch genoeg had Eddington zijn eigen belangrijke bijdrage geleverd aan de fysica van singulariteiten voordat hij zich ertegen keerde. Hij had erop gewezen dat, omdat de lichtsnelheid onveranderlijk is, die niet door de zwaartekracht kan worden 'vertraagd'; in plaats daarvan wordt van licht dat van vlak bij de grens ontsnapt, de golflengte uitgerekt en wordt het uiteindelijk door de roodverschuiving onzichtbaar. Het is een zogenaamde 'zwaartekrachtroodverschuiving' die inmiddels is bevestigd door waarneming van sterren als S2.

** Die ligt bij ongeveer 2,3 zonnen, als enkele recente metingen betrouwbaar zijn tenminste, hetgeen suggereert dat er een relatief smalle ruimte is voor neutronensterren om in het plaatje te passen, en iedere ster met een massa van meer dan ongeveer 18 keer die van de zon is uiteindelijk op weg een zwart gat te worden.

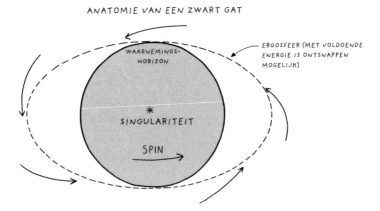

ANATOMIE VAN EEN ZWART GAT

Het was echter pas in de jaren 1960 dat de gouden eeuw van de zwartegatenfysica echt aanving. De openingsact begon in 1958 toen David Finkelstein, die werkte aan het Stevens Institute of Technology in Hoboken, New Jersey, besefte dat de schwarzschildstraal niet alleen het *point of no return* beschreef in zwartgatvorming, maar ook hoe dat er voorgoed uit zou gaan zien: zelfs als het materiaal erin naar één enkel punt roteert, dan zal een barrière eromheen, de zogenaamde waarnemingshorizon (de grens waarna de zwaartekracht zo sterk wordt dat licht er niet meer aan kan ontsnappen), op dezelfde plaats blijven.[*]

Dikke boeken zijn geschreven over de verdwazende natuurkunde die begon op te doemen toen wiskundigen en astronomen beter gingen kijken naar de waarnemingshorizon, maar onze tijd is zo goed als om en we moeten bijna terug naar onze kosmische touringcar. Voor nu is het voldoende om op te merken dat zwarte gaten in de beginjaren 1970 nog veel complexere objecten bleken dan eerder was gedacht.[**] Maar het feit dat ze uitsluitend theoretisch bestonden, werd wel wat beschamend.

[*] In zekere zin biedt de waarnemingshorizon fysici een ontsnappingsmogelijkheid – met de singulariteit veilig weggestopt zonder enige kans dat zijn invloed zich doet gelden op de rest van het heelal, kunnen zij veilig negeren welke kosmische overtreding van de natuurwetten erbinnen ook maar plaatsvindt.

[**] Ze kregen toen ook hun definitieve naam – niemand weet wie als eerste de term 'zwart gat' gebruikte, maar in januari 1964 was hij zeker in de astroterminologie opgenomen; toen verscheen hij in een verslag van journalist Ann Ewing over de jaarlijkse bijeenkomst van de American Association for the Advancement of Science in Cleveland, Ohio.

De ontdekking van Cygnus X-1 leek daarom perfect getimed, ook al bleven sommige theoretici voorzichtig. Stephen Hawking bijvoorbeeld sloot een weddenschap met zijn vriend Kip Thorne dat Cygnus X-1 *niet* een zwart gat zou blijken te zijn.*

De grote vraag is natuurlijk wat nu precies die röntgenstralen produceerde. Een zwart gat is per definitie zwart en hoewel er van de ronddraaiende objecten een merkbare roodverschuiving kan optreden naar het infrarood en radiogolven terwijl ze naar hun ondergang tollen, is er voor het object zelf geen reden hoogenergetische röntgenstralen uit te zenden.

Gelukkig lag er in de astrofysica een model te wachten voor situaties als deze: dat van de accretieschijf. Het werd eind jaren 1940 gepresenteerd door de Duitse kerngeleerde Carl Friedrich von Weizsäcker; zijn hypothese was dat gas dat op een ronddraaiend object valt (bijvoorbeeld als massa van de ene naar de andere ster gaat), zich niet eenvoudigweg ophoopt op het oppervlak. De deeltjes zullen in plaats daarvan alle kanten op drijven, tegen elkaar stoten en botsen en de neiging hebben zich gelijkmatig te verdelen in een schijf, ongeveer zoals we ook zagen bij de vorming van sterren (zie T Tauri).[105] Zijn ze eenmaal in die schijf opgenomen, dan volgen de materiedeeltjes een naar binnen gerichte spiraal als een naald op een grammofoonplaat totdat ze uiteindelijk het oppervlak van het aantrekkende object hebben bereikt.

Terwijl de materie neerdwarrelt, kan ze opwarmen door wrijving met de omgeving (en ook, zo weten we nu, door interactie met magnetische velden). Als de extreme zwaartekracht rond het restant van een ster nog eens aan dit mengsel wordt toegevoegd, dan kunnen temperaturen in de schijf wel tot miljoenen graden oplopen en energie gaan uitstralen tot niveaus waarbinnen röntgenstralen vallen.

Decennialang onderzoek heeft bevestigd dat rondom Cygnus X-1 precies zo'n schijf aanwezig is – de straling is een laatste superhete schreeuw van materie voordat die over de waarnemingshorizon van het

---

* Hawking zou een abonnement voor vier jaar op *Private Eye* krijgen, mocht Cygnus X-1 geen zwart gat zijn. Was dat wel het geval, dan kreeg Kip Thorne een jaarabonnement op *Penthouse*. De jaren zeventig, mensen.

zwarte gat verdwijnt. In 2011 waren astronomen die tegelijkertijd drie afzonderlijke astronomiesatellieten gebruikten, in staat de eigenschappen van de schijf ongekend gedetailleerd waar te nemen en wisten ze de massa van het zwarte gat te berekenen op een indrukwekkende 14,8 keer de zonnemassa. Bovendien bevestigden ze dat het zwarte gat ronddraaide, met achthonderd keer per seconde, waarmee ze konden bepalen dat het ongeveer zes miljoen jaar geleden moet zijn ontstaan.[106] Dit betekent dat de voorouderster een echt monster moet zijn geweest dat leefde en stierf in de eerste dagen van de Cygnus OB3-associatie.

Sinds Cygnus X-1 is geïdentificeerd, zijn overeenkomstige schijven waar röntgenstralen vandaan komen, gebruikt om tientallen zwarte gaten in ons sterrenstelsel en daarbuiten aan te wijzen, waarmee Michells donkere sterren van theorie een onmiskenbare werkelijkheid zijn geworden. Als we in ons voorlaatste hoofdstuk zijn aangekomen bij 3C 273, dan zullen we een voorbeeld zien van hetzelfde proces, maar dan op nog veel ontzagwekkender schaal.

19. ETA AQUILAE

Cepheïden – een meetlint voor de kosmos

Veel sterren zijn variabel, maar sommige zijn variabeler dan andere. Sommige volgen de hemelklok van banen en eclipsen, andere variëren betrekkelijk voorspelbaar als hun rotatie donkere sterrenvlekken of opwellingen van heet, helder materiaal zichtbaar maken. Sommige verschuiven hun energieoutput enorm van zichtbaar naar onzichtbaar en terug terwijl ze schommelen in grootte en oppervlaktetemperatuur, terwijl andere schijnbaar willekeurig felle vlammen of verduisterende wolken van gassen en stof uitspuwen.

Maar één klasse van sterren zijn de volmaakte variabelen – niet alleen volgen deze sterren een voorspelbare cyclus, maar de periodes van de afzonderlijke sterren van dit type kunnen andere eigenschappen onthullen en zo een manier bieden om de afstand naar objecten vast te stellen die ver buiten het bereik van de traditionele parallaxmetingen ligt, en presenteren daarmee een kans om de omvang van het hele universum vast te stellen. Deze variabelen – astronomische equivalenten van de Babelvis in Douglas Adams' transgalactische liftershandboek – zijn bekend als de Cepheïden. Als klasse zijn ze genoemd naar Delta Cephei, een naar verhouding heldere ster in het noordelijke sterrenbeeld Cepheus*, waarvan de helderheid varieert tussen de magnitudes

---

* Je herinnert je misschien koning Cepheus als de mythische heerser van Ethiopië, wiens ontzagwekkende opvoedkundige vaardigheden bleken in de mythe van Perseus bij ons bezoek aan Algol.

3,5 en 4,4 binnen een periode van 5 dagen, 8 uur en 53 minuten.

De periodieke schommelingen van Delta Cephei werden voor het eerst waargenomen door John Goodricke (de ontdekker van Algol) en op Nieuwjaarsdag van 1786 bekendgemaakt.[107] Maar Goodrickes vriend en medewaarnemer Edward Pigott had het voorgaande jaar al een ster gevonden met zeer overeenkomstig gedrag in de volle sterrenvelden van Aquila.[108] Aangezien deze ster het echte prototype van de 'Cepheiden' is en Aquila een interessanter en algemeen toegankelijk sterrenbeeld, zullen wij ons in dit hoofdstuk vooral richten op Pigotts ontdekking: Eta Aquilae.

Aquila staat voor de mythische Arend, die een dubbele opdracht heeft als de traditionele drager van Zeus' bliksems en als een vorm van de koning der goden zelf. Zeus, berucht om zijn ontrouw en zijn losse opvattingen over iets als instemming, ontvoerde de knappe Trojaanse jongeling Ganymedes en nam hem mee naar de berg Olympus, waar hij de eeuwige jeugd kreeg en de wijnschenker van de goden werd (wat blijkbaar wel iets was). Ganymedes zelf wordt vertegenwoordigd in het buursterrenbeeld Aquarius, ten oosten van Aquila.

Aquila vliegt noordwaarts langs de Melkweg en laat zijn staartveren zien aan de heldere sterrenwolken van Sagittarius erachter, terwijl hij klaarblijkelijk op het punt staat met zijn snavel in botsing te komen met die van de zuidwaarts vliegende Zwaan, Cygnus. De kop van de Arend wordt gemarkeerd door de ster Altair met magnitude 0,8 en is makkelijk te vinden dankzij zowel zijn helderheid als de afzonderlijke zwakkere sterren die zijn westelijke en oostelijke zijkanten bewaken. Altair vormt ook de smalle zuidelijke punt van de 'Zomerdriehoek', een wig te zien vanaf het noordelijk halfrond, waarvan de andere hoeken worden gemarkeerd door Deneb in Cygnus en Wega in Lyra, de Lier.

De vleugels van de Arend spreiden zich uit naar beide kanten van Delta Aquilae met magnitude 3,4, terwijl de punten worden gemarkeerd door de iets helderder Theta in het oosten en Zeta in het noordwesten. Eta (sorry voor al die Griekse letters) staat zo'n beetje halverwege een lijn tussen Delta en Theta en oscilleert (net als Delta Cephei) in helderheid tussen magnitudes 3,5 en 4,4. Een eenvoudige manier

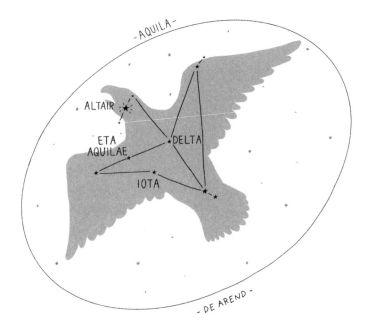

om de relatieve helderheid waar te nemen is kijken of die meer lijkt op die van de dichtbij staande Delta, of die van Iota Aquilae met magnitude 4,4, die enkele graden naar het zuidwesten staat.

Pigotts eerste observaties bevatten een nauwkeuriger versie van deze vergelijking, waardoor hij kon aantonen dat de oscillaties, de schommelingen, in helderheid van Eta Aquilae een exact repeterende periode volgden.[*] Hij berekende die op 7 dagen, 4 uur en 30 minuten (wat een kwartiertje te lang bleek).

In de negentiende eeuw gingen nog veel meer sterren Eta en Delta Cephei gezelschap houden in deze klasse van kortperiodiek veranderlijke sterren. De meeste volgden het 'skiliftpatroon' dat door de twee prototypen was gelegd, met een steile stijging van helderheid gevolgd door een langere, vlakkere daling (en soms, zoals bij Eta, een kort herstel met een tweede heldere piek). Hun periodes liepen uiteen van da-

---

[*]   klasse van kortperiodiek veranderlijke sterren.

gen tot slechts uren, terwijl een afzonderlijke groep aan de kant van de langere periodes steeg en daalde in een geleidelijker, vlakkere cyclus. Zij worden wel de Geminiden genoemd (naar de ster Zeta Geminorum in het sterrenbeeld Gemini, Tweelingen).*

De doorbraak die van de astronomische puzzel van de Cepheïden een waardevol instrument van iedere astronoom heeft gemaakt, was opnieuw afkomstig van het drukke activiteitencentrum Harvard College Observatory. Een van de vele projecten van Edward Pickerings vruchtbare team van vrouwelijke computers was de analyse van fotografische platen die in de buitenposten van de sterrenwacht op het zuidelijk halfrond waren gemaakt (waarover later meer). In 1904 vroeg Pickering aan Henrietta Swan Leavitt, een serieuze en toegewijde veteraan uit de eerste dagen van de Henry Draper Catalogue, om op de platen die waren opgestuurd uit Peru variabele sterren te vinden en te analyseren. Leavitt richtte zich met name op de Kleine Magelhaense Wolk (naar de Engelse naam op kaarten vaak aangeduid met SMC), een misvormde driehoek van sterren en gas aan de verre zuidelijke hemel die wel wat wegheeft van een groep die is losgeraakt van de Melkweg.

Leavitt had al naam gemaakt als specialist in veranderlijke sterren – ze had een zwak gezichtsvermogen en andere gezondheidsproblemen maar een scherpe geest en een talent voor het spotten van patronen en verbanden. Het was door het nagaan van het komen en gaan van zo'n 992 sterren op talloze fotografische platen dat ze in staat was er 16 uit te halen die een duidelijke scherpe stijging en geleidelijke daling in helderheid lieten zien in periodes van enkele dagen, en hierin zagen astronomen de vingerafdruk van Cepheïden. In haar verslag van haar ontdekkingen in 1908 liet Leavitt een wetenschappelijk bommetje vallen met haar terloopse opmerking: 'Het is de moeite waard op te merken dat... de helderste veranderlijke sterren langere periodes hebben.'[109]

Waarom zou dat er eigenlijk toe doen? Nou, als je je onze blik op Alcyone herinnert, dan ken je misschien Ejnar Hertzsprungs trucje nog om aan te nemen dat, aangezien de sterren van de sterrenhoop

---

* Niet te verwarren met de meteorenzwerm van dezelfde naam.

de Plejaden allemaal op ongeveer dezelfde afstand staan, hun relatieve helderheid een behoorlijk nauwkeurige afspiegeling is van hun werkelijke lichtkracht. Leavitt zag dat hetzelfde van toepassing was op de SMC als geheel en als de relatieve helderheid van elke Cepheïde in de SMC verband hield met de lengte van zijn periode, dan zou je eventueel een manier kunnen verzinnen om de periode te gebruiken om van *iedere* Cepheïde de werkelijke helderheid vast te stellen.

In astronomische termen was dit een big deal. Een onafhankelijke methode om de lichtkracht van iedere ster vast te stellen betekent dat je die kunt gebruiken als een 'standaardkaars': een object met een bekende lichtoutput, waarvan de helderheid gemeten vanaf de aarde de werkelijke afstand tot de aarde onthult. Op dat moment was onze kaart van het heelal nog altijd beperkt tot een handjevol sterren in de buurt met een direct meetbare parallax en een stel statistische sluipwegen die de grove afstanden gaven naar objecten die wat verder weg stonden. Een middel om de lichtkracht van de Cepheïden te bepalen – naar verhouding heldere, makkelijk te identificeren sterren die willekeurig over het uitspansel verspreid leken – kon uiteindelijk mogelijk een idee geven van de omvang van het grotere heelal.

Er waren nog vier jaar en de precieze lichtkrommen van nog negen sterren te gaan om het vermoedelijke verband onweerlegbaar te maken. Het resultaat was een kort artikel in 1912 in de *Harvard College Observatory Circular* 173, waarin Pickering Leavitts werk schetste; daarin werd vastgesteld dat het verband tussen de lengte van de periode en de lichtkracht geen vaag patroon was, maar een exacte wiskundige relatie.[110] Het artikel besloot met de suggestie om met het werk verder te gaan – misschien door de afstand vast te stellen tot nog enkele Cepheïden in de buurt.*

Hertzsprung zat er bijna direct bovenop. Gebruik makend van de regel dat de eigenbeweging van een ster aan de sterrenhemel waarschijnlijk groter is naarmate de ster dichter bij de aarde staat, berekende hij de ruwe afstanden naar dertien dichtbij staande sterren 'van

---

* Het was gebruik dat Pickering als directeur van de sterrenwacht auteur was van de *Circulars* – maar al in de eerste zinnen gaf hij Leavitt alle eer.

het Delta Cepheïtype'. Hierdoor kon hij enig vlees op de botten doen van Leavitts relatie tussen periode en lichtkracht: hij berekende dat een Cepheïde met een periode van 6,6 dagen gemiddeld ongeveer 640 keer meer licht uitstraalde dan de zon en daarom 7 magnitudes helderder moest zijn dan onze eigen ster van vergelijkbare afstand.[111] Hieruit leidde hij af dat de afstand tot SMC-sterren gemeten door Leavitt ongeveer 30.000 lichtjaar moest zijn.[*]

De weg leek nu open te liggen voor het berekenen van afstanden van variabelen met korte periodes waar ze ook maar werden gevonden – maar er bevonden zich natuurlijk nog wel een paar hobbels op de weg. Een daarvan was dat erkend moest worden dat variabelen met echt korte periodes (gewoonlijk te vinden in dichte bolvormige sterrenhopen en nu bekend als 'RR Lyrae-sterren') niet exact dezelfde relatie hebben tussen periode en lichtkracht als die met iets langere periodes. Hertzsprung stelde correct al in 1913 dat de periode-lichtkrachtrelatie alleen echt werkte voor Eta Aquilae-achtige variabelen, maar het duurde nog enige tijd om de twee klassen van elkaar te kunnen onderscheiden – dit is een van de oorzaken waarom Hertzsprungs oorspronkelijke schatting voor de SMC ongeveer zes keer te klein was. Over de snellere RR Lyrae-sterren zullen we het in het volgende hoofdstuk nog hebben.

Een ander probleem was dat van extinctie – de manier waarop sterrenlicht wordt geabsorbeerd of over grote afstanden verspreid door interstellair stof, waardoor de schijnbare helderheid van een ster afneemt. Dit doet ertoe omdat Eta Aquilae en zijn broertjes zowel schaars zijn als helder – we kunnen ze van grote afstanden zien, maar zelfs als we beter worden in het meten van die afstanden, dan klopt de relatie periode-lichtkracht niet als onze schattingen van hun helderheid niet kloppen.

In 1930 toonde de in Zwitserland geboren Robert J. Trumpler van het Lick Observatory van de universiteit van Californië aan dat stof het licht van verre sterren in het vlak van de Melkweg doet afnemen met een verontrustende 80 procent (een magnitude van 1,8) voor iede-

---

[*]   In het in het Duits verschenen artikel staat 3.000 lichtjaar, maar de bedoeling is volstrekt helder en dit is dan ook een schrijf- of typefout.

re pakweg 3000 lichtjaar. Hedendaagse astronomen beschikken over verschillende slimme trucjes om bij hun berekeningen te gebruiken en zo een nauwkeuriger meting van de lichtafname te verkrijgen van specifieke sterren, maar het zoeken naar manieren om de periode-lichtkrachtrelatie te verfijnen gaat tot op de dag van vandaag door.

* * *

We zullen in de laatste hoofdstukken van dit boek zien waar de Cepheïden precies naartoe leiden, maar wat zijn nu eigenlijk deze ongelooflijk nuttige sterren? In termen van kleur behoren ze tot de spectraalklassen A en F, dat wil zeggen dat ze meestal wit of geelwit lijken en een oppervlakte hebben die iets tussen een paar honderd en duizend graden warmer is dan onze zon. Toch zijn ze, zoals Hertzsprung afleidde van zijn schattingen van hun eigenbeweging, aanmerkelijk helderder dan de zon waardoor ze boven de hoofdreeks van de sterrenevolutie staan in een gebied dat wordt bewoond door sterren, die gele superreuzen worden genoemd.

Wat gewicht aangaat hebben Cepheïden massa's van vier tot twintig keer die van de zon, en astronomen die hun evolutie hebben ontrafeld, denken dat dit de juiste range is om ze een uniek evolutionair pad op te sturen. Je herinnert je nog wel van ons bezoek aan Mira dat veel sterren twee keer een rode reus worden – één keer nadat ze hun brandstof waterstof in hun kern hebben verbruikt, en nog een keer als ze ook alle helium in hun kern hebben verbrand. In de tussentijd, gedurende de fase waarin een actieve helium verbrandende kern wordt omgeven door een schil van waterstoffusie, stabiliseert de ster korte tijd, neemt zijn energieoutput af en worden de buitenste lagen compacter en daardoor heter. Van sterren in deze levensfase wordt gezegd dat ze op de 'horizontale tak' van het HR-diagram van sterrenevolutie zitten – ze drijven oostwaarts en een beetje zuidwaarts van waar de rode reuzen uithangen, voordat ze hun weg in noordwestelijke richting vervolgen terwijl iets van hun heliumkern wordt verbrand (zie het diagram op bladzijde 162).

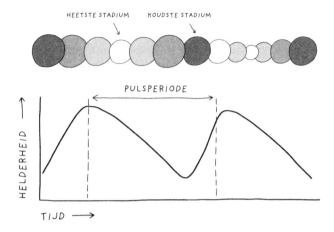

Als de massa van de ster binnen de juiste range ligt, dan sleept de route hem heen en weer door het diagram door een gevaarlijke zone, de instabiliteitsstrip, wat wel enigszins lijkt op iets uit *Star Trek* maar niets met de Romulans te maken heeft. De strip markeert een zone waarin sterren het slachtoffer kunnen worden van het (net zo filmachtige) kappamechanisme – een soort zelfregulerende sterrenklep die ervoor kan zorgen dat een ster uitdijt en inkrimpt in korte, maar regelmatige periodes.

Veel van het werk dat is verricht aan de relatie tussen periode en lichtkracht is uitgevoerd door een jonge postdoctoraalstudent aan Princeton, Harlow Shapley, van wie we in de volgende drie hoofdstukken meer zullen zien. In 1914 hadden onderzoeken aan de spectra van Cepheïden aangetoond dat van deze sterren zowel kleur als helderheid varieert; ze verschoven hun licht enigszins naar het hete, blauwe uiteinde van het spectrum als hun lichtkracht toenam, en werden koeler en roder als die afnam. Terwijl sommige astronomen de Cepheïden per se wilden verklaren als een soort spectroscopische dubbelstersystemen (zie Mizar), overtuigde de kleurverandering Shapley ervan dat de Cepheïden 'pulsators' waren, sterren waarvan de helderheid en kleur verband hielden met veranderingen in hun omvang.[112] Maar zoals van zoveel van onze ideeën over de inwendige structuur van sterren, werd het vaststellen van de details overgelaten aan Arthur Eddington in de jaren 1920.

Nadat Eddington de mogelijkheid had verworpen dat Shapleys pulsen aangedreven werden door snel op elkaar volgende veranderingen in de energieproductie van de ster, besefte hij dat het effect kon ontstaan als een specifieke laag van ondoorzichtigheid veranderde; hoeveel was afhankelijk van de hoeveelheid straling die de laag doorliet (aangeduid met de Griekse letter kappa). Deze hypothetische laag zou dan een beetje als veiligheidsklep kunnen werken: als de ster in elkaar geperst was, dan zou de laag ondoorzichtig worden en daarmee het ontsnappen van straling vertragen, waardoor de druk van binnenuit toenam totdat die uiteindelijk naar buiten werd geperst. Nam de druk daardoor af, dan zou de laag weer transparant worden en kon de ster zijn opgebouwde energie kwijt. Viel de druk van binnenuit weg, dan vielen de lagen weer naar binnen, werden ondoorzichtig en... nou ja, je snapt het verder wel.[113]

Hoe ingenieus Eddingtons idee ook was, het laten passen op de werkelijkheid bleek nog een hele puzzel, aangezien de meeste gassen bij toenemende druk transparanter worden en niet ondoorzichtiger. Het was pas eind jaren 1940 dat de Rus Sergei Zjevakin een mechanisme wist te vinden dat precies dat deed. Net onder het zichtbare oppervlak, legde hij uit, bevinden zich gebieden die partiële ionisatiezones worden genoemd, waarin het net niet heet genoeg is om atomen van waterstof en helium compleet te ioniseren, dat wil zeggen af te breken tot de gebruikelijke soep van elektronen en atoomkernen. Ten gevolge daarvan zijn er minder deeltjes aanwezig om de doorgang van het licht te verhinderen. Maar door het in elkaar persen van deze zones wordt ionisatie bevorderd, waardoor de dichtheid van deeltjes toeneemt, zodat licht moeite moet gaan doen er doorheen te komen. Eddington had dit idee ook in gedachten gehad, maar verworpen als onwaarschijnlijk op grond van wat toen bekend was over de samenstelling van sterren – Zjevakin liet zien dat, als er voldoende helium was (ongeveer 15 procent van de atomen van een ster), dit mechanisme kon werken.[114]

Dit verklaart waarom de instabiliteitsstrip daar op de kaart van de sterrenevolutie staat waar hij staat: een ster moet een zeker niveau van volwassenheid hebben bereikt voordat er zoveel helium in ronddrijft, en dan nog kan het kappamechanisme alleen in werking treden als de omstandigheden in de bovenste lagen van een ster precies goed zijn.*

Blijft nog de vraag hoe het komt dat de periode en de lichtkracht zo keurig samenhangen. Dit is verklaarbaar met een ander aspect van Eddingtons kleppentheorie: als de kritieke laag herhaaldelijk aan- en uitgaat en de ster uitdijt en samentrekt, dan bouwt hij een trilling op die lijkt op die van een klok of een vibrerende vioolsnaar – een oscillatie met de enorme omvang van een ster waarvan de fundamentele golflengte bepaald wordt door de diameter van de ster (of de lengte van de snaar, zo je wilt).

De frequentie van deze trilling (en dus van de periodes van de pulsen van de ster) hangt af van zowel de golflengte als de snelheid waarmee die zich door de ster voortplant, en dat is een zaak van de inwendige dichtheid. Als je bij de voorgaande hoofdstukken hebt opgelet, dan zul je hopelijk nu wel een idee hebben van hoe deze beide factoren uiteindelijk afhankelijk zijn van de mate waarin de ster energie uitstraalt, hetgeen ons een heleboel ingewikkelde formules bespaart.**

Henrietta Leavitt overleed in 1921, 53 jaar oud, voordat de Cepheidenrevolutie die zij ontketende, op stoom kwam. Vier jaar later, zoals we zullen zien bij Andromeda, zou Edwin Hubble haar ontdekking gebruiken om het heelal op z'n kop te zetten.

---

* Dit betekent trouwens niet dat alleen Cepheïden die instabiliteitsstrip kunnen doorkruisen – andere sterren kunnen hun eigen weg vinden naar een overeenkomstig delicaat evenwicht van ingrediënten en omstandigheden dat leidt tot verschillende typen pulserende sterren, waarvan we er in het volgende hoofdstuk nog een paar zullen tegenkomen.
** We kunnen het muziekmodel nog iets verder voeren. Het is mogelijk andere combinaties van golflengte en frequentie – 'boventonen' – in een ster te passen, net als je ze kunt produceren op een snaar. Interacties tussen de fundamentele frequentie van een ster en die boventonen kan variaties op het algemene Cepheïdenthema verklaren, zoals de kleine oprispingen tijdens de fase van afname van helderheid van Cepheïden met lange periodes, zoals Eta Aquilae, en meer nog het stijgen en dalen van de langzamere Geminiden.

20. BEDRIEGER NR. 1: OMEGA CENTAURI

Bolvormige sterrenhopen: sterrensteden met verouderende populaties

Scan de hemel met je verrekijker en kijk naar de rijkste, helderste delen van de Melkweg en misschien zie je iets ongewoons – hier en daar een hemellichaam dat er in eerste instantie uitziet als een ster, maar als je goed kijkt merkwaarwaardig onscherp is.

Je denkt misschien dat je een komeet hebt ontdekt – een van die kleine stukken steen en ijs die af en toe uit de diepvries van de buitenste delen van het zonnestelsel opduiken en richting zon vliegen, waarbij ze zich hullen in een halo van gas dat verdampt van het oppervlak van de komeet als die begint op te warmen na zijn lange, kille slaap. Maar kometen bewegen tegen een achtergrond van sterren, terwijl deze wazige 'sterren' op een vaste plaats blijven staan. Zoom in met een kleine telescoop en de waarheid komt algauw aan het licht, als hun nevelige buitenlagen zich verscherpen tot een wolk van talloze lichtpuntjes: deze kosmische stuifzwammen zijn enorme ronde wolken van sterren die wij sterrenhopen noemen, veel dichter opeengepakt dan de losse 'open' sterrenhopen als de Plejaden, en het thuis van een heel andere sterrenpopulatie. Ze worden 'bolvormige sterrenhopen' of ook wel bolhopen genoemd.

De helderste van alle bolvormige sterrenhopen is meer dan 1500 jaar lang per ongeluk aangezien voor een ster. Hij staat in het sterrenbeeld Centaurus, de hemelse Centaur, en werd door Ptolemaeus van Alexandrië beschreven als de ster op Centaurus' voorste schouder. Toen Johann Bayer zijn sterrenatlas *Uranometria* in 1603 samenstelde, gaf hij hem de naam Omega, vandaar de naam Omega Centauri, die beklijfde.

Je kunt het Bayer niet echt kwalijk nemen dat hij niet had gezien dat Omega geen ster is – zijn getuur naar de sterren combineerde hij met een succesvolle carrière als jurist in de Beierse stad Augsburg en hij kon daarom nooit dit wonder aan de diepe zuidelijke hemel zelf hebben aanschouwd. In plaats daarvan baseerde hij zijn atlas op werk van anderen, onder wie de Deens astronoom Tycho Brahe van een generatie eerder. Bayers voornaamste vernieuwingen waren het keurige (zij het wat grillige) systeem met de Griekse letters en de uitbreiding van het aantal gecatalogiseerde sterren. Ook maakte hij een tiental nieuwe sterrenbeelden in het verre zuiden algemeen bekend, die door de Hollandse zeeman Pieter Dirkszoon Keyser een paar jaar eerder waren ontdekt.

Omega Centauri blijft spijtig genoeg uit het zicht van ieder mens boven 40° N, maar iedereen in de rest van de wereld kan hem het beste zien aan de avondhemel tussen april en september. Zoals bij de meeste van de oude sterrenbeelden van Ptolemaeus is Centaurus geconstrueerd om 'met de goede kant boven' te worden gezien vanaf het noordelijk halfrond, met de schitterende Alpha Centauri (alias Rigel Kentaurus) en Beta Centauri (alias Hadar) die zijn voorhoeven markeren. Ptolemaeus beschouwde de sterren van het Zuiderkruis als een deel van Centaurus, maar als je ziet hoe ze onder de buik van de figuur hangen (op een manier die iedereen die met paarden omgaat direct zal herkennen) moeten we misschien dankbaar zijn dat het nu een afzonderlijk sterrenbeeld is.* Intussen zit Omega midden in Centaurus en ziet hij eruit als een onschuldige ster met magnitude 3,9.

Maar pak een verrekijker en alles wordt meteen anders: Omega

---

* Slimme lezers kunnen zich nu misschien afvragen hoe de in Alexandrië wonende Ptolemaeus een goed zicht kon hebben op de hoeven en het Zuiderkruis, net als op nog enkele oude sterrenbeelden waarvan we nu vinden dat ze tot de verre zuidelijke sterrenhemel behoren. De verklaring zit hem in hetzelfde precessie-effect waardoor de hemelpolen van de aarde langzaam van hun constante baan wijken doordat de zwaartekracht van de maan aan de evenaar trekt. Ten gevolge hiervan konden vroegere generaties sterrenkijkers andere gebieden van de hemel zien dan die wij nu waarnemen.

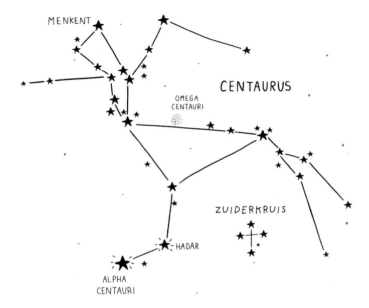

verraadt zich als een sterrenhoop van ongeveer de omvang van de vollemaan, rafelig aan de randen en een klein beetje ovaal, maar naar het centrum toe, waar sterren zich verdringen als in de moshpit tijdens een pre- of post-COVID rockconcert, wordt de wolk steeds dichter.

De eerste die, voor zover bekend, opmerkte dat Omega geen normale ster was, was Edmond Halley, die er een blik op wierp tijdens zijn verblijf op Sint-Helena in 1677, waarover we het eerder hadden.[115] De ware aard van het verschijnsel werd echter pas in 1826 vastgesteld door James Dunlop, een jonge Schotse astronoom die aan de andere kant van de wereld naar de sterren moest gaan kijken toen zijn baas, legerofficier en scherpzinnig sterrenkijker Sir Thomas Brisbane was benoemd tot gouverneur van New South Wales. Brisbane had de eerste echte sterrenwacht in Australië laten bouwen in Parramatta, nu een voorstad van Sydney, en Dunlop en de Duitse astronoom Carl Rümker opdracht gegeven de sterren die alleen zichtbaar zijn aan het zuidelijk halfrond te catalogiseren. Toen Dunlop bij Omega kwam, realiseerde hij zich meteen dat die tot dezelfde familie behoorde als de bijna ronde sterrenwolken die bekend waren van de noordelijke sterrenhemel en waarvoor William Herschel in 1789 de term *globular clusters* had bedacht.

Astronomen zagen direct dat Omega een beetje groter was dan de andere bolvormige sterrenhopen aan de hemel, maar de eerste pogingen om erachter te komen hoe groot hij precies was, werden pas in de negentiende eeuw ondernomen toen het Harvard College Observatory een zuidelijke buitenpost opende in Peru, met aan het hoofd Solon Irving Bailey. Het buitenstation, dat werd gefinancierd uit een legaat van Uriah Boyden, een uitvinder uit Massachusetts, werd gebouwd op een hoge berg met een vlakke top bij de stad Arequipa, waar Bailey – een man wiens gereserveerdheid samenging met een roekeloze zin in avontuur* – begon het uitspansel in kaart te brengen met de allermodernste 13-inch telescoop, spectroscoop en camera. De platen die in Boyden Station waren belicht, werden naar Harvard gestuurd, waar ze aan de gebruikelijke nauwkeurige analyse werden onderworpen door het nijvere team van de vrouwelijke computers.

Bailey raakte geobsedeerd door Omega Centauri nadat hij die in 1893 voor het eerst had waargenomen en de sterrenhoop werd, met andere bolvormige sterrenhopen, het brandpunt van zijn carrière. Aangezien geen enkele ster in de bolhoop helderder was dan magnitude 8, beredeneerde hij dat hij heel ver weg moest staan en dat alle sterren in de hoop behandeld moesten worden alsof ze allemaal op dezelfde afstand stonden. Dit betekende dat verschillen in hun schijnbare magnitude verschillen weerspiegelden in hun werkelijke lichtkracht, en dat kon weleens een paar interessante patronen laten zien.

Op zijn foto's van Omega kon Bailey in het gewoel duizenden afzonderlijke sterren onderscheiden en kon hij de eerste schattingen doen over hoeveel het er waren. Uit de met regelmaat gemaakte foto's bleek ook dat veel van de sterren in helderheid varieerden in periodes van ongeveer een halve dag. Die veranderlijke sterren volgden een heel aparte lichtcurve, met een steile stijging in helderheid gevolgd door een langza-

---

* Als Bailey niet door de telescoop tuurde, was hij druk bezig met zijn taak een serie weerstations te bouwen, verspreid over Peru, waarvoor hij vaak halsbrekende klimpartijen moest ondernemen naar ontoegankelijke bergpieken.

me afname en een scherpe laatste dip voordat de cyclus zich herhaalde. Van deze witte en gele sterren, die lange tijd domweg 'clustervariabelen' werden genoemd, werd aangenomen dat het versies met korte periodes waren van de Cepheïden die we in het vorige hoofdstuk tegenkwamen.

In 1902 had Bailey een verbijsterend aantal van rond de vijfhonderd van deze veranderlijke sterren geïdentificeerd in Omega Centauri alleen al en gedetailleerde metingen gepubliceerd van de mate van helderheid en periodes van 128 van deze sterren. (Het is overbodig om hier op te merken dat de Harvard-computers – in dit geval de onvermoeibare Williamina Fleming en haar collega Evelyn Leland – achter de schermen het zware werk hadden gedaan.)[116] Nadat hij in de Verenigde Staten was teruggekeerd, ontdekte hij net zulke indrukwekkende aantallen veranderlijke sterren in ander bolhopen zoals Messier 3 (in het noordelijke sterrenbeeld Canes Venatici, de Jachthonden) en Messier 15 in Pegasus.

In 1914 was Bailey lyrisch tegen de jonge Harlow Shapley over de mogelijke geheimen die op ontdekking lagen te wachten in de enorme aantallen vergelijkbare sterren in sterrenhopen. De rijzende ster Shapley – net benoemd tot Junior Astronoom aan het Mount Wilson Observatory – werd erdoor geïnspireerd er zelf onderzoek naar te gaan doen en kwam algauw met indrukwekkende resultaten.

Werk van Henrietta Leavitt en Ejnar Hertzsprung aan de Cepheïden had net onthuld dat voor deze sterrenklasse een duidelijk verband was aan te wijzen tussen hun gemiddelde helderheid en de periode van variabiliteit. Uitgaande van de begrijpelijke aanname dat de clustervariabelen ook Cepheïden waren, begreep Shapley dat hun sterk gelijkende periodes impliceerden dat ze een sterk gelijkende intrinsieke helderheid hadden. Dit betekende dat hij de relatieve afstand van verschillende bolhopen kon inschatten door eenvoudigweg de schijnbare magnitude van hun clustervariabelen te meten.

De volgende stap was natuurlijk het zoeken naar een manier om de relatieve afstanden om te zetten in echte cijfers en hier dacht Shapley dat hij geluk had, aangezien verschillende van die bolvormige sterrenhopen (waaronder Omega) ook veranderlijke sterren bevatten met Cepheïdeachtige langere variaties. Met gebruikmaking van Hertzsprungs cijfers voor de relatie tussen periode en helderheid berekende Shapley afstanden voor de clusters die varieerden tussen 20.000 lichtjaar voor de dichtstbijzijnde, zoals Omega Centauri, tot bijna 200.000 lichtjaar voor degene die het verst weg staan. Toen hij de locaties in de ruimte van tientallen sterrenhopen in kaart bracht, merkte hij op dat ze zich leken te verzamelen rondom een bijzonder helder deel van de Melkweg in de richting van Sagittarius.[117]

We zullen nog zien hoe belangrijk die ontdekking was als we in het volgende hoofdstuk een bezoek brengen aan het centrum van ons sterrenstelsel, maar nu volstaan we met erop te wijzen dat veel van Shapleys cijfers behoorlijk overdreven zijn gebleken, al vormen de clusters inderdaad een halo rondom de Melkweg: Omega staat in werkelijkheid rond 15.800 lichtjaar ver weg, terwijl de verste bolhopen, zoals NGC 6229, ongeveer 100.000 lichtjaar bij ons vandaan staan (in plaats van Shapleys 150.000 plus).

ALTERNATIEF: EEN NOORDELIJKE DISCOBAL

Omega Centauri mag dan onzichtbaar zijn voor ons in de gematigder, noordelijke streken, wij hebben gelukkig een alternatief bij de hand in de vorm van Messier 13, de Herculesbolhoop. Hoewel die niet zo indrukwekkend is als Omega (hij bevat 'slechts' een paar honderdduizend sterren en ligt met 22.500 lichtjaar ook een beetje verder weg) is M13 met magnitude 5,8 helder genoeg om met het blote oog te vinden als het goed donker is. En het is een makkelijke locatie voor een verrekijker of een kleine telescoop: hij lijkt op een zwakke lichtbol met een diameter van ongeveer twee derde van die van de vollemaan.

Om hem te vinden moet je eerst, niet zo verrassend, het sterrenbeeld Hercules zoeken, dat rond maart in de oostelijke avondhemel te zien is om in de noordelijke zomernachten steeds hoger te klimmen (zodat veel sterrenkijkers op het zuidelijk halfrond hem in het noorden kunnen zien). De figuur van de mythische held is eerlijk gezegd een beetje nietig, met vier naar alle kanten uitstekende 'ledematen' van sterren die verschijnen uit de hoeken van een hoekig lichaam genaamd de Hoeksteen. Deze vierhoek van redelijk heldere sterren valt op aan de donkere hemel en zorgt ervoor dat M13 makkelijk op te sporen is – je vindt de bolhoop bijna halverwege de westelijke kant van de Hoeksteen, tussen de sterren Eta en Zeta Herculis.

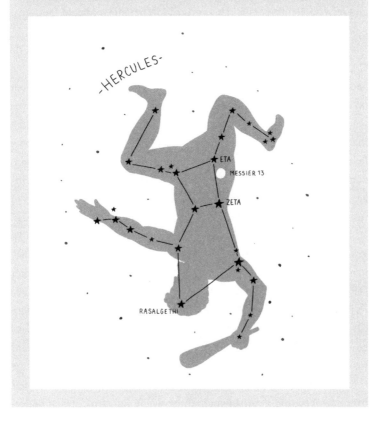

Het probleem met Shapleys berekeningen bleek te zitten in het feit dat clustervariabelen helemaal geen Cepheïden zijn – slechts neven die een bedriegelijk overeenkomstig gedrag vertonen. Het onderscheid tussen de twee groepen werd in het daaropvolgend decennium vastgesteld: toen steeds meer sterren van ieder type werden gevonden werd duidelijk dat, terwijl clustervariabelen periodes hadden die in uren waren te meten, er een uitgesproken gat zat tussen hen en de Cepheïden met de kortste periodes van een paar dagen. Daarnaast was er een steeds duidelijker wordend verschil in spreiding: Cepheïden werden voor het grootste deel gevonden in het vlak van de Melkweg, terwijl de clustervariabelen (die algauw RR Lyrae-sterren werden genoemd, naar een relatief dichtbij en helder voorbeeld in het sterrenbeeld Lier) juist *grotendeels* in sterrenhopen daarbuiten voorkwamen.

Wat dit nog eens ingewikkelder maakte, was het feit dat zelfs de Cepheïden met langere periodes in de bolhopen zich niet precies zo gedragen als die in de rest van de sterrenhemel. Het verschil komt neer op de verhoudingen van zware elementen die in de twee typen sterren voorkomen; hoewel beide worden gedreven door hetzelfde mechanisme, schijnen de metaalrijke 'klassieke Cepheïden' aan de sterrenhemel helderder dan hun metaalarme evenbeelden in de bolwolken.* Zijn aanname dat ze allemaal hetzelfde waren, bracht Shapley ertoe de lichtkracht van de cluster-Cepheïden te overschatten en op grond daarvan te concluderen dat ze verder weg stonden dan ze in werkelijkheid staan.

De RR Lyrae-sterren bleken ondertussen een heel onafhankelijke groep pulserende sterren te zijn, met veel lagere massa's dan Cepheïden (gewoonlijk slechts ongeveer de helft van die van de zon). Op het HR-diagram van sterrenevolutie staan ze helemaal onderaan de diagonaal van de instabiliteitsstrip, en hedendaagse onderzoekers denken dat het oude sterren zijn, die hun fase als rode reus achter de rug hebben en min of meer per ongeluk op een vergelijkbare wip zijn beland tussen inwendige druk en temperatuur als de Cepheïden.

Eén ding dat de RR Lyraes en de cluster-Cepheïden delen is het feit dat ze heel weinig zware elementen bevatten. Spectroscopisch onderzoek aan andere afzonderlijke bolhoopsterren (voor het eerst uitgevoerd bij de heldere en naar verhouding dichtbij staande Omega) onthullen

---

* 'Metaal' in deze context betekent elk element zwaarder dan helium – een soort astronomenafkorting waar iedere echte chemicus een nachtmerrie van zou krijgen. De aanwezigheid van metalen opent de weg naar hogesnelheids-CNO-fusie waardoor sterren met een grotere massa helderder stralen.

een vergelijkbare samenstelling. Maar hoe zou dat zo zijn gekomen?

Een aanwijzing hiervoor is dat bolhopen bijna uitsluitend sterren bevatten (met misschien hier en daar ter afwisseling een zwart gat) – van het voor stervorming noodzakelijke stof en gas is niets te vinden. Misschien herinner je je van onze spoedcursus sterrenevolutie dat zwaardere sterren lijken op Aesopus' haas: hardlopers zijn doodlopers, deze sterren rennen door de fases van hun leven naar een vroege dood. Dit betekent dat als je een sterrengroep afsluit van vers materiaal om sterren te vormen, de sterren met meer massa geleidelijk zullen verdwijnen (en uitgaan met óf de knal van een supernova, óf het relatieve geruis van een rode reus), met achterlating van de bedaarder, lichtgewicht sterrenschildpadden die nog miljarden jaren zullen schijnen.

Hedendaagse astronomen denken dat dit precies is wat er vroeg in de geschiedenis van de bolvormige sterrenhopen, misschien tien miljard jaar geleden of langer, is gebeurd. Ze begonnen als buitenmaatse versies van de open sterrenhopen die we nog zien, geschapen toen door botsingen tussen jonge proto-sterrenstelsels enorme wolken stervormend gas en stof bij elkaar gegooid werden en in verre banen werden geslingerd. De nu ontstane 'supersterrenhopen' bevatten enkele echt reusachtige sterren, die door het verhoudingsgewijze gebrek aan metalen langer konden stralen dan ze anders zouden doen.* Na een paar miljoen jaar al werden deze reuzensterren supernova's, waarbij ze schokgolven veroorzaakten die het omringende gas uit de sterrenhoop verdreven. Toen er op deze manier een ruw einde kwam aan de stervorming, konden de overblijvende sterren langzaam ouder worden, waarbij dodelijke sterrenobesitas geleidelijk aan zijn tol ging eisen onder de helderder en zwaardere exemplaren totdat alleen degene die minder massa hebben dan de zon tot op de dag van vandaag weten te overleven, terwijl ze zich langzaam door hun brandstof heen werken als gele, oranje of rode dwerg.**

---

* Aangezien het gas minder is verrijkt met zware elementen van eerdere generaties sterren.

** Dit is althans de over-en-uitversie – een handvol bolhopen tonen de aanwijzingen van twee of meer generaties sterren, vermoedelijk te danken aan ontmoetingen met onafhankelijke wolken van stervormend gas na hun oorspronkelijke vorming.

Omega Centauri is het schoolvoorbeeld van dit soort systemen – de grootste en spectaculairste van de ongeveer 150 bolvormige sterrenhopen waarvan we weten dat ze in een baan om de Melkweg draaien. Terwijl de meeste bolhopen een paar honderdduizend sterren bevatten, heeft Omega er naar schatting tien miljoen, samengeperst in een bal met een doorsnede van zo'n 170 lichtjaar. Met een totale massa van vier miljoen zonnen is Omega een lompe olifant vergeleken met zijn spichtiger bolvormige buren – zo groot zelfs dat sommige astronomen denken dat hij ooit het middelpunt is geweest van een heel dwergsterrenstelsel, ontdaan van zijn buitenste rafels door de zwaartekracht van de Melkweg.

De centra van Omega en andere bolhopen zijn zo dicht opeen geperst dat de sterren daar op afstanden van elkaar staan van lichtdagen, of misschien zelfs lichturen. In deze drukke omgeving komen ontmoetingen en ook botsingen tussen sterren frequent voor. Botsingen, of het smeden van nieuwe dubbelstersystemen onder die opeengepakte sterren, kunnen een van de oudste mysteries van bolhopen ophelderen: de aanwezigheid van hete, heldere sterren die 'blauwe achterblijvers' worden genoemd, die stralen als alarmlichten tussen hun zwakkere rode en gele buren.

De eerste van deze sterren werd in 1953 ontdekt door de Amerikaanse astronoom Allan Sandage.[118] In het begin leek het erop dat deze heldere blauwe dwaalsterren de keurige theorie van bolvormige sterrenhopen als rustoorden voor oude sterren in de war zouden gaan gooien. Als ze met grote snelheid hun brandstof verbranden, dan moeten ze toch een korte levensduur hebben en dus recentelijk zijn gevormd? Maar onderzoek van de afzonderlijke sterren in Omega's kern in de jaren 1990 heeft tot een manier geleid om aan deze paradox te ontsnappen. Het heeft laten zien dat blauwe achterblijvers niet alleen twee keer zo zwaar zijn als hun buren, maar dat deze indringers ook twee keer zo snel om hun as draaien – een absoluut signaal dat onze oude vriend van het behoud van impulsmoment zijn werk heeft gedaan. Nu wordt aangenomen dat achterblijvers gevormd worden als de sterren met lage massa in kerngebieden met grote dichtheid elkaar langzaam naderen om uiteindelijk instabiele dubbelstersystemen te vormen. Binnen deze systemen kan de zwaartekracht van een van de sterren materiaal weghalen van de andere in een soort kosmisch kannibalisme, of beide sterren komen in een spiraal steeds dichter bij elkaar tot ze fuseren. In beide gevallen is het gevolg een snellere draaiing, een grotere energie-uitstoot en een heter oppervlak.

Voordat we Omega Centauri en de wereld van de bolvormige sterrenhopen achter ons laten, is er nog één vraag te beantwoorden: waarom zouden grote groepen sterren op leeftijd zulke bolvormige hopen vormen? Het antwoord daarop ligt in het gegeven dat de verdeling van sterren op enig moment een momentopname is van hun eeuwige beweging binnen de sterrenhoop: in werkelijkheid volgt iedere ster een lange, ellipsvormige baan en beweegt zich het snelst als hij zich het dichtst bij het centrum van de hoop* bevindt en veel langzamer aan de uiteinden van hun baan. Talloze sterren met vergelijkbare banen die elkaar overlappen wekken de indruk van een bolvormige sterrenhoop.

En hoe komen die sterren trouwens in zo'n lange, ellipsvormige baan terecht? Ook hiervoor moeten we naar dat drukke centrum kijken, waarin botsingen en het elkaar gevangen houden in meervoudige stelsels naar verhouding zeldzaam zijn, maar bijna-botsingen verontrustend vaak voorkomen. Bij dergelijke ontmoetingen kunnen sterren elkaar beïnvloeden, even de hand schudden via de trekkracht van hun beider zwaartekracht voordat ze elkaar weer loslaten om verder van het centrum weg te worden geslingerd. Zonder aanwezig gas of stof (het soort materiaal dat door de botsingen een platte schijf zou kunnen vormen en helpen de bewegingen van deze voortvluchtige sterren te beheersen) kunnen de richtingen van deze nieuwe, afwijkende banen totaal willekeurig zijn. Het resultaat van deze chaos, gezien van een afstand van duizenden lichtjaren, is verbazingwekkend.

---

* Wat al dan niet een zwart gat van 10.000 zonnemassa's kan zijn, afhankelijk van met welke groep onderzoekers je praat...

21. **S2**

Een reisje naar het centrum
van de Melkweg

Volgens een onderzoek uit 2016 is de vervuiling van onze nachtelijke hemel met licht van menselijke activiteit zo groot, dat een derde van alle bewoners van de aarde de Melkweg niet kan zien van waar ze wonen. In Europa is dit zelfs 60 procent en in Noord-Amerika 80 procent, terwijl de totale bevolking van kleine landen als Malta, Singapore en Koeweit zelfs geen enkele kans hebben.

Gelukkig is voor de meesten van ons, stadslui, een donker (of althans voldoende donker) uitspansel gewoonlijk wel binnen bereik, zelfs als we niet langer zomaar naar buiten kunnen om het boven ons hoofd te zien. Ga eens weg van de straatverlichting, neonreclames en het schijnsel van het alomtegenwoordige beeldscherm en je zult zien dat de Melkweg nog altijd op ons wacht. Bijna iedere oude cultuur heeft haar eigen mythe of sprookje om te verklaren wat de Melkweg is en hoe hij daar is gekomen – of het nu de gloeiende boeggolf is van een Maori-kano, vonken die de lucht in zijn gegooid door een Khoisan-meisje dat de nacht wilde laten oplichten of het magische pad van de vogels, die vanuit het uiterste noorden van Finland zuidwaarts trekken. De Griekse mythologie levert intussen weer eens zo'n moeilijk verhaal over huwelijksontrouw op de berg Olympus. Hierin is de Melkweg een fontein van melk die uit een borst van Hera, de al zo lang lijdende vrouw van

Zeus, de lucht in spuit als de boze godin wakker wordt met een onbekend kind naast zich, baby Hercules, die aan haar borst sabbelt.*

In werkelijkheid is de Melkweg wel iets indrukwekkenders dan wat
welke mythologie ook maar kan verzinnen: een band van talloze sterren, die zich onzichtbaar ver uitstrekt en het centrale vlak markeert in
het reusachtige, spiraalvormige sterrenstelsel waarin ons zonnestelsel
en bijna iedere ster die we met het blote oog kunnen zien, bivakkeren.
Aan het noordoostelijk uiteinde gaat hij door Cassiopeia en Cepheus,
terwijl het zuidelijk uiteinde door Centaurus, het Zuiderkruis en Carina loopt.

De beste tijd om de Melkweg te zien is wanneer hij min of meer
van noord naar zuid loopt en het zenit passeert (het punt aan de
hemelbol recht boven je hoofd). Voor wie 's avonds naar de sterren
tuurt is dat meestal rond begin september en begin maart, maar tussen de twee is een groot verschil. Terwijl de Melkweg in maart een

---

*   Zeus had besloten de kleine Hercules, zijn liefdeskind bij de sterveling Alkmene, stiekem een dosis
     van Hera's goddelijkheid te geven terwijl zij sliep. Ons van het Engelse *galaxy* afgeleide woord *ga-
     laxie* heeft dezelfde wortel als *lactose*, het Griekse *gála*, 'melk', en in dit geval kun je het Hera moeilijk
     kwalijk nemen dat ze wat intolerant overkomt.

nogal flauwe vertoning is (vooral voor de noordelijke sterrenkijkers) als hij zijn weg zoekt bij de hoorns van Taurus, is de verschijning in september over het algemeen helderder en complexer en bereikt hij zijn hoogste intensiteit in de drukke sterrenvelden van Sagittarius, de Boogschutter.

De oorzaak van dit verschil zit hem in de geometrie van de Melkweg en onze plaats erin. Ons sterrenstelsel is een brede, maar verhoudingsgewijs dunne schijf, dus kijken we in bepaalde richtingen, dan lijken de sterren in onze buurt op redelijke afstand te staan en kunnen we er makkelijk langs kijken naar de duisternis van de omringende ruimte. Kijken we echter in andere richtingen, dan staan de sterren daar dicht bijeen achter elkaar en scheppen zo wolken flauw licht omdat we dan door de schijf van de Melkweg kijken. Hoeveel sterren we dan zien, hangt ervan af hoe groot het deel van de schijf is waar we doorheen kijken. Kijken we richting Taurus, dan zien we de buitenrand van het sterrenstelsel en daar zijn de sterren dun gezaaid. Maar in de richting van Sagittarius kijken we recht in de kern van de zaak, naar het centrum van het sterrenstelsel op 26.000 lichtjaar van ons vandaan, waar een groep zwaargewichtsterren rond een sluimerend, onvoorspelbaar monster draait: het superzware zwarte gat dat de hele Melkweg bij elkaar houdt.

Ster S2 is de intensiefst bestudeerde ster van deze centrale sterren, al is hij niet meer de ster die het dichtst bij het zwarte gat staat. Hij staat wel in het centrale gebied van de Melkweg (een enorme rugbybal van oude rode en gele sterren met een doorsnede van ongeveer 20.000 lichtjaar) terwijl de spiraalarm van Scutum-Centaurus (een lange, diffuse verzameling sterren, gas en stof) er ook nog eens doorheen zwaait, en daardoor is er voor ons, enthousiaste amateurs, jammer genoeg geen enkele kans om dit centrumgebied ooit te kunnen waarnemen. Het beste waarop we kunnen hopen is dat we dan tenminste in de goede richting kijken.

Dus: Sagittarius, het sterrenbeeld Boogschutter, gewoonlijk afgebeeld als een centaur gewapend met pijl en boog, ziet er voor moderne ogen er eerder uit als een theepot, waarbij het helderste deel van de Melkweg als stoom uit zijn tuit opstijgt.* De top van de tuit wordt aangegeven door Alnasi, een ster met magnitude 3,6, ook wel bekend als Gamma-2 Sagittarii. Volg nu een rechte lijn in noordwestelijke richting naar de ster met magnitude 3,2, Theta Ophiuchi. Ongeveer halverwege zou je nu de ster 3 Sagittarii moeten zien stralen met magnitude 4,6; de plaats van S2 en het centrale zwarte gat liggen ongeveer twee maanbreedtes ten zuiden hiervan.

Dat is dan het centrum van de Melkweg – maar hoe kwamen we daar?

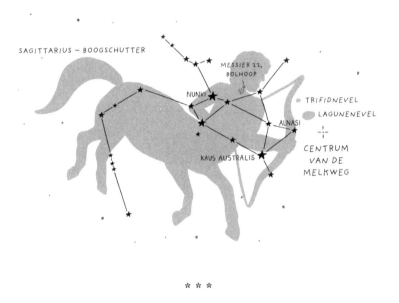

* * *

De eerste van wie we weten dat hij conclusies trok over de fysieke structuur van ons sterrenstelsel op grond van zijn verschijning aan de hemel was de in Durham, Engeland, geboren astronoom en instrumentmaker Thomas Wright, die in 1750 suggereerde dat de Melkweg

---

*   Met de Boogschutter én de Centaur heeft de nachtelijke hemel de handen vol aan mythische paard-mannen. De sterrenbeelden worden geacht de centauren Chiron (leermeester van een hele reeks Griekse helden en halfgoden) en de wijze Pholus uit te beelden, maar geen twee geleerden zijn het er ooit over eens wie wie is.

een, wat hij noemde, slijpsteenstructuur had.[119] Een generatie later verzamelden William en Caroline Herschel, hooggestemd door Williams ontdekking van Uranus en zijn benoeming tot King's Astronomer,* concrete bewijzen voor dit idee toen zij een krankzinnig ambitieuze verkenning begonnen van de sterrenhemel vanuit hun nieuwe sterrenwacht in Datchet bij Windsor.

Het plan van de Herschels was gebaseerd op de (voor die tijd niet onredelijke) aannames dat sterren allemaal min of meer dezelfde lichtkracht hadden en gelijkelijk over de ruimte waren verdeeld. Ten gevolge daarvan zou hun schijnbare helderheid afnemen met hun afstand en het aantal sterren dat je in een bepaalde richting kon zien (als je tenminste dezelfde telescoop gebruikte) zou aangeven hoe ver het was tot de 'rand' van het heelal. Door de hemel te verdelen in zevenhonderd gelijke gebieden en het aantal in elk gebied te tellen, kwamen ze tot een kaart van de Melkweg die leek op een amoebeachtige, afgeplatte bobbel met de zon ergens niet ver van het middelpunt.[120]

Het idee dat de Melkweg de structuur zou hebben van een pinwheel, zo'n kinderblaasmolentje, vond eind negentiende eeuw ingang na de ontdekking van spiraalpatronen in enkele nevels ver weg. In die tijd werd over de aard van de nevels nog fel gediscussieerd (zoals we zo nog zullen zien als we het hebben over Andromeda) en het idee van een spiraalvormige Melkweg ging over het algemeen hand in hand met de aanvaarding dat de spiraalnevels grote 'eilanduniversa' waren op vergelijkbare schaal met de Melkweg zelf, in plaats van compleet andere hemellichamen binnen ons sterrenstelsel.

Onze eigen plek in de Melkweg kwam in 1921 in het middelpunt van de belangstelling te staan toen opnieuw een copernicaanse klap werd uitgedeeld aan de prominente plaats van de aarde door Harlow Shapley, inmiddels van Harvard. Door het in kaart brengen van de verdeling van bolvormige sterrenhopen als Omega Centauri, die toen algemeen werden beschouwd als slenteraars in de gebieden boven en onder het vlak van de Melkweg, besefte Shapley dat ze rondom een

---

* Een minder academische en elegantere rol dan die van Astronomer Royal.

punt lagen dat duizenden lichtjaren weg in de richting van Sagittarius moest liggen. Dit, zo leek redelijk om aan te nemen, was het echte centrum van de Melkweg waar al het andere omheen draaide. Nu ons zonnestelsel plotseling was gedegradeerd naar een ongeregelde achterbuurt aan het onelegante einde van het sterrenstelsel kwam er eindelijk schot in het in kaart brengen van onze omgeving. In 1927 deed de Nederlandse astronoom Jan Oort een ontdekking die een doorbraak bleek: verschillende delen van de Melkweg bewegen met verschillende snelheden.

Dat is logisch als je er nu over nadenkt – de Melkweg is niet zoiets als een vast lichaam, maar blijft bijeen doordat ieder object daarbinnen zijn eigen baan beschrijft dankzij de invloed van de zwaartekracht. Het hele sterrenstelsel moet dus dezelfde regels van beweging volgen waaraan de planeten binnen ons zonnestelsel, of sterrenstelsels als Mizar, gehoorzamen – met andere woorden, hoe verder van zijn centrum een object zijn baan beschrijft, hoe langzamer het object beweegt.

Oort begon nu de bewegingen van sterren in verschillende delen van de Melkweg in kaart te brengen, zowel hun eigenbeweging 'door' de sterrenhemel als hun radiale beweging naar het zonnestelsel toe of ervan af. Door rekening te houden met deze wetten van omwenteling en de beweging van de zon zelf door de ruimte was hij in staat het meest gedetailleerde beeld tot dan toe op te bouwen van de structuur van het sterrenstelsel; hij toonde aan dat het een schijf was met een diameter van ongeveer 80.000 lichtjaar.* Ons zonnestelsel ligt zo'n beetje halverwege het centrum en de rand van deze schijf (volgens hedendaagse metingen 26.000 lichtjaar van het centrum) en maakt iedere 250 miljoen jaar een volle omwenteling rond dat centrum. Dertig jaar later, bij de aanvang van het ruimtetijdperk, kwam Oort terug op de kwestie van de structuur van het sterrenstelsel en stelde toen eindelijk het bestaan van spiraalarmen in de schijf definitief vast. Hij deed dit na gebruik te hebben gemaakt van de relatief nieuwe technologie van radioastrono-

---

* Volgens moderne schattingen is de diameter van de Melkweg ongeveer 100.000 lichtjaar, dus 20 procent groter. Ook worden er te pas en te onpas grotere getallen rondgestrooid, maar het ligt er maar aan waar je de grens van de sterrenschijf trekt.

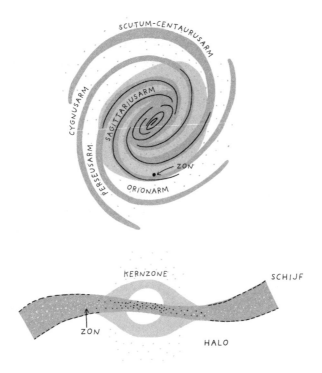

mie om door de in de weg zittende sterrenhopen te kunnen kijken en de locaties te bepalen van de radiosignalen verspreidende wolken van waterstof, die het skelet vormen van de Melkweg.

We komen zo terug op de spiraalarmen en de rotatie van sterrenstelsels, maar dit lijkt het goede moment om eerst nog even om te kijken naar het centrum en wat er nu eigenlijk aan de hand is met de ster met de bondige naam S2.

* * *

De radiosignalen uit de ruimte die zo bruikbaar waren voor Oort werden voor het eerst opgemerkt in de jaren 1930, toen de in Oklahoma geboren natuurkundige Karl Jansky de opdracht kreeg mogelijke bronnen van interferentie met radioverbindingen te onderzoeken. Jansky bouwde een bestuurbare antenne (een apparaat als in een stripverhaal van Heath-Robinson, dat eerder leek op een sproeiapparaat voor op de akkers dan op een telescoop) op een veld bij de Bell Telephone Laboratories in New Jersey en daarmee spoorde hij twee verschillende soorten ruis op. Naast interferentie van onweersbuien dichtbij en ver weg, merkte hij een vaag maar onophoudelijk signaal op dat iedere dag kwam en ging. Eerst nam hij aan dat dat signaal van de zon afkomstig was, maar in de loop van de maanden begon het signaal steeds meer uit de pas te lopen met de zonsopkomst. In 1933 had hij het antwoord gevonden: de radiosignalen vielen samen met de zichtbaarheid van de Melkweg, en specifiek met de richting waarin Sagittarius ligt. Iets in de kern van de Melkweg produceerde krachtige radiogolven.

Dankzij de volgende generaties schotelantennes voor radiotelescopie en de ontwikkeling van radio-interferometrie (overeenkomstig de visuele methoden die gebruikt zijn om details van sterren als Betelgeuze vast te stellen) hebben we nu een veel gedetailleerder beeld van wat er op Melkweg FM gebeurt dan Jansky ooit had kunnen dromen. In de jaren 1960 werden twee afzonderlijke elementen erkend: Sagittarius A East (wat een uitdijend restant van een supernova bleek te zijn) en Sagittarius A West, een raadselachtige driearmige spiraal van gloeiend gas. In 1974 vonden Bruce Balick en Bob Brown van het US National Radio Astronomy Observatory (NRAO) een compactere bron van radiogolven in het centrum van de westelijke spiraal – een mysterieus object waarvoor Brown later voorstelde het Sagittarius A* te noemen (spreek uit Sagittarius A-ster).[121]

* * *

Sagittarius A* is het werkelijke centrum van de Melkweg – in de vroege jaren 1980 bevestigd nadat jaren van zorgvuldig meten lieten zien dat het, in tegenstelling tot al het andere in het gebied, niet van plaats veranderde.[*][122] Astronomen hadden echter niet op de bevestiging ge-

---

* Net als sterren op grotere afstand van de kern langzamer bewegen, is het tegenovergestelde ook waar: sterren dichter bij het centrale gebied vliegen met heel hoge snelheid door de ruimte en draaien binnen enkele decennia rondom Sagittarius A*.

wacht en waren al begonnen te speculeren wat die vreemde radiobron dan wel mocht zijn. En van begin af aan was de voornaamste kandidaat een reusachtig 'superzwaar' zwart gat met een massa ter grootte van honderdduizenden zonnemassa's of meer.

Het idee dat in de kernen van sterrenstelsels monsterlijke zwarte gaten verborgen zouden zijn was in de jaren 1960 voortgekomen uit pogingen om die vreemde verre sterrenstelsels – genaamd quasars – te begrijpen (zie hoofdstuk 23, 3C 273). In 1971 suggereerden de Britse astronomen Donald Lynden-Bell en Martin Rees gelijke monniken, gelijke kappen, ofwel dat alle sterrenstelsels, inclusief de Melkweg, een centraal zwart gat hadden dat diende als zwaartekrachtanker waar al het andere in banen omheen draaide.

In het geval van de Melkweg zou een dergelijk zwart gat zich natuurlijk stil moeten houden als een superzware muis en nauwelijks een piepje moeten geven om zijn aanwezigheid niet te verraden, en zeker niet röntgenstralen moeten uitschreeuwen zoals bepaalde andere zwarte gaten, die we toevallig kennen.* Met alles in de buurt dat zich vermoedelijk op veilige afstand houdt is het waarschijnlijker dat het monster zichzelf kenbaar zou maken met relatief geruisloze radiostraling doordat verdwaalde gas- en stofdeeltjes binnen zijn bereik naar hun ondergang worden gesleept.

Het is een mooie theorie, maar bewijs het maar eens en hier betreedt dan (eindelijk) S2 het podium. Toen in de jaren 1980 infraroodastronomie een hoge vlucht nam, kwamen astronomen erachter dat ze er een stukje gereedschap bij hadden waarmee ze door de tussenliggende sterrenhopen konden kijken om te zien wat er rond het centrum van ons sterrenstelsel gebeurde. Infraroodbeelden van op bergtoppen gebouwde sterrenwachten en vooral ruimtetelescopen onthulden algauw de onverwachte aanwezigheid van drie stralende sterrenhopen in het centrum: het Quintupletcluster, het Archescluster en het S-stercluster. De eerste twee bevatten enkele van de zwaarste en lichtsterkste sterren van de Melkweg, waaronder een op Eta Carinae lijkende, lichtkrachtige blauwe variabele genaamd de Pistool-

---

*   Ik kijk naar jou, Cygnus X-1...

ster, die 1,6 miljoen keer zoveel energie uitstraalt als de zon.*

Het S-stercluster is geen partij voor zijn grotere buren, maar het belang ervan ligt in het feit dat het Sagittarius A* omringt. De banen van de sterren in deze sterrenhoop kunnen zowel de massa als de diameter onthullen van wat die radiogolven produceert. Prop maar genoeg gewicht in een ruimte die klein genoeg is en bingo, daar heb je je zwarte gat.

S2 is een 15 zonnemassa's zwaar, blauwwit lid van de sterrenhoop die sinds 1995 continu in de gaten wordt gehouden. (De naam zegt trouwens dat het de tweede van de elf in het begin rond Sagittarius A* gevonden sterrenhoopleden is, tellend tegen de wijzers van de klok in.) Regelmatig gemaakte foto's van het gebied laten zien dat S2 een lange baan volgt rond de centrale massa van slechts iets meer dan zestien jaar, terwijl metingen van de dopplerverschuiving in het spectrum hebben aangetoond dat hij beweegt met een snelheid van wel 7600 kilometer per seconde (38 keer sneller dan het gangetje waarmee ons zonnestelsel ronddraait in de Melkweg).**

Op grond van vroege metingen van de bewegingen van S2 door de ruimte konden Andrea Ghez en haar collega's van UCLA al in 1998 een model presenteren van een baan die op zijn dichtstbijzijnde punt binnen zeventien lichturen van de centrale massa kwam, en aantonen dat waar S2 ook omheen draaide, minstens 2,6 miljoen zonnen zwaar moest zijn.[123] Terwijl een extreme scepticus desnoods een monster-sterrenhoop in de beschikbare ruimte zou kunnen persen (ruwweg vier keer de diameter van Neptunus' baan om de zon), zou hij of zij nog altijd moeten uitleggen hoe een dergelijke sterrenhoop stabiel zou kunnen blijven en klaarblijkelijk onzichtbaar. Dit is het punt waarop het fameuze filosofische scheermes van William van Ockham zijn werk doet ('het eenvoudigste antwoord is gewoonlijk het juiste') en het superzware zwarte gat een zinnige optie wordt. Dat het een zwart

---

* Gezien de evolutionaire spreiding van sterren kan elk van deze sterrenhopen slechts een paar miljoen jaar oud zijn, dus was hun ontdekking een behoorlijke verrassing voor astronomen die hadden aangenomen dat het centrum van het sterrenstelsel, zoals het grootste deel van het gebied rondom het centrum, een bejaardentehuis zou zijn voor rode en gele sterren op leeftijd.

** Toen S2 in 2018 Sagittarius A* het dichtst naderde, waren astronomen in staat veranderingen waar te nemen in zijn baan door de effecten van de algemene relativiteit, precies zoals Karl Schwarzschild een eeuw eerder had voorspeld.

gat zou zijn is sinds de millenniumwisseling alleen maar aannemelijker geworden met de ontdekking van nog een ster, S0-102, die binnen elf lichturen van Sagittarius A* komt en helpt de voorspelde massa op te voeren tot 4,3 miljoen zonnen.

De omgeving waarin S2 zich beweegt, moet vreemd en gewelddadig zijn; zo wordt aangenomen dat die vol zit met resten van dode sterren – neutronensterren, witte dwergen en zelfs kleinere zwarte gaten die de S-sterren in hun banen heen en weer duwen. En terwijl de gevarenzone rondom het zwarte gat bijna helemaal leeggeruimd zal zijn, laat het nog af en toe een röntgenboertje in zijn slaap als er een kleine planetoïde in valt. In 2019 kregen we een indruk van hoe het er vermoedelijk uitziet toen astronomen met behulp van de Event Horizon Telescope of EHT (een kosmisch zoomgesprek tussen radiotelescopen overal ter wereld) het eerste rechtstreekse beeld leverden van een zwart gat – het 6,5 *miljard* zonnemassa's zware monster in het centrum van het verre sterrenstelsel M87. En in 2022 is hetzelfde team erin geslaagd het zwarte gat in het midden van Sagittarius A,* het centrum van onze Melkweg, fotografisch vast te leggen.

* * *

Nu we onze tussenstop in de kern hebben voltooid, gaan we de Melkweg zo verlaten op onze reis door de sterrenstelsels. Maar er moet nog één ding worden gezegd terwijl we vanaf ons uitkijkpunt in deze reusachtige kosmische draaimolen kijken. Herinner je je hoe Jan Oort de geometrie van de Melkweg bedacht door de differentiële rotatie van de sterren te meten? In de staart hiervan zit een beetje venijn.

Astronomen na Oort hebben ontdekt dat sterren dichtbij en ver weg sneller roteren dan je zou verwachten op grond van dat simpele model. In de jaren 1970 ontdekten Vera Rubin en Kent Ford van het Carnegie Institution in Washington bij het meten van de rotatie van sterren in verre sterrenstelsels met een zeer verfijnde spectrograaf, dat hetzelfde consequent gold voor andere spiraalvormige sterrenstelsels: sterren dicht bij de zichtbare buitenrand bewegen constant sneller dan je zou verwachten als de concentratie sterren en andere materie in sterrenstelsels de algemene verdeling van massa binnen het stelsel weerspiegelt. Het leek wel alsof grote hoeveelheden niet te traceren materie zich buiten de zichtbare grenzen van ons sterrenstelsel en andere bevinden – in de donkere ruimte buiten de schijf van het stelsel en in het gebied van de halo waarin bolhopen als Omega Centauri te vinden zijn. Dit was niet de eerste indicatie dat er iets mis was met de traditionele modellen van het heelal, maar het is nog altijd een van de meest overtuigende aanwijzingen voor het bestaan van donkere materie – de verborgen, ongeziene en onzienbare ontbrekende massa, waar we in het laatste hoofdstuk naar zullen terugkeren.

22. **BEDRIEGER NR. 2:**
ANDROMEDANEVEL

Een buursterrenstelsel en
het grotere heelal

Tot nu toe hebben we ons op onze reis door de ruimte beperkt tot de sterren van ons eigen sterrenstelsel – zelfs Omega Centauri, hoe groot hij ook is en hoe ver hij ook staat, is gevangen in zijn eigen, lange baan rond het zwaartekrachtanker dat het centrum van de Melkweg is. Maar ons sterrenstelsel is er slechts een van de talloze miljarden in de hele kosmos. Het is tijd onze wandelschoenen uit de kast te halen en een stap te zetten in het grotere heelal.

Terwijl iedere ster en ieder sterrenstelsel afzonderlijk dat je met het blote oog kunt zien, deel uitmaakt van de Melkweg, staan er aan de nachtelijke hemel drie andere buitengewone objecten. Twee daarvan zijn de Grote en de Kleine Magelhaense Wolk – vormeloze massa's gas, stof en sterren verborgen tussen de verre zuidelijke sterrenstelsels en in 1522 voor het eerst onder de Europese aandacht gebracht door overlevenden van de onfortuinlijke tocht rond de wereld van de Portugese ontdekkingsreiziger Ferdinand Magelhaen. Hoewel de Magelhaense Wolken technisch gesproken toch echt sterrenstelsels zijn, zijn ze klein en staan ze onder invloed van de Melkweg, net als bolvormige sterrenhopen als Omega Centauri.

Het derde buitengewone object is echter iets totaal anders. De Andromedanevel of het Andromedastelsel (of prozaïscher, Messier 31) is makkelijk te zien als je eenmaal weet waar je moet kijken, maar het staat zo ver weg dat het licht 2,5 miljoen jaar heeft gereisd voordat het vannacht bij ons aankomt.

Het sterrenbeeld dat Andromeda's naam draagt vertegenwoordigt de misbruikte prinses uit de mythe van Perseus en Medusa (voor een ingekorte versie, zie Algol). Met haar gevolg van verwante sterrenpatronen komt ze in augustus in het oosten de avondhemel binnen en verdwijnt pas rond februari in de zonsondergang (enigszins afhankelijk van waar je woont, natuurlijk). Hoewel haar stelsel niet bepaald helder is en nogal vormeloos, heeft het als voordeel dat ze bij de heup is verbonden (behoorlijk letterlijk) met het veel grotere en beter zichtbare patroon van Pegasus, het vliegende paard.

Je herinnert je van ons bezoek aan Helvetios nog wel dat Pegasus vanaf het noordelijk halfrond gezien ondersteboven hangt en boven de zuidelijke horizon een flikflak maakt, terwijl sterrenkijkers op het zuidelijk halfrond hem op zijn poten zien staan. Een groot, bijna leeg vierkant vormt het lichaam van het paard met een ketting van sterren

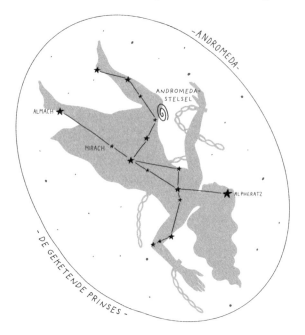

die uit Markab (Alpha Pegasi) ontspringt in de zuidwestelijke hoek om kop en hals te vormen, en twee voorbenen die zich in galop uitstrekken van de rode reus Scheat in het noordwesten (zie bladzijde 132 voor een kaart).

Vanavond zijn we echter geïnteresseerd in de noordoostelijke hoek. De witte ster daar, Alpheratz, is wat merkwaardig – hij markeert het begin van de achterhand van Pegasus, maar is officieel Andromeda's helderste ster en geeft met een magnitude 2,0 het hoofd van de prinses aan.* Als de hemel boven je hoofd niet helemaal is verontreinigd door lichtvervuiling zou je Andromeda's lichaam moeten kunnen zien als twee takken van sterren die ontspruiten bij Alpheratz en zich onder de duidelijke, heldere W-vorm van haar moeder Cassiopeia door buigen. De Andromedanevel ligt een beetje ten noorden van de noordelijke ketting, ongeveer op gelijke hoogte als de tweede helderste ster van het stelsel, Mirach, in de zuidelijke ketting. In een donkere hemel kun je de nevel zien als een zwakke wolk van licht waar je ogen geen ster willen zien, maar het is geen schande een verrekijker ter hand te nemen.

Officieel schijnt de nevel met magnitude 3,4, maar dat is enigszins misleidend aangezien dat getal betrekking heeft op de totale hoeveelheid licht die afkomstig is van een gebied ter grootte van ongeveer zes keer de omvang van de vollemaan. Het is wel absoluut een met het blote oog zichtbaar object, wat het feit dat hij door de astronomen van de klassieke culturen over het hoofd is gezien, wel wat raadselachtig maakt. De eerste definitieve vermelding komt dan ook van Abd al-Rahman al-Sufi, in het midden van de tiende eeuw hofastronoom van de Perzische emir in de stad Isfahan. Al-Sufi's *Boek van de vaste sterren* was een vertaling en enorme uitbreiding van Ptolemaeus' *Almagest* (dat inmiddels ook al achthonderd jaar oud was en sporen van veroudering begon te vertonen). En onder de vele toeters en bellen die hij toevoegde werd zowel de Grote Magelhaense Wolk genoemd (die bekend was onder Arabische astronomen in Jemen) als de merkwaardige 'nevelige vlek' in Andromeda.[124]

---

* Alpheratz is onderwerp geweest van een vervelende voogdijzaak tussen de sterrenbeelden, en je vindt nog weleens een verwijzing naar deze ster als Delta Pegasi.

In de daaropvolgende eeuwen drong al-Sufi's werk door in vroeg-middeleeuws Europa door een mengeling van vertalingen, kennisover-dracht en plagiaat zodat in de beginjaren 1600 die merkwaardige wolk in Andromeda een voor de hand liggend doelwit was voor de net uit-gevonden telescoop.* De eerste waarvan we weten dat hij er een blik op heeft geworpen, was de Duitser Simon Marius (nu vooral bekend om zijn ruzie met Galileo over wie als eerste de manen van Jupiter had ontdekt). In 1612 noteerde Marius dat het licht van de nevel over een groot gebied in de hemel uitgespreid was, maar sterker was in een punt in het midden, als 'een kaars die door een hoorn schijnt'.

Terwijl een hele optocht van grootheden in de astronomie Andro-meda's Grote Nevel verder catalogiseerden, viel het hen niet mee de-tails van de structuur te vinden, zelfs niet met de steeds betere telesco-pen.** Dit weerhield hen er echter niet van om te blijven speculeren over de aard van de Andromeda en de andere nevels en vanaf het mid-den van de achttiende eeuw gingen mening en bewijs als de slinger van een klok heen en weer tussen twee fundamentele interpretaties.

De eerste die van start ging was de 'eilandheelaltheorie', die zei dat de nevels ongelooflijk verre sterrenhopen waren – onafhankelijke ster-renstelsels, die overeenkwamen met, maar los stonden van de Melk-weg. Vroege aanwijzingen ter ondersteuning van dit idee waren af-komstig van het gegeven dat schijnbaar zwakke objecten daadwerkelijk oplosten in sterrenhopen als je maar door een goede telescoop keek.

Deze vroege gelukstreffer werd echter algauw overschaduwd door de volgende 'trend': een spin-off van de hypothese van Kant/Laplace over zonnestelselvorming in nevels (waarover we het even hadden tij-dens ons bezoek aan de jonge sterren van het Trapezium en T Tauri). Het idee van Laplace overtuigde velen ervan dat de nevels werkelijk de plaatsen waren waar sterren en planeten werden geboren.

---

* Tip: Andromeda's licht is zo verspreid dat, behalve als je een behoorlijk grote telescoop hebt, je vermoedelijk veel beter af bent met een verrekijker met een mooi breed gezichtsveld.
** De belangrijkste ontdekking werd in 1749 gedaan door een jonge Franse sterrenkijker, Guillaume LeGentil, die een lichtvlek vond iets ten zuiden van Andromeda's middelpunt. M32, zoals die nu genoemd wordt, is een van de twee kleine maar heldere begeleidende sterrenstelsels die in een baan rond de Grote Nevel draaien en met een verrekijker makkelijk te vinden zijn.

De luxe van kennis achteraf helpt ons natuurlijk te bepalen waar het probleem zit: terwijl astronomen van die tijd aannamen dat alle nevels óf het een, óf het ander waren, zijn het zowel nabij staande sterrenfabrieken als ver weg staande sterrenstelsels. In de victoriaanse tijd raakte de nevelversie van Laplace echter zo ingeburgerd dat zelfs spectroscoopspecialist William Huggins, nadat hij in 1864 had gevonden dat Andromeda's spectrum een sterachtig continuüm van licht vertoonde in plaats van gasachtige emissielijnen, smoesjes ging aanvoeren. Aan het begin van de twintigste eeuw was het idee van sterrenstelsels buiten de Melkweg nauwelijks meer dan een wetenschappelijke grap.

Dus wat gebeurde er waardoor de stemming omsloeg? Herinner je je nog Andrew Ainslie Common, de rioolspecialist uit Noord-Engeland en telescoopverslaafde die in 1883 die verbazingwekkende foto had genomen van de Orionnevel? Een paar jaar later verkocht hij zijn 36-inch spiegeltelescoop om ruimte te maken voor een nieuw en zelfs nog groter model. Politicus en tapijtmagnaat Edward Crossley besteedde toen tien gelukkige jaren met het catalogiseren van dubbelsterren met Commons afdankertje voordat hij eindelijk toegaf dat hij verloren had van het onvoorspelbare weer in Halifax. In een daad van typisch victoriaanse filantropie verscheepte hij Commons nu overbodige telescoop de Atlantische Oceaan over naar Californië, waar hij het belangrijkste instrument werd van het Lick Observatory van de universiteit van Californië.

Lick was de eerste speciaal op een bergtop gebouwde sterrenwacht, een astronomische buitenpost in de bergen boven San Jose waar een combinatie van een kristalheldere lucht en een grondige herziening van de Crossley Reflector, zoals hij bekend werd, de ruimtetelescoop Hubble maakte van zijn tijd. Door directeur James Keeler en zijn opvolger Edward Fath met lange sluitertijden gemaakte foto's toonden algauw talloze nieuwe nevels die op de loer lagen in het duister van de grotendeels lege ruimte buiten de Melkweg.

De nieuwe ontdekkingen werden bekend onder de verzamelnaam 'spiraalnevels', ook al hadden een heleboel helemaal niet de vorm van

een spiraal. Met een heel scala aan vormen van volmaakte pinwheels en gerafelde vodden tot sigaren en vormen van ballen van welke sport je maar wilt, vertoonden ze zonder uitzondering absorptiespectra, suggererend dat hoe vaag ze er ook uitzagen, ze feitelijk bestonden uit ontelbare sterren.

Foto's lieten ook nieuwe structuren zien in nevels die al bekend waren – en dan vooral, zoals op de foto hierboven, de flarden licht absorberend stof die lieten zien dat Andromeda's vorm geen ovale vlek was, maar een vlakke spiraal gezien van iets boven horizontaal. Andromeda en enkele andere grote nevels begonnen zelfs afzonderlijke sterren te vertonen, maar aanhangers van de nevelhypothese redeneerden deze in een dapper achterhoedegevecht weg als misleidende klonten materie.

Twee ingenieuze onderzoekslijnen bliezen de eilandheelaltheorie echter algauw nieuw leven in. In 1910 keerde de innemende geleerde klassieke talen die astronoom geworden was, Heber D. Curtis, terug naar Lick vanuit het buitenstation in Chili en hij kreeg opdracht het onderzoek naar spiraalnevels met de Crossley Reflector voort te zetten. Terwijl hij door zijn almaar groeiende verzameling fotografische platen ging, begon het hem op te vallen dat er in verscheidene van deze nevels af en toe sterachtige punten opflitsten om dan langzaam weer te verdwijnen.

Curtis realiseerde zich dat opkomst en ondergang van deze uitbarstingen overeenkwamen met die van nova's (zoals RS Ophiuchi en zijn helderder, minder voorspelbare neven). En hoewel het mechanisme dat deze nova's in de Melkweg aandreef nog steeds onbekend was, leek het wel duidelijk dat ze vaak rond dezelfde lichtkracht piekten (een paar duizend keer die van de zon). Curtis bouwde een overtuigende theorie op dat de uitbarstingen in de spiraalnevels eenvoudigweg nova's waren in afgelegen en onafhankelijke sterrenstelsels, gezien van grote afstand.[125]

Intussen was Vesto Slipher van het Lowell Observatory* in Flagstaff, Arizona, in 1906 aan een project begonnen om gedetailleerde spectra van de spiraalnevels te maken. Hoewel Slipher begon met het zoeken naar bewijs dat de nevels jonge, ronddraaiende zonnestelsels waren, struikelde hij algauw ergens over: iedere nevel die hij bestudeerde, vertoonde spiraallijnen die aanmerkelijk naar het blauw of rood waren verschoven vergeleken met hun verwachte positie. Nadat hij andere mogelijke verklaringen had overwogen, concludeerde Slipher dat deze verschuivingen het gevolg waren van het dopplereffect; met andere woorden, de nevels bewogen zich stuk voor stuk snel naar de

---

* Een particuliere sterrenwacht, nagelaten door Percival Lowell, een zakenman uit Boston. Ondanks de ongelukkige voorkeur voor hopeloze ondernemingen (zoals het catalogiseren van kanalen op Mars en de jacht op Planeet X) werd het Lowell een serieus onderzoekscentrum, en misschien wel het bekendst door de ontdekking in 1930 van Pluto.

aarde toe of ervan af. Andromeda, de eerste die met succes werd gemeten, raasde op ons af met ongeveer 300 kilometer per seconde,[*] maar de meeste andere nevels leken zich juist van ons af te bewegen.[126] De snelheden van de nevels waren allemaal veel groter dan die van alle sterren op een handjevol 'weglopsterren' na (overeenkomstig degene die uit de Orionnevel waren gezet). In 1917 had Slipher besloten dat de meest plausibele verklaring was dat de nevels eilandheelallen waren zoals de Melkweg en dat ons sterrenstelsel ten opzichte van hen bewoog.

Sliphers ontdekking vormde een paar jaar later een van de betogen in een openbare discussie, die was georganiseerd door het Smithsonian Museum of Natural History in Washington over de omvang van het heelal. In deze discussie, sindsdien bekend als het Grote Debat, stond Heber Curtis, inmiddels directeur van het Allegheny Observatory van de universiteit van Pittsburgh, tegenover Harlow Shapley van het Mount Wilson Observatory in Pasadena.[127]

Shapleys metingen aan bolvormige sterrenhopen hadden hem ervan overtuigd dat de omvang van de Melkweg groot was (met een diameter van misschien wel 300.000 lichtjaar) en dat het daarom wel een allesomvattend systeem moest zijn dat alles van het hele heelal bevatte. Zijn aanvalslijn werd gevoed door Adriaan van Maanen, een Nederlandse collega bij Mount Wilson. Van Maanen beweerde dat hij een zichtbare rotatie had gevonden in enkele spiraalnevels door foto's te vergelijken die enkele decennia na elkaar waren gemaakt.

Shapleys argument was eenvoudig en onweerlegbaar: als Van Maanens schatting klopte, dat de buitenste delen van de nevels iedere 10.000 jaar of daaromtrent een complete rotatie maakten, dan konden ze nooit de objecten ter grootte van de Melkweg zijn, zoals Curtis beweerde – want als ze dat wel waren, dan zouden de sterren in de buitenste regionen sneller moeten bewegen dan de lichtsnelheid. Hoewel het debat geen overtuigende winnaar opleverde, had Curtis geen andere keus dan toe te geven dat *als* Van Maanen gelijk had, de hypothese van het eilandheelal verworpen moest worden.

---

[*]   Volgens recente metingen is het minder, 110 kilometer per seconde, maar nog altijd behoorlijk indrukwekkend.

Maar Van Maanen had geen gelijk.

Vier jaar later werd de kwestie beslist dankzij het werk van de in Missouri geboren Edwin Hubble, een man die een absolute wetenschappelijke genialiteit wist te koppelen aan het vermogen de historische schijnwerpers op te zoeken, of het nu doelbewust was of niet. In 1919 ging Hubble werken bij Mount Wilson, precies op tijd om te kunnen profiteren van de zojuist voltooide Hooker Telescope, een 100-inch (2,5 meter) spiegeltelescoop en de grootste ter wereld. Geïntrigeerd door Sliphers ontdekkingen van de dopplerverschuiving (en met Shapley inmiddels aan de andere kant van het land om in 1921 directeur te worden van het Harvard College Observatory) begon Hubble aan een project waarmee hij voor eens en altijd het debat wilde beslechten en bewijzen dat het heelal zich tot buiten de Melkweg uitstrekte.

Nu instrumenten de voorgaande jaren zoveel beter waren geworden, rapporteerden verscheidene astronomen dat ze nova's en andere overgangssterren hadden waargenomen in Andromeda en een andere grote spiraalnevel, Messier 33 (in het sterrenbeeld Triangulum, de Driehoek). Met gebruikmaking van de Hooker wist Hubble een groot aantal sterren te identificeren langs de randen van beide objecten en zag hij hoe sommige van nacht tot nacht in helderheid varieerden.

Het zware werk om licht van nevels vast te leggen op een serie fotografische platen (65 voor Messier 33 en 130 voor Andromeda) werd grotendeels overgelaten aan Milton Humason, een bescheiden dropout van highschool die begonnen was als portier, maar algauw een onmisbaar lid van de staf van de sterrenwacht werd. Toen Hubble de tientallen verdachte variabele sterren nader bestudeerde, merkte hij algauw de onmiskenbare toename en afname in helderheid van de variabele Cepheïden (blader even terug naar Eta Aquilae als je een opfrissertje nodig hebt).

Uiteindelijk identificeerde Hubble 12 Cepheïden in Andromeda en 22 in Messier 33 – wat nu moest gebeuren was hun helderheidscyclus nauwkeurig genoeg vaststellen om de relatie periode-lichtkracht te kunnen gebruiken die door Henrietta Leavitt was ontdekt en door

Ejnar Hertzsprung gekalibreerd. Eind 1924 had hij gevonden wat hij zocht: een afstand voor beide nevels van ongeveer 930.000 lichtjaar, waarmee ze ver buiten de grenzen van de Melkweg bleken te staan.[128] Latere verbeteringen aan onze definitie van Cepheïden (zie Omega Centauri) hebben de afstand tot Andromeda vergroot tot 2,5 miljoen lichtjaar en die tot Messier 33 tot 2,7 miljoen.

Hubbles ontdekking (die uitlekte naar de kranten voordat die op 1 januari 1925 formeel bekendgemaakt werd) maakte hem in één klap beroemd en verzekerde hem van een plaats in het pantheon van astronomen waar je misschien weleens van hebt gehoord. Met het beslechten van het Grote Debat zorgde hij ook voor een nieuwe verlaging van de status van de planeet aarde – en we zullen dat verhaal hierna nog verder volgen als we bij onze op een na laatste 'ster' komen.

* * *

Maar nu kunnen we de Andromedanevel niet achterlaten zonder ons even te wentelen in zijn pracht. Zoals dat met sterrenstelsels nu eenmaal het geval is, is hij groot: de zichtbare diameter is 220.000 lichtjaar, aanmerkelijk meer dan de Melkweg, en zijn massa is ongeveer hetzelfde (maar vraag twee *extragalactische* astronomen naar het gewicht van beide sterrenstelsels en je krijgt drie verschillende antwoorden).

Andromeda lijkt de Melkweg ook makkelijk te verslaan waar het het aantal sterren betreft; volgens ruwe schattingen zijn het er ongeveer een biljoen, wat twee of drie keer zoveel is als het aantal in ons sterrenstelsel. In de jaren 1940 gebruikte Walter Baade de 100-inch Hooker Telescope om Andromeda gedetailleerd te bestuderen en merkte toen een uitgesproken verschil op tussen de sterren in het centrale bolle gedeelte, die grotendeels rood en geel waren, en die in de schijf, waar witte en blauwe domineerden.[129] Hij vergeleek de sterren in het bolvormige centrum met die in bolvormige sterrenhopen als Omega Centauri en kwam met het concept van twee verschillende sterrenpopulaties, waarvan hij Populatie type-I definieerde als de heldere hetere sterren in de schijf van sterrenstelsels, en Populatie type-II de rode en de gele

sterren die werden aangetroffen in bolhopen, de centra van spiraalster-
renstelsels en soms verspreid in de halo boven en onder de schijf.*

Aangezien we ertoe neigen Andromeda te zien als een handig model voor het begrijpen van ons eigen sterrenstelsel en andere, is het
het waard nog eens te herhalen wat we hebben geleerd over de Melkweg, om te zien wat er nu eigenlijk in werkelijkheid gebeurt. De gebieden die gedomineerd worden door Populatie II zijn nu eenmaal zo
geworden omdat het er ontbreekt aan materialen om nieuwe sterren te
vormen en de zwaardere en helderder sterren zich uit het bestaan hebben geëvolueerd. Sterren van Populatie I blijven echter gedijen in het
gebied van de schijf, waar gas en stof voor nieuwe stervorming volop
aanwezig zijn.

Door de invloed van hun zwaartekracht beheersen de Melkweg en
Andromeda samen een gebied in de ruimte van 10 miljoen lichtjaar,
omringd door enkele tientallen andere sterrenstelsels. Samen worden
zij de Lokale Groep genoemd. Andere leden van deze kosmische bende
lopen van onafhankelijke stelsels (zoals de kleinere spiraal Messier 33)
en substantiële aanhangers als Messier 32 en de Magelhaense Wolken
tot kleine meelopers die nauwelijks meer zijn dan sterrenhoopjes. Onze
beide sterrenstelsels zijn predatoren die graag hun gewicht in de strijd
werpen, de kleintjes lastigvallen en ze af en toe helemaal opslokken.

Over ongeveer 4,5 miljard jaar zijn wij echter de klos als Andromeda's beweging door de ruimte, die door Vesto Slipher werd ontdekt, zich
tegen ons keert. De Melkweg en Andromeda liggen op koers voor een
onvermijdelijke botsing en de fusie die daaruit volgt, zal beide uiteen
scheuren, waarna er uit de restanten iets heel nieuws zal ontstaan. In het
miljard jaar van onrust dat dan volgt, zullen de zwarte gaten in het hart
van de samensmeltende sterrenstelsels mogelijk zelfs tot leven komen
als bron van woeste activiteit – maar als ze dat doen, dan is dat waarschijnlijk niet met de wreedheid van de volgende 'ster' op ons lijstje.

---

*   Baades terminologie ziet er achteraf wat antropocentrisch uit, aangezien we nu weten dat Populatie II-sterren eerder zijn gevormd dan die van Populatie I. Deze verwarring lijkt sommige astronomen er overigens niet van te hebben weerhouden een nog oudere generatie sterren aan te duiden
met 'Populatie III'.

23. BEDRIEGER NR. 3:
3C 273

Quasars: bakens in de verre kosmos

De bevestiging van Edwin Hubble in 1925 dat de Andromedanevel een ander sterrenstelsel is, opende een heel nieuw heelal voor onderzoek. Onze voorlaatste bestemming behoort tot de spectaculairste objecten die tot nu toe in de nevel gevonden zijn. Ondanks een niet te bevatten afstand van 2,44 miljard lichtjaar sluipt 3C 273 ons korte lijstje bedriegers binnen omdat hij in eerste instantie beschouwd werd als een heel merkwaardige ster.

Eerst de weinig inspirerende naam: 3C 273 duidt er slechts op dat dit object nr. 273 is in de Third Cambridge Catalogue of Radio Sources, die is samengesteld op basis van een eind jaren 1950 uitgevoerde verkenning met een nogal primitieve radio-interferometer in Cambridge. Voor radio-astronomen is interferometrie (het bijzonder slim combineren van signalen die langs een beetje van elkaar afwijkende paden zijn gegaan en verborgen details onthullen, zoals we bij ons bezoek aan Betelgeuze hebben besproken) geen luxe, maar noodzaak. Hoewel we dat vaak over het hoofd zien is de mate waarin een telescoop details kan tonen, niet alleen afhankelijk van zijn grootte, maar ook van de golflengte van de lichtgolven die hij tracht op te vangen. Voor zichtbaar licht is het verschil vaak te verwaarlozen, maar radiogolven zijn zó lang dat zelfs die enorme schoteltelescopen van het Jodrell Bank Observatory het radio-uitspansel als een grote vlek zien. Gelukkig ontdekte Martin Ryle, die in oorlogstijd radarwetenschapper was geweest en daarna was gaan werken aan het Cavendish Laboratory van Cambridge, eind jaren 1940 een manier om de elektronische signalen van verschillende radiotelescopen aan elkaar te koppelen. Hij wilde zien in hoeverre ze van elkaar afweken als je ze tegelijkertijd op hetzelfde gebied van de hemel richtte.*

3C 273 verscheen in deze verkenning als een 'Class II' radiobron – een die ver van het vlak van de Melkweg lag en daarom een object zou kunnen zijn in een ander sterrenstelsel. Het bleek echter moeilijk, zelfs met behulp van interferometrie, de locatie exact vast te stellen totdat Cyril Hazard, die bij het Parkes Radio Observatory in New South Wales werkte, in 1962 gebruik maakte van een maanbedekking, dat wil zeggen dat de maan recht voor het gebied van de radiostraling langsging. Door heel precies het moment te timen waarop het signaal wegviel, konden Hazard en zijn collega's de richting in de ruimte exact vaststellen en tevens aantonen dat het een compact object was dat uitging en bijna direct weer aan. Op grond van deze sterachtige eigenschap viel 3C 273 duidelijk in een klasse die nogal fantasievol 'radiosterren' werden genoemd.

Aan de andere kant van de wereld zat Maarten Schmidt, die had gestudeerd aan de Leidse sterrenwacht en nu werkzaam was voor het California Institute of Technology, CalTech, precies op dit soort informatie te wachten. Een handjevol astronomen besteedde inmiddels aandacht aan deze vreemde radiobronnen en Maarten wilde zien of de positie van 3C 273 overeenkwam met iets zichtbaars van welke aard ook. Met de enorme 200-inch Hale Telescope van het Mount Palomar Observatory van CalTech (veertig jaar na de ingebruikname in 1948 nog altijd de grootste operationele telescoop ter wereld) scande hij het gebied en vond daar wat in eerste instantie leek op een ster met een magnitude van ongeveer 13. Hij slaagde er zelfs in het zwakke licht te splitsen in een spectrum in de hoop daaruit gegevens te kunnen halen over de chemische samenstelling.

---

* Ryle en zijn collega Anthony Hewish kregen hiervoor en de hierop volgende ontdekking van pulsars de Nobelprijs, in hetzelfde jaar waarin Jocelyn Bell die opvallend genoeg niet kreeg.

Voordat we verder gaan met het verhaal lijkt dit een goed moment om uit te leggen hoe en waar 3C 273 te zien is. Met een magnitude van 12,9 is het een object waarvoor een middelgrote telescoop nodig is om het te kunnen zien. Hoe dan ook, we hebben naar iedere andere hoofdrolspeler in dit boek de weg gewezen, dus we laten ons hierdoor niet ontmoedigen...

Ons doelwit ligt in het sterrenbeeld Virgo, de Maagd. Als het op een na grootste sterrenbeeld aan het firmament zou je denken dat Virgo betrekkelijk opvallend moet zijn, maar heel eerlijk gezegd is het dat totaal niet. Afgezien van de helderste ster, Spica*, spreidt het sterrenbeeld zich over de hemel uit in een warboel van sterren met magnitude 3 tot 4. Tussen februari en juli is het overal ter wereld aan de avondhemel te zien, en voor wie vroeg opstaat 's morgens vanaf november.

Ondanks die vormeloosheid is Virgo makkelijk te vinden dankzij Spica – een enigszins variabele ster met een gemiddelde magnitude van 1,0 die aan de sterrenhemel vaak vergezeld wordt door de nabijgelegen maan of planeten. Sterrenkijkers op het noordelijk halfrond kunnen een extra aanwijzing krijgen door de boog van de steel van de steelpan van de Grote Beer denkbeeldig te verlengen met de helderoranje Arcturus (in Boötes, het vliegervormige sterrenbeeld de Ossenhoeder) en dan verder langs de hemelevenaar. Astronomen op het zuidelijk halfrond kunnen intussen eenvoudig de lange as van Crux, het Zuiderkruis, volgen in noordelijke richting om bij het gebied te komen.

Om de locatie van 3C 273 ongeveer te vinden moet je ten opzichte van Spica langs het lichaam van de Maagd naar boven om Eta Virginis of Zaniah te vinden, die gewoonlijk ergens langs de linkerarm of -schouder wordt gesitueerd. Ons doelwit ligt ongeveer zeven maanbreedtes ten noordoosten hiervan en vormt de rechthoek van een driehoek tussen Eta en de helderder ster Porrima in het oosten.**

---

* Spica wordt gewoonlijk weergegeven als een tarweaar, waarmee het geheime verleden van de Maagd als godin van vruchtbaarheid en de oogst (de Griekse Demeter of de Romeinse Ceres) wordt verraden, met een afstamming die teruggaat naar het Babylonië van minstens 3000 jaar geleden.

** Om heel eerlijk te zijn zul je, als je er al in slaagt 3C 273 te vinden, er vermoedelijk weinig aan hebben. Als je over een telescoop beschikt die dit aankan, dan kun je je tijd beter besteden aan het kijken naar de prachtige, maar erg dicht bij elkaar staande dubbelster Porrima.

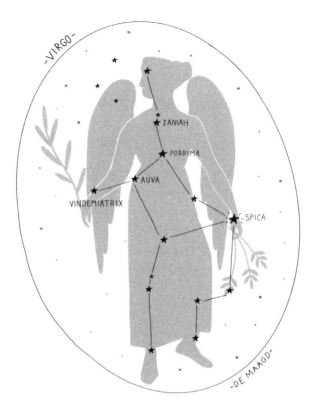

En dan nu terug naar Schmidt. Toen hij naar het spectrum keek van zijn mysterieuze object, bleek het niet te herkennen. Er waren vier brede emissielijnen, maar geen van hun posities kwam overeen met iets wat bekend was van andere sterren of van elementen op aarde. Dit was een niet al te grote verrassing aangezien Schmidts collega aan CalTech, Allan Sandage, hetzelfde een paar jaar eerder ook al had gedaan bij een andere radioster, 3C 48. Maar op dit moment sloeg de inspiratie toe: Schmidt zag een overeenkomst in de sterkte en de onderlinge afstanden van de lijnen met een heel bekende reeks emissies die op aarde verbonden worden met waterstof. Berekeningen en controleberekeningen met een andere collega van CalTech, Bev Oke, bevestigde algauw het onontkoombare: dit waren dezelfde vingerafdrukken van elementen,

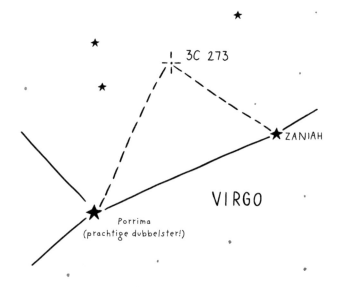

maar ze waren op een of andere manier naar het rode uiteinde van het spectrum verschoven. De meest waarschijnlijke verklaring van de goede lijnen op de verkeerde plaats was natuurlijk het dopplereffect, waardoor licht naar het rode of het blauwe uiteinde verschuift, afhankelijk van of de bron naderbij komt of zich verwijdert. Maar in dit geval betekende de enorme roodverschuiving dat 3C 273 zich van de aarde vandaan verwijderde met de verbijsterende snelheid van 47.000 kilometer per seconde, of slechts 15 procent van de lichtsnelheid.[130]

Schmidt had het eerste lid ontdekt van een heel nieuwe klasse van objecten, een veraf gelegen en immens sterk baken van intergalactische straling waarvan de reusachtige snelheid op een afstand duidt van miljarden lichtjaren, terwijl de helderheid binnen enkele dagen kon veranderen. Bij de beschrijving van zijn ontdekking in 1963 bedacht Schmidt de term '*quasi-stellar object*'. Maar binnen een jaar noemde iedereen ze quasars.

* * *

Om echt te kunnen waarderen wat Schmidt had gevonden – en waarom de ongelooflijke snelheid van 3C 273 een net zo ongelooflijke afstand betekent – moeten we het hebben over enkele ontwikkelingen die volgden op Hubbles doorbraak in 1925.

En wat bijzonder belangrijk bleek, was dat Hubble niet op zijn lauweren ging rusten. Geïntrigeerd door Vesto Sliphers ontdekking van grote dopplerverschuivingen in het licht van de spiraalnevels (een indicatie dat ze sneller dan enige ster naar ons toe of van ons af bewogen) wilde hij erachter komen of daar een patroon in zat. Tot op dat moment had hij slechts twee datapunten – de afstanden van Andromeda en van Messier 33 – en de daaropvolgende jaren besteedde hij dan ook grotendeels aan het fotograferen van nieuwe sterrenstelsels, spoorde hun Cepheïden, hun variabele sterren, op en werkte hun afstanden uit.

In 1929 had Hubble zijn 'Cepheïdenmethode' gebruikt om de afstand tot zo'n 25 sterren te bepalen en bevestigd dat niet alleen spiraalnevels, maar een heel scala aan bolvormige 'elliptische' stelsels, afgeplatte 'lensschijven' en vormeloze 'onregelmatige' sterrenhopen ver buiten de Melkweg lagen. Toen hij deze nieuwe extragalactische beestenboel uitdijde op een grafiek van afstanden tegen radiale snelheid, vond hij het patroon waarop hij had gehoopt. In het algemeen gezegd (als je de heel dichtbij staande sterrenstelsels even negeert die naar de Melkweg toe bewegen) geldt dat hoe verder het sterrenstelsel bij ons vandaan staat, hoe sneller het zich van ons af beweegt.[131] En nee, dat is niet omdat wij stinken.

Dit is in wezen het soort patroon dat al enkele jaren eerder was voorspeld door de Belgische priester en astronoom Georges Lemaître.[132] Ondanks (of misschien dankzij) zijn roeping als geestelijke was Lemaître een scherpzinnig kosmoloog en een van de eersten van de generatie wetenschappers die de vorm en structuur van het heelal zelf onderzochten. Hun nieuw gesmede gereedschappen kwamen in de vorm van Einsteins veldvergelijkingen – de wiskunde die beschreef hoe de algemene relativiteit, dat wil zeggen de relatie tussen ruimte, tijd, beweging en massa, zich in het heelal manifesteerde.

Nadat Einstein zijn vergelijkingen in 1915 had gepubliceerd, voegde hij daar in 1917 een, wat je zou kunnen noemen, ontsnappingsclausule aan toe. Toen hij zich realiseerde dat volgens zijn nieuwe regels de ruimtetijd snel ineen zou storten door de massa in het heelal, introduceerde hij een 'kosmologische constante', een kracht of uitdijing die zou voorkomen dat dit gebeurde en het mogelijk maakte dat het heelal voor altijd zou blijven bestaan. (In die tijd werd het eeuwige heelal wetenschappelijk algemeen aangenomen.)

In de jaren 1920 waren er echter twee wetenschappers die er onafhankelijk van elkaar op wezen dat er nog een andere mogelijkheid was: het heelal hoefde niet ineen te storten als het uitdijde. De Russische fysicus Alexander Friedmann, die dat idee in 1922 als eerste opperde, gaf vergelijkingen om het scenario van een uitdijend heelal te beschrijven, maar geen bewijzen om het idee te staven. Vijf jaar later kwam Lemaître met hetzelfde idee en suggereerde dat de uitdijing zichzelf bekend zou maken via een toenemende snelheid van de verwijdering van de verder weg staande sterrenstelsels – precies wat Hubble had gevonden.

Dus Hubble en anderen interpreteerden de uitdijing terecht niet als een teken van de unieke impopulariteit van de aarde op de kosmische speelplaats, maar als bewijs van een steeds verder uitdijend heelal waarin alles van al het andere af beweegt. Sterrenstelsels worden uit elkaar getrokken als krenten in het rijzende krentenbrooddeeg; de mate van uitdijing is voor ieder lichtjaar ruimte hetzelfde, maar objecten die gescheiden worden door grotere afstanden hebben meer ruimte tussen zich in om uit te dijen en bewegen zich dus met grotere snelheid van elkaar af.*

Als toegift draaide Hubble het principe dat hij had ontdekt om. Door de gemiddelde mate van uitdijing te berekenen per miljoen lichtjaar (een waarde die we nu de hubbleconstante noemen) liet hij zien dat je de afstand van een sterrenstelsel ruwweg kunt afleiden uit de snelheid waarmee het van ons af beweegt. Latere astronomen zouden alle tussenliggende berekeningen verder links laten liggen en de roodverschuiving in een spectrum van een sterrenstelsel gebruiken als een directe indicatie voor zijn relatieve afstand, en precies daardoor ver-

---

* Je zou opgemerkt kunnen hebben dat deze 'kosmologische' roodverschuiving daarom niet precies hetzelfde is als het traditionele dopplereffect, ook al zijn de gevolgen hetzelfde.

oorzaakte de ontdekking van de enorme roodverschuiving van 3C273 nogal wat gekrakeel.

En dan keren we nu terug naar ons reisprogramma...

* * *

De dopplerverschuiving van 3C 273 betekende dat deze vreemde, verschuivende ster ongeveer 2,4 miljard lichtjaar ver weg stond, en toen Allan Sandage zijn eigen lievelingsquasar nog eens bekeek in het licht van Schmidts ontdekking, kwam de veronderstelde afstand van 3C 48 zelfs uit op een nog verbijsterender 3,9 miljard lichtjaar.

Uiteraard konden een paar astronomen deze cijfers nauwelijks geloven.* Om te beginnen was daar de simpele kwestie van de schijnbare helderheid van de quasar – om met een magnitude 12,9 aan de aardse sterrenhemel te staan vanaf zo grote afstand, zou 3C 273 vier *biljoen* keer lichtkrachtiger moeten zijn dan de zon. Erger nog, terwijl een dergelijk cijfer misschien net aan plausibel zou kunnen zijn voor een of ander monsterlijk ver sterrenstelsel, wees alles erop dat 3C 273 heel *klein* was: niet alleen verscheen hij als een enkel helder stipje aan de hemel, maar de output in een brede range aan straling varieerde onvoorspelbaar van uur tot uur en van dag tot dag, suggererend dat hij niet veel groter kon zijn dan de baan van Neptunus rond de zon.

Wat in godsnaam kon dat soort kracht genereren in een dergelijke kleine ruimte? Toevallig maakten astronomen zich al enige tijd druk om een vergelijkbaar probleem (zij het op een minder dramatische schaal). Vanaf de jaren 1940 was een aantal sterrenstelsels ontdekt met abnormaal heldere, maar variabele, sterachtige lichtpunten in hun kern. Deze zogenaamde seyfertstelsels** vertoonden ook ongebruikelijke meervoudige emissielijnen, die blijkbaar werden uitgezonden door gloeiend gas dat met een groot aantal verschillende snelheden uit

---

*   Een vroege poging dit te weerleggen – de suggestie dat de quasars in werkelijkheid een soort extreme, maar naar verhouding niet zo verre, op hol geslagen sterren waren – werd keurig doorgeprikt toen Dennis Sciama en Martin Rees daarop vroegen waarom, als dat het geval was, er niet dergelijke radiosterren waren met een extreme blauwverschuiving omdat ze zich naar de aarde toe bewogen.

**   Genoemd naar de ontdekker, de in Ohio geboren Carl Seyfert.

hun centrum ontsnapte, waardoor de dopplerverschuiving zich in verschillende mate tegelijk voordeed. Begin jaren 1950 hadden de eerste
radioverkenningen onthuld dat er verschillende verre sterrenstelsels
werden omgeven door enorme wolken matig gloeiend gas, die blijkbaar door het centrum waren uitgestoten. In de kernen van zowel de
seyfertstelsels als deze nieuwe 'radiostelsels' leek zich een onverwachte, heftige activiteit af te spelen, en toen tekens van zwakke 'gastheer-
stelsels' rondom quasars werden gevonden, won de theorie dat deze
objecten allemaal variaties tentoonspreidden van dezelfde fundamentele activiteit, steeds meer terrein.

In de daaropvolgende decennia lieten ontwikkelingen in de radioastronomie en nieuwe satelliettelescopen zien dat seyfertstelsels, radiostelsels en quasars een continuüm vormen – in plaats van dat het
allemaal afzonderlijke, scherp gedefinieerde objecten waren, bleek de
ene galactische activiteit vaak gepaard te gaan met een andere. De drijvende kracht achter deze activiteit werd in 1969 al voorgesteld door
Donald Lynden-Bell,[133] maar pas in de jaren 1980 serieus genomen (en
de ruimtetelescoop Hubble was ervoor nodig om rond de millenniumwisseling zijn theorie te kunnen bevestigen).

Quasars, zo weten we nu, zijn turbulente sterrenstelsels waarvan
het totale sterrenlicht wordt overstraald door een felle uitstraling vanuit een klein gebiedje in hun centrum, de *active galactic nucleus* of AGN.
Hier verzwelgt een vraatzuchtig superzwaar zwart gat, met een massa
van miljoenen of zelfs miljarden zonnen, alles wat te dichtbij komt.

De grote hoeveelheden materiaal die naar het zwarte gat toe gezogen worden, worden door getijdenkrachten uit elkaar getrokken en
naar een accretieschijf met de omvang van een zonnestelsel gesleept.
De temperatuur in deze schijf kan miljoenen graden bedragen, waardoor hij straalt in het elektrische spectrum van radiogolven via zichtbaar licht naar röntgenstralen. Veel deeltjes die in de schijf in een
spiraal naar binnen draaien, worden opgepakt door het enorme magnetisch veld van het zwarte gat. In plaats van direct over de waarnemingshorizon te verdwijnen, neemt hun snelheid eerst toe tot bijna de
lichtsnelheid voordat ze in radiostraling uitzendende *jets* of 'straalstro-

men' vanuit iedere magnetische pool van het zwarte gat worden uitgespuugd. De schijf wordt aan de rand omgeven door enorme wolken ondoorzichtig stof en gas, en variaties in onze gezichtshoek helpen te bepalen of een quasar wordt gedomineerd door de radiostraling van de omgeving of het zichtbare licht van het centrum.

Aangenomen wordt dat het AGN-mechanisme seyfert- en radiostelsels drijft, evenals quasars als 3C 273, maar een grote vraag is nog altijd hoe het komt dat quasars zo ontzettend *veel meer* energie genereren dan andere soorten 'actieve' sterrenstelsels. Om daar antwoord op te geven moeten we even de hemelse wereld van de kosmologie binnentreden.

Vergeet om te beginnen niet dat een lichtjaar niet uitsluitend een lengtemaat is. Dat 9,5 biljoen kilometer de grens is van hoe ver licht, het snelste in het heelal, in één enkel jaar kan reizen. Het licht van Alpha Centauri heeft er 4,4 jaar over gedaan om de aarde te bereiken en we zien de Andromedanevel zoals hij was toen hij 2,5 miljoen jaar geleden het licht uitstraalde dat wij nu waarnemen. Deze gril van de astronomie, deze 'terugkijktijd', heeft weinig gevolgen voor hoe we het nabije heelal zien – wat is nu per slot van rekening een paar eeuwen in de lange levensduur van een ster, of zelfs tientallen miljoenen jaren in de geschiedenis van een sterrenstelsel?

Maar in de loop van de tijd veranderen dingen. De dood van een sterrengeneratie verrijkt de ruimte met nieuwe zware elementen die de grondstoffen worden van nieuwe sterren en invloed hebben op de manier waarop zij op hun beurt leven en sterven. En zoals Hubble en Lemaître vonden, is het heelal op fundamenteel niveau steeds groter aan het worden en trekt het op de grootste schaal sterrenstelsels uiteen.

In 1931 vroeg Lemaître zich af wat dit allemaal zei over het verre verleden van het heelal. Het was niet moeilijk om hieruit af te leiden dat het oude heelal kleiner was en heter, dat materie dichter opeengepakt zat en botsingen vaker voorkwamen. Toen de Belgische priester de zaken met behulp van de kwantumfysica tot hun logische conclusie terug volgde, kwam hij tot de slotsom dat de hele kosmos – het weefsel van ruimte en tijd en alles daarbinnen – verschenen was uit de ontploffing van een 'oeratoom' met onvoorstelbare dichtheid en temperatuur.[134] Dat idee kreeg steeds meer steun zowel in de theoretische fysica als door astronomische waarnemingen, ook al deed de beroemde maar eigenzinnige, in Yorkshire geboren astronoom en scifi-auteur Fred Hoyle het in 1949 minachtend af als niets anders dan een *big bang*, een 'oerknal'. De rest is, zoals dat heet, geschiedenis.

Gaan we terug naar de quasars. Een van de opvallendste dingen is het feit dat ze nergens in ons nabije heelal aangetroffen worden. We vinden ze alleen op heel grote afstand en dat betekent dat ze ook ver teruggaan in de tijd. We kijken niet direct terug naar Lemaîtres oeratoom*, maar we hebben te maken met objecten waarvan het licht er miljarden jaren over heeft gedaan om ons te bereiken, en dat is lang genoeg voor de terugkijktijd om een blik te kunnen werpen op een ander en heftiger kosmisch tijdperk. Dankzij beelden van de ruimtetelescoop Hubble en de reusachtige telescopen die sinds de jaren 1990 op aarde zijn gebouwd hebben we een steeds beter idee gekregen van wat er in de ruimte rondom quasars gebeurt, en om eerlijk te zijn is dat een beetje een zootje.

Quasars werden gevormd in een tijdperk waarin geleidelijk grotere sterrenstelsels ontstonden uit botsingen van kleinere, waardoor enorme hoeveelheden materie de centrale zwarte gaten in geschoven werden en het ontstaan mogelijk maakten van die grote, ontstellend hete accretieschijven. Tegelijkertijd zien we hevige golven van stervorming, waarin enorme monstersterren binnen een paar miljoen jaar leven en sterven om dan hun inhoud uit te strooien over het oude heelal.

Aangezien we geen quasars vinden in het heelal om ons heen, waar de terugkijktijd naar verhouding kort is, kunnen we gevoeglijk aannemen dat er op dit moment gewoon geen quasars meer zijn. Maar waar zijn ze dan gebleven? Waarom lijken deze kosmische dinosaurussen een paar miljard jaar geleden te zijn uitgestorven?

De waarheid is dat ze er, net als de dino's, nog altijd zijn. Maar terwijl die laatste dan toch nog het fatsoen hadden zich door een fles-

---

* De oerknal is inmiddels betrekkelijk nauwkeurig vastgesteld op 13,8 miljard jaar geleden, en het duurde toen nog een paar honderd miljoen jaar voordat sterrenstelsels zich begonnen te vormen.

senhals van uitsterving te persen (waaruit aan de andere kant alleen de vogels verschenen), veranderden quasars slechts van naam, bedekten hun tatoeages en gingen het rustiger aan doen. We zitten er op dit moment zelf op een.

Het ontbreken van quasaractiviteit in het moderne heelal komt niet omdat ze een andere, buitenaardse klasse van objecten zijn. Ze vertegenwoordigen een fase waar vermoedelijk ieder sterrenstelsel doorheen gegaan is, zoals bevestigd wordt door de aanwezigheid van superzware zwarte gaten in het centrum van de Melkweg en veel andere sterrenstelsels. 3C 273 zelf was een late deelnemer aan het quasarspel en weigerde tot een paar miljard jaar geleden mee te gaan met de tijd. Relatief nabije, hedendaagse seyfert- en radiostelsels mogen dan misschien speels proberen de spirit van hun anarchistische jeugd terug te vinden, maar ze zijn een zwakke schaduw van hun voormalige zelf.

Als quasars ons iets leren over de kosmos, dan is het dat alles in de loop van de tijd verandert. De vraag is dan ook: hoe zal het heelal er in de toekomst uit gaan zien?

24. SUPERNOVA 1994D

Donkere materie, donkere energie en het einde van alles

Het lijkt passend om onze geschiedenis van het universum te besluiten met een overzicht van de meest recente (en misschien nog niet afgelopen) astronomische revolutie – met name omdat dit specifieke inzicht op niet minder betrekking heeft dan op het lot van het heelal zelf. En na onze excursie naar het verre land van de quasars kunnen we nu tenminste dit verhaal een beetje dichter bij huis beginnen.

In 1994 ontdekten astronomen van UC Berkeley en Princeton met behulp van een naar verhouding kleine, geautomatiseerde telescoop een supernovaexplosie in het relatief nabijgelegen sterrenstelsel NGC 4526.[135] Niet heel erg opmerkelijk, zou je denken – astronomen zijn supernova's op het spoor gekomen sinds Walter Baade en Fritz Zwicky in de jaren 1930, en de introductie van door computer gestuurde, geautomatiseerde zoektochten heeft het aantal ontdekkingen exponentieel vergroot. Maar met Supernova 1994D was iets aan de hand – het was geen exploderende ster, zoals we die kennen, maar iets veel vreemders en, voor wie de donkerste geheimen van het heelal wil leren kennen, iets bruikbaarders.

SN 1994D, zoals hij bekendstaat, is lang geleden alweer in helderheid afgenomen en de beste blik die we nu nog te bieden hebben, is die op zijn gastheersterrenstelsel. Met magnitude 10,7 is NGC 4526 een betrekkelijk makkelijk doelwit voor kleine telescopen, te vinden aan het einde van een zuidelijke uitloper van het befaamde sterrenbeeld Virgo.

Virgo is, zoals we in het voorgaande hoofdstuk opmerkten, een nogal vormeloos patroon van sterren, dat vooral de aandacht trekt dankzij zijn helderste ster, Spica met magnitude 1,0. Het sterrenbeeld schuift vanaf februari na middernacht de oostelijke sterrenhemel binnen en staat midden mei midden op de avond op zijn hoogste punt (voor sterrenkijkers op het noordelijk halfrond hangt het boven de zuidelijke horizon, voor hen ten zuiden van de evenaar in het noorden).

Spica markeert de tarweaar die de hemelse maagd en godin van de oogst aan haar heup draagt en vormt de zuidoostelijke hoek van een scheve rechthoek die Virgo's lichaam vertegenwoordigt (zie bladzijde 288 voor een kaart). De meeste van Virgo's sterrenstelsels liggen

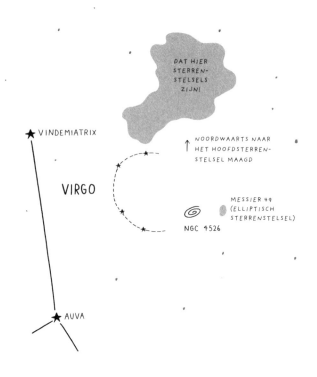

ten noordwesten van deze vorm links en rechts van de grens met het buursterrenbeeld Coma Berenices, Hoofdhaar*, en zijn een blik met verrekijker of telescoop zeker waard. Maar om NGC 4526 te vinden moet je eerst naar Auva met magnitude 3,4 kijken aan de tegenovergestelde zijde van de rechthoek ten opzichte van Spica. Vanhier kun je naar de geeloranje reus met magnitude 2,9 met de prachtige naam Vindemiatrix gaan, ten noorden van Auva. Scan de ruimte ten oosten van de lijn Auva-Vindemiatrix en je zou nu een kleine halve cirkel van sterren moeten tegenkomen op het randje van zichtbaarheid met het blote oog. NGC 4526 staat aan de zuidwestelijke rand, op wat vier uur zou zijn als de cirkel compleet was geweest.

Door amateurtelescopen ziet 4526 eruit als een lange sigaar van zwak licht met een heldere plek in het midden. Grotere instrumenten en langere belichtingstijden laten zien dat dit slechts het kerngebied is van een groot lensvormig sterrenstelsel – een met een centrale bobbel en een accretieschijf maar zonder spiraalarmen, en een dikke lus van stof die het grootste deel van het licht van de schijf tegenhoudt. Toen SN 1994D met magnitude 10,7 zijn grootste helderheid had, leek het een schitterende flits in de noordwestelijke buitenrand, die feller was dan het licht van alle andere sterren in het stelsel samen. Maar voordat we aankomen bij de supernova kunnen we beter nog even vertoeven in het Virgocluster als geheel, dat zo zijn eigen geheimen heeft.

Clusters van sterrenstelsels zijn er in alle vormen en maten – onze eigen Lokale Groep bestaat uit slechts twee elkaar dwars zittende spiraalstelsels (de Melkweg en Andromeda), aangevuld met spiraalstelsel Messier 33 en nog een stelletje klaplopers. Het Virgocluster daarentegen is een veel groter geval en bevat tientallen grote, heldere stelsels met ter ondersteuning een hele vloot dwergsterrenstelsels. Kijk vooral eens naar Messier 87, een 'reuzenellips' van een bal van sterren die in het midden van de cluster zit en zijn zwaartekrachtanker vormt – je

---

*   Het hoofdhaar van koningin Berenice, een zeldzaam voorbeeld van een sterrenbeeld dat genoemd
     is naar een historische figuur. Berenice was een Libische koningin en de vrouw van de Egyptische
     farao Ptolemaeus III. Ze zou rond 245 v.C. een lok van haar haar hebben geofferd aan de goden om
     zich daarmee te verzekeren van de veilige terugkeer van de farao van zijn laatste oorlog.

vindt hem schijnend met magnitude 8,8 en ongeveer tien maanbreedtes groot ten noorden van NGC 4526 (en het loont beslist de moeite je verrekijker eens te richten op een donkere, maanloze nachtelijke hemel).

Als sterrenstelsel aan de buitenkant zit NGC 44526 vast in een lange, trage baan rond het zwaartekrachtcentrum van het cluster, dat redelijk goed samenvalt met Messier 87. Maar de beweging is niet *precies* wat je zou verwachten, en hier zit een verhaal aan vast.

Herinner je je Fritz Zwicky nog, de Zwitserse astrofysicus die in 1935 samen met Walter Baade het bestaan veronderstelde van supernova's als een aparte klasse van exploderende sterren? Een paar jaar daarvoor had Zwicky nog een andere belangrijke ontdekking gedaan, zij het dat die gedurende zijn leven grotendeels werd genegeerd.* Dit was slechts een paar jaar nadat Hubble het bestaan had bevestigd van onafhankelijke sterrenstelsels buiten de Melkweg en de relatie had onthuld tussen hun afstand en de snelheid waarmee ze van ons af bewogen. Astronomen probeerden er nog steeds achter te komen hoe ze de talloze 'spiraalnevels' moesten interpreteren die over het uitspansel verspreid lagen.

In 1933 begon Zwicky met het herhalen en uitbreiden van Hubbles werk aan de roodverschuiving in licht van verre sterrenstelsels, die veroorzaakt werd door de uitdijing van het heelal. Hubbles eigen pogingen om die relatie nauwkeuriger te beschrijven was blijven steken op het gegeven dat de beweging van welk afzonderlijk sterrenstelsel dan ook niet een zuivere weerspiegeling was van de kosmische uitdijing – er zullen onvermijdelijk lokale bewegingen optreden door de zwaartekracht van naburige stelsels en het cluster waarvan het deel uitmaakt. Zwicky besefte dat je dit op kunt lossen en je metingen verbeteren door van alle verschillende roodverschuivingen binnen een bepaald cluster het gemiddelde te nemen.**[136]

De techniek was een doorslaand succes. Er werd tevens door ont-

---

*   Zwicky, een notoire mopperpot, had als favoriete belediging voor hen die zijn gramschap verdienden 'bolvormige smeerlappen' – omdat het smeerlappen waren, hoe je ook naar ze keek. Graag gedaan.

** Aangezien gemiddeld de helft van de lokale beweging naar de aarde zal zijn (waardoor de kosmische roodverschuiving afneemt) en de helft van de aarde af (waardoor ze toeneemt).

huld, bijna als neveneffect, wat de beweging was van elk afzonderlijk sterrenstelsel ten opzichte van het gemiddelde. Zwicky zag in dat dit betekende dat je een cluster sterrenstelsels kon wegen door een schatting te maken van de snelheid waarmee de buitenste stelsels rond het centrum draaiden en er dan wat slimme wiskunde op los te laten, het zogenaamde viriaaltheorema. Maar toen hij dit probeerde te doen met het heldere Comacluster, gingen de alarmbellen direct af – alles bewoog veel sneller dan je zou verwachten op basis van de hoeveelheid zichtbare materie in het cluster, en dat betekende dat Coma zo'n vierhonderd keer meer massa moest bevatten dan alle zichtbare sterren bij elkaar. Zwicky schreef de ontbrekende massa toe aan ongeziene *dunkle Materie* – donkere materie.

In die tijd werd Zwicky's ontdekking door iedereen over het hoofd gezien – het schatten van de massa's van verre sterrenstelsels uitsluitend op grond van hun algehele helderheid leek met zoveel onbekende factoren gekkenwerk. En in de daaropvolgende decennia leek de ontbrekende zichtbare massa die een rol moest spelen, snel te slijten toen nieuwe soorten telescopen lieten zien dat clusters en de stelsels daarbinnen voldoende materie bevatten die onzichtbaar was op optische golflengtes, maar straling uitzonden op iedere golflengte van radio tot röntgen.

Het was pas in de jaren 1970 dat het probleem opnieuw op onmiskenbare wijze opdook. Vera Rubins metingen aan de rotatie van sterrenstelsels (die we bij ons bezoek aan S2 hebben aangestipt) lieten zien dat de schijnbaar lege buitengebieden van de Melkweg en andere sterrenstelsels een onverwachte zwaartekrachtinvloed uitoefenden op de banen van afzonderlijke sterren.

Aanwijzingen voor donkere materie op onze galactische drempel betekende dat veel uitvluchten om het gedrag van verre clusters sterrenstelsels te verklaren, niet langer opgingen. Zwicky's ontdekking bleek echt en zelfs al is de hoeveelheid ontbrekende kosmische massa inmiddels wat verminderd, het betekent nog altijd dat jij en ik en alle sterren in het heelal in gewicht met vijf tegen een worden verslagen door donkere materie.

Maar wat *is* donkere materie? Op het meest fundamentele niveau is donkere materie spul dat massa heeft en van haar aanwezigheid laat merken door zwaartekracht, maar dat op geen enkele andere wijze te detecteren valt. Het is iets dat niet slechts donker is en niet slechts transparant – het is totaal immuun voor welk soort interactie ook met licht en enige andere elektromagnetische straling waar het heelal vol mee zit. We kunnen er wel achter komen *waar* het is (op de allergrootste schaal tenminste) door zijn invloed op de zwaartekracht te meten, en het antwoord luidt dan dat het zich overal om ons heen bevindt: in afzonderlijke sterrenstelsels en clusters van sterrenstelsels, waar normale materie zich ook concentreert. Dit betekent dat het vermoedelijk de hele tijd dwars door onze gevoeligste deeltjesdetectoren (en onze lichamen) gaat zonder enige hint dat het er is.

Om fysici op te laten houden met blozen zou het aardig zijn als het een of andere compacte, donkere vorm van gewone materie bleek te zijn (rondzwervende planeten, afgekoelde witte dwergen – desnoods zouden zelfs zwarte gaten voldoen). Maar de bewijzen lijken op iets anders te duiden, aangezien talloze experimenten gericht op het opsporen van dergelijke hemellichamen rond ons sterrenstelsel tot nu toe niets hebben opgeleverd. We blijven zitten met het goedbedoelde, maar uiteindelijk toch betekenisloze acroniem WIMP's: Weakly Interacting Massive Particles – waarmee beschreven is wat ze zijn, maar absoluut niets meer dan dat, en de hoop dat een of ander toekomstig experiment ons uit ons lijden zal verlossen.

Goed, wat die supernova aangaat...

* * *

Toen we deze schitterende kosmische uitbarstingen hiervoor bespraken bij ons bezoek aan de ten dode opgeschreven Eta Carinae en de spookachtige Krabpulsar, deden we dezelfde natuurlijke aanname als Zwicky en Baade – dat supernova's allemaal hetzelfde soort exploderende sterren zijn. Er zijn echter verschillende typen supernova's, die het makkelijkst van elkaar zijn te onderscheiden door verschillen in de snelheid waarmee hun energieoutput zijn piek bereikt en dan weer wegzakt. De meeste van deze varianten zijn inmiddels verklaard met een beetje remixen op hetzelfde basisthema van de 'exploderende zware ster', maar er is een groep herrieschoppers waarvoor een totaal andere benadering nodig is.

Supernova's van Type Ia stijgen snel naar de top van hun energie-output, dalen ook snel en zijn gemiddeld helderder dan de meeste andere sterrenexplosies. De spectra van hun licht vertonen unieke kenmerken, en het merkwaardigste is dat ze op de 'verkeerde' plaatsen verschijnen – vaak komen ze plotseling op in een elliptisch sterrenstelsel. Dergelijke sterrenstelsels worden gedomineerd door rode en gele sterren met een laag gewicht, en daar zou zich niets tussen moeten bevinden met zoiets als acht keer de zonnemassa die vereist is voor een 'traditionele' supernova.*

Begin jaren 1970 formuleerden de Brit John Whelan en de Amerikaanse astronoom Icko Iben een theorie om te verklaren wat er precies gebeurde met Supernova's van Type Ia op grond van een combinatie van precieze waarnemingen en wat slim rekenwerk.[137] Zoals je je misschien herinnert van onze discussie over nova's (zie anders RS Ophiuchi voor een opfrissertje) is er gas bij betrokken dat van een ouder wordende, opgeblazen ster naar het oppervlak gaat van een superdichte witte dwerg. De nieuwe 'atmosfeer' van hete gassen rond de dwerg wordt uiteindelijk zo heet en dicht dat het ontploft met een plotselinge uitbarsting van fusie-energie.

Maar witte dwergen hebben een bovendrempel wat hun massa aangaat, de beroemde chandrasekharlimiet van ongeveer 1,4 zonnemassa's. Whelan en Iben stelden nu voor dat, als dit proces van gasoverdracht voldoende was om een bijzonder obese witte dwerg boven die limiet te krijgen, hij zichzelf zou vernietigen in een ongebruikelijk soort sterrenexplosie. Een exploderende witte dwerg, rijk aan koolstof en zuurstof maar zonder de zware elementen die in zwaargewichtsterren ge-

---

* Ondanks dat hij een gewaardeerd lid is van deze bende kosmische herrieschoppers is het lensvormige thuissterrenstelsel van Supernova 1994D eigenlijk een plausibeler locatie voor een dergelijke explosie.

vormd zijn, kon de ongebruikelijke spectra van Type Ia verklaren, maar net zo belangrijk was dat dit een manier bood voor twee sterren met naar verhouding lage massa's om samen een supernova te produceren.

Wat gebeurt er nu precies tijdens een explosie van Type Ia? Het meest voor de hand liggende (en intuïtief aantrekkelijkste) antwoord zou zijn dat als de zwaartekracht van de witte dwerg de 'degeneratie-druk' overweldigt tussen de elektronen die de dwerg bijeenhoudt, het sterrenrestant plotseling ineenstort van de grootte van de aarde tot een neutronenster van de grootte van een stad, met de daarbij beho-rende uitstroom van energie en deeltjes.

Tot nu toe zijn astronomen er echter niet in geslaagd neutronenster-ren te vinden die door ontploffingen van Type Ia zouden zijn achtergela-ten – en dit suggereert een wat rommeliger oorzaak. Witte dwergen zijn het eindstadium van min of meer op onze zon lijkende sterren die hun kernreacties niet kunnen voortzetten als ze hun helium opgebruikt heb-ben, en daarom worden ze daarna gedomineerd door koolstof en zuur-stof (de producten van die fusiereactie). Maar als de ster heel dicht bij de chandrasekharlimiet komt, kunnen de omstandigheden in de ster wel-eens zo extreem worden dat dit niet langer opgaat. Computermodellen suggereren dat indien eenmaal een bepaalde drempel is overschreden, de fusie van koolstof tot zwaardere elementen mogelijk wordt. Maar omdat de materie van een witte dwerg zich in een vreemde 'gedegene-reerde' staat bevindt (zie Sirius B hiervoor), zet hij niet zomaar uit om plaats te bieden aan deze onverwachte energiebron. In plaats daarvan blijven de buitenste lagen naar binnen duwen en houden de deksel ste-vig op de snelkookpan terwijl de fusie door het inwendige van de ster raast – totdat de hele ster zich domweg opblaast.

* * *

Maar wat heeft een exploderende ster, hoe ongewoon ook, ons te zeg-gen over het lot van het hele heelal? Halverwege de jaren 1980 reali-seerden astrofysici zich bij het uitwerken van de details van de explo-sie Type Ia dat zij een uniek stukje gereedschap bood om de verder weg gelegen delen van de kosmos te onderzoeken. Deze exploderende sterren met een piekuitstraling die vijf miljard keer zo fel is als die van de zon, zijn zo helder dat ze in de allerverste sterrenstelsels nog kunnen worden waargenomen, en met behulp van hun lichtkrommen zijn ze makkelijk te onderscheiden van andere typen supernova's.

Het belangrijkste is evenwel dat Supernova's van Type Ia, in theorie althans, altijd hetzelfde zijn: ze betreffen de totale vernietiging van 1,4 zonnemassa aan materiaal en wat ook de details zijn van het hierbij betrokken proces, het is niet onaannemelijk te veronderstellen dat bij iedere explosie van dit type dezelfde hoeveelheid energie vrijkomt. Dit maakt van hen ideale 'standaardkaarsen', de term die astronomen zo graag gebruiken voor enig object met een bekende of voorspelbare helderheid waardoor ze een afstandsschaal aan het heelal kunnen verbinden.

De bekendste standaardkaarsen zijn natuurlijk de Cepheïde variabelen die Hubble in de jaren 1920 gebruikte om de schaal te ontdekken van het extragalactische heelal (en een eerste slag te slaan naar de snelheid van de kosmische uitdijing). In de jaren 1990 waren, dankzij verbetering van zowel de hardware als de theorie, ons inzicht in het gedrag van Cepheïden en ons vermogen ze waar te nemen in steeds afgelegener sterrenstelsels enorm toegenomen, maar het zijn nog altijd slechts behoorlijk heldere sterren, en er zijn dus grenzen aan op welke afstand ze nog waargenomen kunnen worden.[*]

Supernova's van Type Ia zijn over veel grotere afstanden te zien en makkelijker te kalibreren dan Cepheïden (hoewel ze niet allemaal met exact dezelfde lichtkracht pieken, is er een simpele formule om te berekenen op welk niveau ze piekten). Het is dus niet vreemd dat twee teams onafhankelijk van elkaar op het idee kwamen ze te gebruiken om de schaal en de uitdijing van het heelal te meten.

Het Supernova Cosmology Project (onder leiding van Saul Perl-

---

[*] De ruimtetelescoop Hubble heeft een groot deel van zijn eerste decennium in de ruimte besteed aan het nijver ploeteren aan zijn 'Sleutelproject': het meten van 30.000 Cepheïden in sterrenstelsels tot ongeveer 70 miljoen lichtjaar bij ons vandaan om een nog nauwkeuriger meting te krijgen van de kosmische uitdijingssnelheid en daarmee van de leeftijd van het heelal.

mutter aan het Lawrence Berkeley National Laboratory) en het High-z* Supernova Search Team (opgericht door de Australische onderzoeker aan Harvard Brian Schmidt, Nicholas Suntzeff van het Cerro Tololo Inter-American Observatory in Chili, waarbij zich algauw Adam Riess van UC Berkeley aansloot) begonnen midden jaren 1990 supernova's op te sporen in verre sterrenstelsels. Het principe achter de projecten was eenvoudig: vind een Supernova van Type Ia in een afgelegen sterrenstelsel (SN 1994D staat helaas te dichtbij om hier van nut te zijn), bepaal zijn piekhelderheid en gebruik die om zijn afstand naar de aarde te berekenen. Vergelijk dit resultaat met de afstand die wordt gesuggereerd door zijn roodverschuiving en de hubbleconstante, de standaardmaat van kosmische uitdijing gebaseerd op Cepheïden.

Als ze geluk hadden, zo dachten de onderzoekers, dan zouden ze niet alleen zorgen voor een bruikbare dubbelveilige bevestiging van de hubbleconstante en het lokale heelal, maar ook bewijzen vinden voor de vertraging van het heelal sinds de oerknal. Dit zou betekenen dat de verste supernova helderder lijkt dan verwacht mag worden – de roodverschuiving (gemeten in de termen van vandaag) zou een zekere afstand suggereren, maar omdat de kosmische uitdijing in de loop van de tijd trager is geworden, zou de supernova een beetje dichterbij staan en helderder zijn.

Een maat voor de snelheid waarmee de oerknal zich voltrok, zou een einde kunnen maken aan een al lang lopend debat over het evenwicht tussen kosmische uitdijing en de totale massa van het heelal (dat wil zeggen het totaal van de zichtbare en de donkere materie). Als het heelal voldoende massa heeft, dan zou de zwaartekracht die uitdijing uiteindelijk overwinnen en alles weer terugtrekken naar het centrum in een enorme implosie (gewoonlijk de Big Crunch** genaamd, de 'Eindkrak'), maar gebeurde dat niet, dan zou het heelal voor altijd blijven uitdijen en geleidelijk na verloop van biljoenen jaren in een lange, donkere Big Chill (de Grote Koude) terechtkomen.

---

* In dit geval is Z de door astronomen gebruikte aanduiding voor roodverschuiving.
** Zelf geef ik de voorkeur aan de beschrijving van het einde van het heelal van Zaphod Beeblebrox als 'een Gnab Gib' uit Douglas Adams' *The Restaurant at the End of the Universe*.

Je kunt wel zeggen dat geen van beide teams verwachtte te vinden wat ze vonden: de verste supernova's waren stuk voor stuk zwakker dan hun roodverschuiving voorspelde.

Na jaren van checken en opnieuw checken en het uitbreiden van hun bewijsvoering met steeds meer supernova's, en het besef dat ze hetzelfde effect hadden gevonden, maakten de teams hun bevindingen in 1998 openbaar.[138, 139] De uitdijing van het heelal, zo leek het, ging niet steeds langzamer – ze ging steeds sneller.

Wacht even. Wat?

De uitdijing van het heelal blijft niet constant terwijl de ruimte zich uitbreidt, nog altijd gedreven door de allereerste impuls van de oerknal. Ook vertraagt ze niet doordat de zwaartekracht van zichtbare en donkere materie dingen naar elkaar toe begint te trekken en de oorspronkelijke oerknal overweldigt. Nee, ze versnelt – *iets* duwt de grenzen met toenemende snelheid steeds verder bij ons vandaan.

Kort na deze ontdekking leende kosmoloog Michael Turner van Zwicky diens bewoording en bedacht de naam 'donkere energie' om dit iets te beschrijven. De term werd algemeen aanvaard, maar zegt feitelijk weinig over wat het is (net zo min als bijvoorbeeld 'donkere materie' of WIMP's). De meeste ideeën over donkere energie gaan uit van een van twee benaderingen.

De eerste, algemeen bekend als de denkrichting van de kwintessens*, beschouwt donkere energie als een 'scalair veld' (fysicapraat voor iets met kracht maar zonder richting, dat van plaats tot plaats in het heelal kan variëren).[140] In dit model kan donkere energie iets te maken hebben met zichtbare of donkere materie – misschien met 'antizwaartekracht' als vijfde natuurkracht,** die dingen onverwacht op de grootst mogelijke schaal uit elkaar drijft, of misschien wel totaal iets anders.

De tweede, meer gerichte benadering is de wedergeboorte van

---

* Een verbastering van quintessence, letterlijk Het Vijfde Element – maar de bedenkers van de naam zullen eerder de middeleeuwse alchemie in gedachten hebben gehad dan Luc Bessons scifi-film uit 1997 met die titel. Vermoedelijk.

** De vier bekende fundamentele natuurkrachten in het heelal zijn, zoals bekend, de zwaartekracht, de elektromagnetische kracht, de sterke kernkracht en de zwakke kernkracht.

Einsteins 'kosmologische constante'.* In deze benadering is het donkere energie, aangepast als standaard voor de ruimtetijd, die het weefsel van het heelal in stand houdt – voeg meer ruimte toe door het heelal te laten groeien en je krijgt onvermijdelijk meer donkere energie. Dit lijkt aardig overeen te stemmen met de werkelijkheid; verfijndere metingen sinds de millenniumwisseling suggereren dat de uitdijing van het grote post-oerknal-heelal oorspronkelijk inderdaad vertraagde zoals verwacht, maar dat 9 miljard jaar geleden donkere energie terug ging duwen en dat 6 miljard jaar geleden de huidige versnelling echt vaart kreeg.

Als de benadering van de kosmologische constante juist is, en donkere energie in de loop van de tijd echt steeds sterker wordt, zal die dan ook weer afzwakken? We kunnen daar niet zeker van zijn, maar als dat niet gebeurt, dan gaat het heelal een ander lot tegemoet – geen Big Crunch of Big Chill, maar de dramatische Big Rip, het Grote Uiteenvallen. Op dit moment laat donkere energie alleen van zich merken van miljarden lichtjaren ver weg, maar als de ruimte uitdijt en de invloed van donkere materie steeds groter wordt, dan zal die uiteindelijk de krachten gaan verzwakken die nu het heelal bij elkaar houden. Clusters van sterrenstelsels zullen de eerste zijn die het merken doordat ze geleidelijk hun greep kwijtraken op hun afgelegen leden zoals NGC 4526, voordat ze helemaal uiteenvallen. Dan zullen afzonderlijke sterrenstelsels uit elkaar vallen omdat hun inwendige zwaartekracht zwakker wordt, waarna sterren op een eenzame reis door de intergalactische ruimte gaan zwerven. Het proces gaat almaar sneller en zonnestelsels zullen uiteenvallen. Zelfs de zwaartekracht die de afzonderlijke sterren en planeten bijeenhoudt, zal verdwijnen voordat de materie zelf in stukjes gescheurd wordt op subatomair niveau en er niets anders overblijft. Gelukkig zullen deze gebeurtenissen, als ze al ooit werkelijkheid worden, nog lang op zich laten wachten – onze soort, en zelfs ons hele zonnestelsel, zal er niet meer zijn om zich er zorgen over te maken.

---

* Een kracht of uitdijing die zou voorkomen dat de ruimtetijd ineenstort door de massa die het heelal bevat, waardoor de kosmos voor altijd blijft bestaan (overeenkomstig het wetenschappelijk denken van die tijd).

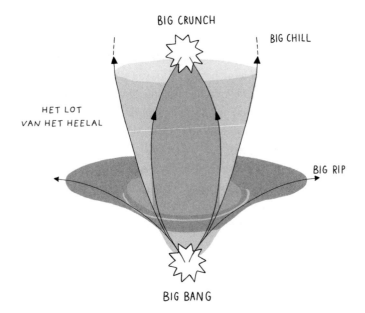

We weten nog niet hoe het allemaal zal gaan – zoals we hebben gezien tijdens onze verkenningen van deze 21 sterren (en 3 bedriegers) wordt onze kennis over het heelal soms groter met een slakkengangetje, soms met zevenmijlslaarzen. Maar twintig jaar is niet veel om zoiets fundamenteels te bevatten als donkere energie – we zijn in bijna vijftig jaar heel vertrouwd geraakt met donkere materie en komen er nog steeds alleen maar meer van te weten door mogelijkheden af te strepen.

En het verhaal heeft in december 2019 zelfs een andere wending gekregen toen een team Zuid-Koreaanse astronomen suggereerde dat donkere materie misschien helemaal niet is wat tot nu toe wordt gedacht. Volgens de groep van Young-Wook Lee hebben ze aanwijzingen gevonden dat supernova's van Type Ia in de geschiedenis van het heelal helderder zijn geworden. Als ze gelijk hebben, dan kan de geringe helderheid van de verder weg staande supernova's (met de langste terugkijktijd) misschien verklaard worden zonder terug te hoeven vallen op donkere energie.[141] Zou de ontdekking, waarvoor Perlmutter, Schmidt en Riess de Nobelprijs voor Fysica kregen, uiteindelijk op drijfzand blijken te berusten?

Het is nog te vroeg om dat te zeggen. Sinds 1998 hebben kosmologen in een paar uithoeken van het heelal los van elkaar staande signalen gevonden van versnelde kosmische uitdijing. De onverwachte geringe helderheid van Supernova's van Type Ia blijft de pijler waar het bewijs voor donkere materie op steunt, maar als hij valt, dan komen daar een heleboel nare vragen bij vrij.

Tot nu toe is dit slechts één artikel waarvan de vondsten geverifieerd en verklaard dienen te worden – en sinds het voorjaar van 2020 heeft de wereld wel andere dingen aan het hoofd. Overal in dit boek hebben we vele keren gezien hoe slimme vragen en onorthodox denken ons perspectief op de aard van afzonderlijke sterren, en uiteindelijk op het heelal als geheel, kan doen verschuiven – zal dit weer een voorbeeld hiervan zijn, of een van de talloze keren dat er vals alarm geslagen is in de race om een visie te ontwikkelen waarover consensus zal bestaan?

Eén ding is echter wel duidelijk. Als de hypothese van de donkere energie met succes kan worden uitgedaagd, dan zijn alle weddenschappen over het lot van het heelal van de baan. Het wetenschappelijke pak tarotkaarten dat ons kosmische lot onthult, zal opnieuw in de lucht gegooid moeten worden en niemand die kan vertellen hoe de kaarten dan zullen vallen.

Ondanks dat kunnen we er zeker van zijn dat de sterren ons de antwoorden zullen verschaffen, alleen moeten we wel weten hoe we ze moeten lezen. Het zal de taak zijn van toekomstige sterrenkijkers om hun taal te leren begrijpen.

DANKBETUIGING

Het was een rare tijd waarin dit boek tot stand gekomen is, en het zou niet mogelijk zijn geweest zonder de hulp van een heleboel mensen, die vanuit hun thuiskantoor en vanachter hun provisorische huiskamerbureau in enigszins stressvolle omstandigheden werkzaam waren. Dank aan de hele crew van Welbeck Publishing voor hun niet aflatende steun!

Een speciaal knikje gaat naar Welbecks Wayne Davies, die zich me herinnerde uit een vorig leven en het project van de grond kreeg, en naar de onverstoorbare Oli Holden-Rea, die met vaste hand aan het roer stond en me door het hele proces leidde.

Verder gaat veel dank uit naar Nathan Joyce voor zijn grondige, maar vriendelijke redigeren van de tekst, naar de fantastische Laura Barnes voor het transformeren van mijn wat armzalige schetsen en bijschriften tot illustraties die zo prachtig overkomen, en naar Graeme Andrew van Envy Design voor het samenbrengen van een en ander.

Ten slotte dank ik al mijn vrienden en familieleden, die me op het rechte, smalle pad hebben gehouden met hun constante verzoeken om vervolgverslagen – ik hoop dat jullie kunnen genieten van het eindresultaat.

EINDNOTEN

1. Polaris

1 *Magnitudes of Thirty-six of the Minor Planets for the First Day of each Month of the Year 1857.* Pogson, 1856.

2 *Direct Detection of the Close Companion of Polaris with the Hubble Space Telescope.* Evans *et al.*, 2008.

3 *Toward Ending the Polaris Parallax Debate: A Precise Distance to Our Nearest Cepheid from Gaia DR2.* Engle, Guinan & Harmanec, 2018.

4 *Polaris: Amplitude, Period Change, and Companions.* Evans, Sasselov & Short, 2002.

2. 61 Cygni

5 *The Parallax of 61 Cygni.* Hopkins, 1916.

6 *Measurement of the distances of the stars.* Dyson, 1915.

7 *A letter... giving an account of a newly discovered motion of the fix'd stars.* Bradley, 1728.

8 *On the Parallax of Sirius.* Henderson, 1840.

9 *A letter from Professor Bessel to Sir J. Herschel, Bart.* Bessel, 1838.

3. Aldebaran

10 *On the Spectra of Some of the Fixed Stars.* Huggins & Miller, 1864.

11 *Fr. Secchi and stellar spectra.* McCarthy, 1950.

12 *Memoir of Henry Draper.* Barker, 1888.

4. Mizar (en zijn vrienden)

13 *Catalogue of 500 new Nebulae, nebulous Stars, planetary Nebulae, and Clusters of Stars; with Remarks on the Construction of the Heavens.* Herschel, 1802.

14 *Continuation of an Account of the Changes That Have Happened in the Relative Situation of Double Stars.* Herschel, 1804.

15 *Preliminary Paper on Certain Drifting Motions of the Stars.* Proctor, 1869.

16 *On the Spectrum of Zeta Ursae Majoris.* Pickering, 1890.

[17] *The spectroscopic binary Mizar.* Vogel, 1901.

[18] *Discovery of a faint companion to Alcor using MMT/AO 5 μm imaging.* Mamajek *et al.*, 2010.

5. Alcyone en haar zussen

[19] *On the use of photographic effective wavelength to determine colour equivalence.* Hertzsprung, 1911.

[20] *On a relationship between brightness and spectral type in the Pleiades.* Rosenberg, 1910.

[21] *The Parallax of the Hyades, derived from Photographic Plates.* Kapteyn & De Sitter, 1909.

[22] *Relations Between the Spectra and Other Characteristics of the Stars.* Russell 1914.

[23] *The distance of the Pleiades.* Pickering, 1918.

[24] *The Pleiades (George Darwin Lecture).* Hertzsprung, 1929.

6. De zon

[25] *New investigations regarding the period of sunspots and its significance.* Wolf, 1852.

[26] *Stellar Atmospheres; a Contribution to the Observational Study of High Temperature in the Reversing Layers of Stars.* Payne, 1925.

[27] *On the Composition of the Sun's Atmosphere.* Russell, 1929.

[28] *Energy Production in Stars.* Bethe, 1939.

7. Het Trapezium en andere wonderen

[29] *Emanuel Swedenborg – An Eighteenth century cosmologist.* Baker, 1983.

[30] *Astronomical Observations Relating to the Sidereal Part of the Heavens, and Its Connection with the Nebulous Part; Arranged for the Purpose of a Critical Examination.* Herschel, 1814.

[31] *On the Spectrum of the Great Nebula in the Sword-Handle of Orion.* Huggins, 1865.

[32] *On the spectrum of the nebula in the Pleiades.* Slipher, 1912.

[33] *i Orionis—Evidence for a Capture Origin Binary.* Bagnuolo *et al.*, 2001.

8. T Tauri

[34] *Extract from a Letter of Herr Hind to the Editors.* Hind, 1852.

[35] *Note on Hind's Variable Nebula in Taurus.* Burnham, 1890.

[36] *On the variable nebulæ of Hind and Struve in Taurus, and on the nebulous condition of the variable star T Tauri.* Barnard, 1895.

[37] *Discovery of an infrared companion to T Tau.* Dyck, Simon & Zuckerman, 1982.

[38] *T Tauri Variable Stars.* Joy, 1945.

[39] *Small Dark Nebulae.* Bok & Reilly, 1947.

[40] *Star Formation in Small Globules: Bart BOK Was Correct!* Yun & Clemens, 1990.

[41] *Embryonic Stars Emerge from Instellar "EGGS".* Hester & Scowen, 1995.

9. Proxima Centauri

[42] *A Faint Star of Large Proper Motion.* Innes, 1915.

43 *A small star with large proper motion.* Barnard, 1916.

44 *On the relation between mass and absolute brightness of components of double stars.* Hertzsprung, 1923.

45 *A Third Flare of L726-8B.* Luyten, 1949.

46 *Proxima Centauri as a Flare Star.* Shapley, 1951.

47 *Observations of the Faint Dwarf Star L 726-8.* Joy & Humason, 1949.

48 *A terrestrial planet candidate in a temperate orbit around Proxima Centauri.* Anglada-Escudé *et al.*, 2016.

49 The First Naked-eye Superflare Detected from Proxima Centauri. Howard *et al.*, 2018.

10. Helvetios

50 *Astrometric study of Barnard's star from plates taken with the 24-inch Sproul refractor.* Van de Kamp, 1963.

51 *A planetary system around the millisecond pulsar PSR1257+12.* Wolszczan & Frail, 1992.

52 *A Jupiter-mass companion to a solar-type star.* Mayor & Queloz, 1995.

11. Algol

53 *A Series of Observations on, and a Discovery of, the Period of the Variation of the Light of the Bright Star in the Head of Medusa, Called Algol.* Goodricke, 1783.

54 *Dimensions of the Fixed Stars, with Special Reference to Variables of the Algol Type.* Pickering, 1880.

55 *Spectrographic Observations of Algol.* Vogel, 1890.

56 *A Spectrophotometric Study of Algol.* Hall, 1939.

57 *Detection of the Secondary of Algol.* Tomkin & Lambert, 1978.

58 *On the Subgiant Components of Eclipsing Binary Systems.* Crawford, 1955.

59 *Stellar Encounters with the Oort Cloud Based on Hipparcos Data.* Sánchez *et al.*, 1999.

12. Mira

60 *History of the Discovery of Mira Stars.* Hoffleit, 1997.

61 *Johannes Hevelius (1611-1687) – Astronomer of Polish Kings.* Szanser, 1976.

62 *Interferometric observations of the Mira star o Ceti with the VLTI/VINCI instrument in the near-infrared.* Woodruff *et al.*, 2004.

63 *The color-magnitude diagram of the globular cluster M 92.* Arp, Baum & Sandage, 1953.

64 *A turbulent wake as a tracer of 30,000 years of Mira's massloss history.* Martin *et al.*, 2007.

65 *Omicron Ceti a Visual Binary.* Aitken, 1923.

13. Sirius (en zijn broertje)

66 *On the Parallax of Sirius.* Henderson, 1840.

67 *On the Variations of the Proper Motions of Procyon and Sirius.* Bessel, 1844.

68 *The Spectrum of the Companion of Sirius.* Adams, 1915.

69 *On the Relation between the Masses and Luminosities of the Stars.* Eddington, 1924.

70 *On Dense Matter.* Fowler, 1926.

14. RS Ophiuchi

[71] *On the New Star in Auriga.* Huggins, 1892.

[72] *A Probable New Star, RS Ophiuchi.* Cannon & Pickering, 1905.

[73] *A Photometric Investigation of the Short-Period Eclipsing Binary, Nova DQ Herculis (1934).* Walker, 1956.

[74] *Binary Stars among Cataclysmic Variables.* Kraft, 1962-64.

[75] *Spectroscopic orbits and variations of RS Ophiuchi.* Brandi *et al.*, 2009.

[76] *On the Cause of the Nova Outburst.* Starrfield, 1971.

[77] *The Galactic Nova Rate Revisited.* Shafter, 2017.

15. Betelgeuze

[78] *The Parallax of α Orionis.* Schlesinger, 1921.

[79] *The Internal Constitution of the Stars.* Eddington, 1920.

[80] *Measurement of the Diameter of α Orionis with the Interferometer.* Michelson & Pease, 1921.

[81] *Interferometric observations of the supergiant stars alpha Orionis and alpha Herculis with FLUOR at IOTA.* Perrin *et al.*, 2004.

[82] *Limitations à la Qualité des Images d'un Grand Télescope.* Texereau, 1963.

[83] *Attainment of Diffraction Limited Resolution in Large Telescopes by Fourier Analysing Speckle Patterns in Star Images.* Labeyrie, 1970.

[84] *Detection of a bright feature on the surface of Betelgeuse.* Buscher *et al.*, 1990.

[85] *On the Variability and Periodic Nature of the Star α Orionis.* Herschel, 1840.

[86] *The Changing Face of Betelgeuse.* Wilson, Dhillion & Haniff, 1997.

16. Eta Carinae

[87] *The historical record of η Carinae I. The visual light curve, 1595-2000.* Frew, 2004.

[88] *Eta Carinae.* Gaviola, 1949 & 1952.

[89] *Light echoes reveal an unexpectedly cool η Carinae during its nineteenth-century Great Eruption.* Rest *et al.*, 2012.

[90] *On Nuclear Reactions Occurring in Very Hot Stars.* Hoyle, 1954.

[91] *The 5.52 Year Cycle of Eta Carinae.* Damineli, 1996.

17. De Krabpulsar

[92] *Early drawings of Messier 1: pineapple or crab?* Dewhirst, 1983.

[93] *Observed Changes in the Structure of the "Crab" Nebula (N.G.C. 1952).* Lampland, 1921.

[94] *Novae or Temporary Stars.* Hubble, 1921.

[95] *On Super-Novae.* Baade & Zwicky, 1934.

[96] *The Crab Nebula.* Baade, 1942.

[97] *Observation of a Rapidly Pulsating Radio Source.* Hewish, Bell *et al.*, 1968.

[98] *Energy Emission from a Neutron Star.* Pacini, 1967.

18. Cygnus X-1

[99] *Cosmic X-ray Sources.* Friedman, 1969.

[100] *Identification of Cygnus X-1 with HDE 226868.* Bolton, 1972.

[101] *Cygnus X-1—a Spectroscopic Binary with a Heavy Companion?* Webster & Murdin, 1972.

[102] *On the Means of Discovering the Distance, Magnitude, &c. of the Fixed Stars...* Michell, 1774.

[103] *On the Gravitational Field of a Point Mass under the Einstein Theory.* Schwarzschild, 1916.

[104] *On Massive Neutron Cores.* Oppenheimer & Volkoff, 1939.

[105] *The Rotation of Cosmic Gas Masses.* Weizsäcker, 1948.

[106] *The Extreme Spin of the Black Hole in Cygnus X-1.* Gou *et al.*, 2011.

19. Eta Aquilae

[107] *A series of observations on, and a discovery of, the period of the variation of the light of the star marked δ by Bayer, near the head of Cepheus.* Goodricke, 1786.

[108] *Observations of a New Variable Star.* Pigott, 1784.

[109] *1777 Variables in the Magellanic Clouds.* Leavitt, 1908.

[110] *Periods of 25 Variable Stars in the Small Magellanic Cloud.* Pickering, 1912.

[111] *On the Spatial Distribution of Variables of the Delta Cephei Type.* Hertzsprung, 1913.

[112] *On the Nature and Cause of Cepheid Variation.* Shapley, 1914.

[113] *The Internal Constitution of the Stars.* Eddington, 1926.

[114] *Physical Basis of the Pulsation Theory of Variable Stars.* Zhevakin, 1963.

20. Bedrieger nr. 1: Omega Centauri

[115] *An Account of several Nebulae or lucid Spots like Clouds, lately discovered among the Fixt Stars by help of the Telescope.* Halley, 1716.

[116] *A Discussion of Variable Stars in the Cluster ω Centauri.* Bailey, 1902.

[117] *Studies based on the Colours and Magnitudes in Stellar Clusters. XII: Remarks on the Arrangement of the Sidereal Universe.* Shapley, 1919.

[118] *The color-magnitude diagram for the globular cluster M3.* Sandage, 1953.

21. S2

[119] *An Original Theory or New Hypothesis of the Universe.* Wright, 1750.

[120] *Catalogue of a second thousand of new nebulæ and clusters of stars; with a few introductory remarks on the construction of the heavens.* Herschel, 1789.

[121] *The Discovery of Sgr A*.* Goss, Brown & Lo, 2003.

[122] *Apparent Proper Motion of the Galactic Center Compact Radio Source and PSR1929+10.* Backer & Sramek, 1982.

[123] *High Proper Motion Stars in the Vicinity of Sgr A*: Evidence for a Supermassive Black Hole at the Center of Our Galaxy.* Ghez *et al.*, 1998.

22. Bedrieger nr. 2: Andromedanevel

[124] *Abd al-Rahman al-Sufi and his book of the fixed stars: a journey of re-discovery.* Ihsan, 2012.

[125] *Novae in Spiral Nebulae and the Island Universe Theory.* Curtis, 1917.

[126] *Radial Velocity Observations of Spiral Nebulae.* Slipher, 1917.

[127] *The Scale of the Universe.* Shapley & Curtis, 1921.

[128] *Cepheids in Spiral Nebulae.* Hubble, 1925.

[129] *The Resolution of Messier 32, NGC 205, and the Central Region of the Andromeda Nebula.* Baade, 1944.

23. Bedrieger nr. 3: 3C 273

[130] *3C 273: A Star-Like Object with Large Red-Shift.* Schmidt, 1963.

[131] *A Relation between Distance and Radial Velocity among Extra-Galactic Nebulae.* Hubble, 1929.

[132] *Discussion on the Evolution of the Universe.* Lemaître, 1927.

[133] *Galactic Nuclei as Collapsed Old Quasars.* Lynden-Bell, 1969.

[134] *The Beginning of the World from the Point of View of Quantum Theory.* Lemaître, 1931.

24. Supernova 1994D

[135] *Supernova 1994D in NGC 4526.* Treffers *et al.*, 1994.

[136] *Red shifts of extragalactic nebulae.* Zwicky, 1933.

[137] *Binaries and Supernovae of Type I.* Whelan & Iben, 1973.

[138] *Measuring Cosmological Parameters with High Redshift Supernovae.* Perlmutter, 1998.

[139] *An Accelerating Universe and Other Cosmological Implications from SNe IA.* Riess, 1998.

[140] *Cosmological Imprint of an Energy Component with General Equation of State.* Caldwell, Dave & Steinhardt, 1998.

[141] *Early-type Host Galaxies of Type Ia Supernovae. II. Evidence for Luminosity Evolution in Supernova Cosmology.* Yijung Kang *et al.*, 2019.